中国特色高水平高职学校项目建设成果

U0276247

特 种 加 工

主　编　林　凯

副主编　姜东全　史　锐

参　编　张国艳　马　翔

主　审　王道林

哈尔滨工程大学出版社

Harbin Engineering University Press

内容简介

本书依据国家职业教育机械制造类专业人才培养定位要求,参照电火花加工、线切割加工、电化学加工、激光加工、模具制造等国家职业技能标准,与企业合作开发,以电火花成型加工、线切割加工、电化学加工、高能束加工工作过程为导向,"岗课赛证"融合,并将思政教育融入其中,教材资源丰富。内容包括5个学习情境:型腔类零件的电火花加工,平面类零件的线切割加工,平面、曲面类零件的电化学加工,平面、曲面类零件的高能束加工,其他特种加工;14个学习任务:电火花穿孔成型加工机床的基本操作、断入工件丝锥的电火花加工、徽章图案的电火花加工、线切割加工机床的基本操作、数控线切割加工的程序编制、简单零件的线切割加工、手机外壳零件的线切割加工、角度样板的线切割加工、叶轮的电解加工、标牌的电铸加工、平面零件的激光打孔、曲面零件的电子束加工、凹模的超声波加工、玩具手办的光敏树脂3D打印。

本书既可作为职业教育机械制造类专业本科、高职层次的学生用书,也可作为相关工程技术人员培训和进修参考用书。

图书在版编目(CIP)数据

特种加工 / 林凯主编. -- 哈尔滨:哈尔滨工程大学出版社,2024.9. -- ISBN 978-7-5661-4571-0

Ⅰ. TG66

中国国家版本馆 CIP 数据核字第 2024MD3020 号

特种加工
TEZHONG JIAGONG

选题策划	雷 霞
责任编辑	王 静
封面设计	李海波

出版发行	哈尔滨工程大学出版社
社 址	哈尔滨市南岗区南通大街 145 号
邮政编码	150001
发行电话	0451-82519328
传 真	0451-82519699
经 销	新华书店
印 刷	哈尔滨市海德利商务印刷有限公司
开 本	787 mm×1 092 mm 1/16
印 张	21.25
字 数	555 千字
版 次	2024 年 9 月第 1 版
印 次	2024 年 9 月第 1 次印刷
书 号	ISBN 978-7-5661-4571-0
定 价	65.00 元

http://www.hrbeupress.com
E-mail:heupress@ hrbeu.edu.cn

中国特色高水平高职学校项目建设
系列教材编审委员会

编 写 说 明

中国特色高水平高职学校和专业建设计划（简称"双高计划"）是我国教育部、财政部为建设一批引领改革、支撑发展、中国特色、世界水平的高等职业学校和骨干专业（群）而实施的重大决策建设工程。哈尔滨职业技术大学（原哈尔滨职业技术学院）入选"双高计划"建设单位，学校对中国特色高水平学校建设项目进行顶层设计，编制了站位高端、理念领先的建设方案和任务书，并扎实地开展人才培养高地、特色专业群、高水平师资队伍与校企合作等项目建设，借鉴国际先进的教育教学理念，开发具有中国特色、符合国际标准的专业标准与规范，深入推动"三教改革"，组建模块化教学创新团队，实施课程思政，开展"课堂革命"，出版校企双元开发活页式、工作手册式、新形态教材。为适应智能时代先进教学手段应用，学校加强对优质在线资源的建设，丰富教材的载体，为开发以工作过程为导向的优质特色教材奠定基础。按照教育部印发的《职业院校教材管理办法》要求，本系列教材编写总体思路是：依据学校双高建设方案中教材建设规划、国家相关专业教学标准、专业相关职业标准及职业技能等级标准，服务学生成长成才和就业创业，以立德树人为根本任务，融入课程思政，对接相关产业发展需求，将企业应用的新技术、新工艺和新规范融入教材之中。教材编写遵循技术技能人才成长规律和学生认知特点，适应相关专业人才培养模式创新和优化课程体系的需要，注重以真实生产项目以及典型工作任务、生产流程、工作案例等为载体开发教材内容体系，理论与实践有机融合，满足"做中学、做中教"的需要。

本系列教材是哈尔滨职业技术大学中国特色高水平高职学校项目建设的重要成果之一，也是哈尔滨职业技术大学教材改革和教法改革成效的集中体现。教材体例新颖，具有以下特色：

第一，教材研发团队组建创新。按照学校教材建设统一要求，遴选教学经验丰富、课程改革成效突出的专业教师担任主编，邀请相关企业作为联合建设单位，形成了一支学校、行业、企业和教育领域高水平专业人才参与的开发团队，共同参与教材编写。

第二，教材内容整体构建创新。精准对接国家专业教学标准、职业标准、职业技能等级标准，确定教材内容体系；参照行业企业标准，有机融入新技术、新工艺、新规范，构建基于职业岗位工作需要的，体现真实工作任务、流程的内容体系。

第三，教材编写模式及呈现形式创新。与课程改革相配套，按照"工作过程系统化""项目+任务式""任务驱动式""CDIO 式"四类课程改革需要设计四种教材编写模式，创新新形态、活页式或工作手册式三种教材呈现形式。

第四，教材编写实施载体创新。根据专业教学标准和人才培养方案要求，在深入企业调研岗位工作任务和职业能力分析基础上,按照"做中学、做中教"的编写思路,以企业典型工作任务为载体进行教学内容设计,将企业真实工作任务、真实业务流程、真实生产过程纳入教材,开发了与教学内容配套的教学资源,以满足教师线上线下混合式教学的需要。同时,本系列教材配套资源在相关平台上线,可满足学生在线自主学习的需要,学生也可随时下载相应资源。

第五,教材评价体系构建创新。从培养学生良好的职业道德、综合职业能力、创新创业能力出发,设计并构建评价体系,注重过程考核和学生、教师、企业、行业、社会参与的多元评价,在学生技能评价上借助社会评价组织的"1+X"考核评价标准和成绩认定结果进行学分认定,每部教材根据专业特点设计了综合评价标准。为确保教材质量,哈尔滨职业技术大学组建了中国特色高水平高职学校项目建设成果编审委员会。该委员会由职业教育专家组成,同时聘请企业技术专家进行指导。学校组织了专业与课程专题研究组,对教材编写持续进行培训、指导、回访等跟踪服务,建立常态化质量监控机制,为修订、完善教材提供稳定支持,确保教材的质量。

本系列教材在国家骨干高职院校教材开发的基础上,经过几轮修改,融入了课程思政内容和"课堂革命"理念,既具教学积累之深厚,又具教学改革之创新,凝聚了校企合作编写团队的集体智慧。本系列教材充分展示了课程改革成果,力争为更好地推进中国特色高水平高职学校和专业建设及课程改革做出积极贡献!

哈尔滨职业技术大学
中国特色高水平高职学校项目建设系列教材编审委员会
2024 年 6 月

前　　言

近年来,随着国家高职教育的快速发展,高等职业教育教学改革也在不断发展。以教师教育教学理念提升为先导,以真实工作任务或实际产品为载体,以校企双方参与课程开发与实施为主要途径,以学生为主体,以教师为主导,以培养学生职业道德、综合职业能力和创业与就业能力为重点,进行课程改革与建设。在此思想指引下,本书解构与重构原有课程体系,构建基于工作过程的、以学习情境带学习任务为主的全新教材模式,并整合原有"特种加工技术""特种加工实训"两门课程内容,以具体学习任务为载体,构建了5个学习情境、14个学习任务。本书编者结合课程改革实践成果,在总结高职教育教学经验的基础上,编写了这本具有鲜明高职教育特色的教材。

本书具有以下特色:

1. 遵循教育规律,突出思政教育

按照智能制造工程技术、机械制造及自动化、数控技术等职业岗位群的工作过程要求及职业素养、职业精神的要求,确定本课程的教学目标是使学生掌握特种加工机床及附件的基本结构、用途与应用方法,以及常用特种加工方法等基本知识,为后续课程学习和未来从事生产技术工作提供必要的知识基础和初步的专业技能。本书的每个学习任务都突出思政教育目标,以"职业规范""大国重器""工匠故事"为思政点融入教学主线,从职业规范、职业素养、职业精神、职业理想四个层面,培养学生成为高素质技术技能型人才。

2. 校企合作,构建教材学习体系

学习情境与学习任务的确定由经验丰富的一线教师和企业专家共同完成。本书将特种加工教学内容按电火花成型—线切割加工—电化学加工—高能束加工—其他特种加工的加工顺序进行编排,使内容更具职业教育特色;以企业生产的典型零件为载体,独立解决型腔电火花成型加工、金属板料线切割加工等,将企业的工作内容转变成学生的学习内容,提升学生职业技能与职业素养。

3. "岗课赛证"设计学习载体

根据本学习领域的职业岗位,参照机械加工岗位职业标准、多轴数控加工1+X证书标准等,结合机械制造类专业的知识、能力、素质要求,针对实际任务整合、归纳出学习任务,以学习任务为载体设计教学情境,以典型加工零件为导向制定实施方案,将特种加工的电火花成型、线切割加工、电化学加工、高能束加工等加工引入,形成教学情境。教学情境由浅入深,注重调动学生学习的积极性和主体作用,培养学生的自主学习能力。

4. 适应面宽,适用性强

考虑到职业教育多层次教学的需要,本书在编写过程中尽力做到知识面和内容深度兼顾,使其有较广的适应性,且采用了最新的国家标准,力求体现学科与技术的发展。

5.配套数字化资源丰富

本书的配套数字化资源融文档、动画、视频、微课于一体,便于学生更好地理解和自学,提升学习效果。

本书由哈尔滨职业技术学院林凯担任主编;哈尔滨职业技术学院姜东全、哈尔滨信息工程学院史锐担任副主编;哈尔滨职业技术学院张国艳、马翔参编。编写分工为:学习情境一由林凯编写;学习情境二中任务一至任务四由史锐编写,任务五由姜东全编写;学习情境三、四由姜东全编写;学习情境五中任务一由马翔编写,任务二由张国艳编写。本书由林凯负责编写体例、统稿及定稿工作。

本书经过哈尔滨职业技术大学教材建设委员会审定,由南京工业职业技术大学王道林教授担任主审。

在本书的编写过程中,编者参考了大量资料和文献,在此对相关作者表示诚挚的谢意!由于编者水平有限,书中难免有疏漏及不足之处,恳请广大读者批评指正。

编 者

2024 年 5 月

目　　录

学习情境一　型腔类零件的电火花加工

【学习指南】

【情境导入】

电火花加工(electrical discharge machining,EDM)于20世纪40年代初开始研究并逐步应用于生产,其加工过程与传统的机械加工过程完全不同。电火花加工是一种利用电能和热能进行加工的方法,加工时,在一定的加工介质中,两极之间脉冲性火花放电,使局部、瞬时产生的高温把金属蚀除下来对材料进行尺寸加工或表面加工,因放电过程中可见到火花,故称为电火花加工,也称为电脉冲加工或放电加工,统称为电蚀加工。

【学习目标】

知识目标:

1.能够陈述电火花加工的原理及分类。

2.能够说明电火花加工的基本规律。

3.掌握电火花成型加工机床的基本结构。

4.掌握电火花成型加工方法。

5.掌握电火花成型加工工艺的制定。

6.能够进行电火花成型加工实例的操作。

能力目标:

1.掌握电火花机床的结构和加工原理。

2.能够正确编制电火花程序。

3.能够正确制定电火花加工工艺。

4.能够根据零件加工要求,正确制定电参数。

5.能够熟练操作电火花机床加工零件。

素质目标:

1.培养学生遵守职业规范习惯。

2.培养学生民族自豪感和荣誉感。

3.培养学生精益求精的工匠精神。

4.培养学生的团队合作意识、创新意识。

5.培养学生的环保意识、质量意识。

【工作任务】

任务一　电火花穿孔成型加工机床的基本操作　参考学时:课内4学时(课外4学时)

任务二　断入工件丝锥的电火花加工　参考学时:课内4学时(课外4学时)

任务三　徽章图案的电火花加工　参考学时:课内4学时(课外4学时)

任务一 电火花穿孔成型加工机床的基本操作

【任务工单】

学习情境一	型腔类零件的电火花加工	工作任务一	电火花穿孔成型加工机床的基本操作
任务学时		课内 4 学时(课外 4 学时)	
布置任务			

任务目标	1.根据型腔零件结构特点,合理选择加工机床及附件; 2.根据型腔零件结构特点,合理选择电极并能正确安装; 3.根据加工要求,选择正确的加工方法和加工参数; 4.根据加工要求,制定合理的加工路线并完成型腔的加工
任务描述	电火花机床又称数控电火花机床、电火花、火花机等,是一种电加工设备。苏联拉扎连柯夫妇在研究开关触点受火花放电腐蚀损坏的现象和原因时,发现电火花的瞬时高温可以使局部的金属熔化、氧化而被腐蚀掉,从而开创和发明了电火花加工方法。 本任务主要讲述电火花机床的操作、电极和工件的装夹、电参数设置和程序编制、机床的维护保养和安全原则等内容 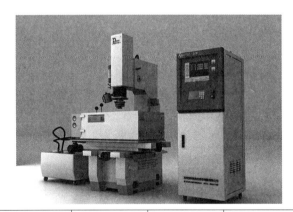

学时安排	资讯 1 学时	计划 1 学时	决策 0.5 学时	实施 4.5 学时	检查 0.5 学时	评价 0.5 学时

提供资源	1.加工零件图纸; 2.课程标准、多媒体课件、教学演示视频及其他共享数字资源; 3.机床及附件; 4.游标卡尺等工具和量具
对学生学习 及成果的 要求	1.能够正确识读和表述零件图; 2.合理选择加工机床及附件; 3.合理选择电极并正确安装;

对学生学习及成果的要求	4. 加工表面质量和精度符合要求; 5. 按照学习导图自主学习,并完成课前自学的问题训练和作业单; 6. 严格遵守课堂纪律,学习态度认真、端正,正确评价自己和同学在本任务中的素质表现; 7. 积极参与小组工作,承担零件图识读、零件加工设备选用、加工工艺路线、工艺参数制定等工作,积极主动不推诿,与小组成员合作完成工作任务; 8. 独立或在小组同学的帮助下完成任务工单、加工工艺文件、加工视频及动画等,并提请检查、签认,对教师提出的建议或错误处务必及时修改; 9. 每组必须完成任务工单,并提请教师进行小组评价,小组成员分享小组评价分数或等级; 10. 完成任务反思,以小组为单位提交

【课前自学】

一、特种加工的概念

进入 20 世纪以来,制造技术,特别是先进制造技术不断发展,作为先进制造技术中重要的一部分,特种加工对制造业的作用愈加重要。特种加工解决了传统加工方法无法克服的问题,有着自己独特的优势,已经成为现代工业不可缺少的重要加工方法和手段。

车、铣、刨、磨加工方法通常称为传统加工,传统加工必须用比加工对象更硬的刀具,通过刀具与加工对象的相对运动,以机械能的形式完成加工。但目前难切削加工的材料越来越多,如硬质合金、淬火钢,甚至目前世界上最硬的金刚石,如何对它们进行加工? 半导体材料为脆性材料,如何切削? 宇航中广泛使用的钛合金弹性好、导热性差,又如何加工?

对于这些难加工材料的加工正是特种加工的主要应用范畴之一。目前,特种加工已成为先进制造技术中不可缺少的分支,在难切割、复杂型面、精细表面、优质表面、低刚度零件及模具加工等领域已得到广泛应用。

特种加工可以用比加工对象硬度低的工具,甚至没有成型的工具,通过电能、化学能、光能、热能等形式对材料进行加工,并且特种加工的形式较多。

二、特种加工技术的产生

历史的发展、社会的进步屡次证明加工方法对新产品的研制、推广和社会经济的发展等起着重大的作用。例如,18 世纪 70 年代就发明了蒸汽机,但苦于制造不出高精度的蒸汽机汽缸,从而无法推广应用。直到有人创造和改进了汽缸镗床,解决了蒸汽机主要部件的加工工艺问题,蒸汽机才得到广泛应用,从而引发了人类历史上第一次产业革命。

随着新材料、新结构的不断出现,加工方法的重要性愈加突出。第一次产业革命以来,一直到第二次世界大战以前,在长达 150 多年靠机械切削加工(包括磨削加工)的漫长年代中,并没有产生对特种加工的迫切需求,也没有发展特种加工的充分条件,人们的思想还局限在传统地用机械能量和切削力来去除多余的金属,以达到加工要求中。

20 世纪 40 年代,苏联科学家拉扎连柯夫妇研究开关触点受火花放电腐蚀损坏的现象和原因时,发现电火花的瞬时高温可使局部的金属熔化、气化而被腐蚀掉,从而开创和发明了电火花加工。这是第一次用软的工具加工硬的材料,利用电能、热能去除金属。之后材料科学和高新技术的发展及激烈的市场竞争、发展尖端国防及科学研究的急需,使新产品的更新换代日益加快,同时产品要求具有很高的强度质量比和性能价格比,促使产品朝着高速度、高精度、高可靠性、耐腐蚀、耐高压高温、大功率、尺寸大小两极分化的方向发展。为此,各种新材料、新结构、形状复杂的精密机械零件大量涌现,对机械制造业提出了一系列迫切需要解决的新问题。

(1)解决各种难切削材料的加工问题。

如硬质合金、钛合金、耐热钢、不锈钢、淬硬钢、金刚石、宝石、石英以及钨、硅等各种高硬度、高强度、高韧性、高脆性的金属及非金属材料的加工。

(2)解决各种特殊复杂表面的加工问题。

如喷气涡轮机叶片、整体涡轮、发动机机匣、锻压模和注射模的立体成形表面,各种冲模、冷拔模上特殊断面的型孔,炮管内膛线,喷油嘴,栅网、喷丝头上的小孔、窄缝等的加工。

(3)解决各种超精、光整或具有特殊要求的零件的加工问题。

如对表面质量和精度要求很高的航空航天陀螺仪、伺服阀,以及细长轴、薄壁零件、弹性元件等低刚度零件的加工。

上述问题,采用传统加工方法解决十分困难,甚至根本无法解决。为此,人们从两个方面进行探索研究:一方面,立足传统切削,改善切削状态,提高切削加工水平,研究高效加工的刀具和刀具材料优化切削参数,提高刀具可靠性,完善在线刀具监控系统,开发新型切削液,研制新型自动机床;另一方面,冲破传统方法束缚,探索、寻求新的加工方法,于是产生了多种有别于传统机械加工的新加工方法。这些新加工方法从广义上定义为特种加工(non-traditional machining,NTM),也称为非传统加工技术,其加工原理是将电、热、光、声、化学等能量或其组合施加到工件被加工的部位,从而实现材料去除、变形、改变性能或被镀覆等。

切削加工的本质和特点: 一是靠刀具材料比工件更硬;二是靠机械能把工件上多余的材料切除。一般情况下这是行之有效的方法,但是在工件材料越来越硬、加工表面越来越复杂的情况下,原来行之有效的方法反而转化为限制生产率和影响加工质量的不利因素。与传统的机械加工相比,特种加工技术是借助电能、热能、光能、声能、电化学能、化学能及特殊机械能等多种能量或其复合以实现切除材料的加工方法,具有独特之处。

(1)不完全依靠机械力和机械能切除金属,而是主要应用其他能量(如电、化学、光、声、热等)去除金属和非金属材料。它们瞬时能量密度高,可以直接有效地利用各种能量,造成瞬时、局部熔化,以强力、高速爆炸、冲击去除材料,故可加工各种高硬度材料。

(2)"以柔克刚",不受材料强度、硬度等限制,其加工性能与工件材料的强度、硬度等力学性能无关。加工时,工具与被加工零件基本不接触,不受工件强度和硬度的制约,故可加工超硬、高脆性、热敏材料,特殊的金属、非金属材料和精密微细零件,甚至工具材料的硬度可低于工件材料的硬度,易于加工复杂型面、微细表面以及柔性零件。

(3)可以获得良好的表面质量。由于加工机理不同于一般金属切削加工,不产生宏观切屑,不产生强烈的弹性、塑性变形,故可获得较低的表面粗糙度,其残余应力、冷作硬化、热影响度等也远比一般金属切削加工的小。

(4)向精密加工方向发展。目前已使用精密特种加工,许多特种加工方法同时又是精密加工方法、微细加工方法,如电子束加工、离子束加工、激光加工等就是精密特种加工,精密电火花加工的加工精度可达微米级($0.5\sim1~\mu m$),表面粗糙度(可达镜面)Ra 为$0.02~\mu m$。

（5）加工能量易于控制和转换，工件一次装夹可同时实现粗、中、精加工，从而大大缩短装夹时间，减少安装误差，有利于保证加工精度，提高生产率，故加工范围广，适应性强。

（6）各种加工方法可以任意复合、扬长避短，形成新的工艺方法，更加突出其优越性，便于扩大应用范围。如目前的电解电火花加工（ECDM）、电解电弧加工（ECAM）就是两种特种加工复合而成的新加工方法。

（7）特种加工对简化加工工艺、变革新产品的设计及零件结构工艺性等产生积极的影响。由于特种加工技术具有其他常规加工技术无法比拟的优点，在现代加工技术中，占有越来越重要的地位。表面粗糙度 $Ra<0.01~\mu m$ 的超精密表面加工只有采用特种加工技术才能实现。总体而言，特种加工可以加工任何硬度、强度、韧性、脆性的金属或非金属材料，且专长于加工复杂、微细表面和低刚度的零件。如今，特种加工技术的应用已遍及民用、军用的各个加工领域。

目前，国际上对特种加工技术的研究主要表现在以下几个方面。

（1）微细化。

目前，国际上对微细电火花加工、微细超声波加工、微细激光加工、微细电化学加工等的研究方兴未艾，特种微细加工技术有望成为三维实体微细加工的主流技术。

（2）应用领域的拓宽。

特种加工的应用领域正在拓宽，例如，非导电材料的电火花加工，电火花、激光、电子束表面改性等。

（3）广泛采用自动化技术。

充分利用计算机技术对特种加工设备的控制系统、电源系统进行优化，建立综合参数自适应控制装置、数据库等，进而建立特种加工的计算机辅助设计（CAD）/计算机辅助制造（CAM）和柔性制造（FMS）系统，这是当前特种加工技术的主要发展趋势。利用简单工具电极加工复杂的三维曲面是电解加工和电火花加工的发展方向，目前已实现用四轴联动线切割机床切出扭曲变截面的叶片，随着设备自动化程度的提高，实现特种加工柔性制造系统已成为各工业国家追求的目标。

三、特种加工技术的发展

（1）按照系统工程的观点，加强对特种加工原理、工艺规律、加工稳定性等的深入研究，同时融入现代电子技术、计算机技术、信息技术和精密制造技术等高新技术，使加工设备向自动化、柔性化方向发展；

（2）从实际出发，大力开发特种加工领域的新方法，包括微细加工和复合加工，尤其是质量高、效率高、经济型的复合加工，并与适宜的制造模式相匹配，充分发挥其特点；

（3）污染问题是影响和限制特种加工应用和发展的严重障碍，必须解决废气、废液、废渣问题，向绿色加工方向发展。

我国的特种加工技术起步较早。20世纪50年代中期，我国已经设计研发出电火花穿孔机床、电火花表面强化机。20世纪50年代末，营口电火花机床厂（我国第一家电加工机床专业生产厂）成批生产电火花强化机和电火花机床。后来，上海第八机床厂、苏州长风机械厂和汉川机床厂等也生产出电火花穿孔成型加工机床。20世纪50年代末，电解加工开始被原兵器工业部采用，这个时期我国也出现了"超声波热"，将超声波技术用于强化工艺过程和加工，成立了上海超声波仪器厂和无锡超声电子仪器厂等。20世纪60年代初，中国科学院电工研究所成功研制出我国第一台靠模仿型电火花线切割机床。20世纪60年代末,上海电表厂张维良工程师在阳极-机械切割的基础上发明了我国独创的高速走丝线切割机床,上海复旦大学研制出电火花线切割数控系统。1963 年,哈尔滨工业大学最早开设特种加工课程和实验,并编印出相应的教材。1979 年,我国成立了全国性的电加工学会。1981 年,我国高校间成立了特种加工教学研究会。这些对电加工和特种加工的普及和提高起到了较大的促进作用。但是由于我国原有的工业基础薄弱,特种加工设备和整体技术水平与国际先进水平尚有较大差距,每年还需从国外进口 300 台以上高档电加工机床。

四、特种加工的分类及应用领域

1. 常用特种加工方法的分类

到目前为止,已经出现了近百种特种加工方法。但特种加工方法的分类还没有明确的规定,一般按主要能量来源、作用形式以及加工方法分类(表 1-1-1)。

表 1-1-1　常用特种加工方法的分类

加工方法		主要能量来源	作用形式	符号
电火花加工	电火花成型加工	电能、热能	熔化、气化	EDM
	电火花线切割加工	电能、热能	熔化、气化	WEDM
电化学加工	电解加工	电化学能	金属离子阳极溶解	ECM(ELM)
	电解磨削	电化学能、机械能	阳极溶解、磨削	EGM(ECG)
	电解研磨	电化学能、机械能	阳极溶解、研磨	ECH
	电铸	电化学能	金属离子阴极沉积	EFM
	涂镀	电化学能	金属离子阴极沉积	EPM
高能束加工	激光束加工	光能、热能	熔化、气化	LBM
	电子束加工	光能、热能	熔化、气化	EBM
	离子束加工	电能、机械能	切蚀	IBM
	等离子弧加工	电能、热能	熔化、气化	PAM
物料切蚀加工	超声加工	声能、机械能	切蚀	USM
	磨料流加工	机械能	切蚀	AFM
	液体喷射加工	机械能	切蚀	HDM
化学加工	化学铣削	化学能	腐蚀	CHM
	化学抛光	化学能	腐蚀	CHP
	光刻	光能、化学能	光化学腐蚀	PCM
复合加工	电化学电弧加工	电化学能	熔化、气化腐蚀	ECAM
	电解电化学机械磨削	电能、热能	离子溶解、熔化、切割	MEEC

超声振动或低频振动切削、导电切削、加热切削以及低温切削等加工方法,是特种加工发展过程中形成的介于常规机械加工和特种加工工艺之间的过渡性工艺,这些加工方法是在切削加工的基础上发展起来的,目的是改善切削的条件,基本上仍属于切削加工。

另外,还有一些属于减小表面粗糙度值的工艺,如电解抛光、化学抛光、离子束抛光等;改善表面性能的工艺,如电火花表面强化、镀覆、刻字、激光表面处理、改性、电子束曝光和离子束注入掺杂等,均属于特种加工范围。

随着半导体大规模集成电路生产发展的需要,上述提到的电子束、离子束加工,逐渐演变成近年来提出的纳米级超精微加工,即所谓原子、分子单位的加工方法。各种特种加工的能量来源、作用形式、工艺特点不尽相同,其加工特点与应用范围自然也不同,而且各自都具有一定的局限性。为了更好地应用和发挥各种特种加工的最佳功能及效果,必须依据工件材料、尺寸、形状、精度、生产率、经济性等情况做具体分析,合理选择特种加工方法。

这里主要讲述电火花、线切割、电化学、离子束、电子束等加工方法的基本原理、基本设备、主要特点及主要适用范围。表1-1-2为几种常见特种加工方法的综合比较。

表 1-1-2　几种常见特种加工方法的综合比较

加工方法	可加工材料	工具损耗率/%（最低/平均）	材料去除率/（mm^3/min）（平均/最高）	可达到尺寸精度/mm（平均/最高）	可达到表面粗糙度 Ra/μm（平均/最高）	主要适用范围
电火花成型加工	任何导电金属材料,如硬质合金钢、耐热钢、不锈钢、淬火钢、钛合金等	0.1/10	30/3 000	0.03/0.003	10/0.04	从数微米的孔、槽到数米的超大型模具、工件等
电火花线切割加工		较小（可补偿）	20/200	0.02/0.002	5/0.32	切割各种二维及三维直纹面组成的模具及零件,也常用于钳、钨、半导体材料或贵金属切削
电解加工	任何导电金属材料,如硬质合金钢、耐热钢、不锈钢、淬火钢、钛合金等	不损耗	100/10 000	0.1/0.01	1.25/0.16	从微小零件到超大型工件、模具的加工,如型孔、型腔、抛光、去毛刺等
电解磨削		1/50	1/100	0.02/0.001	1.25/0.04	硬质合金钢等难加工材料的磨削,如硬质合金刀具、量具等
超声波加工	任何脆性材料	0.1/10	1/50	0.03/0.005	0.63/0.16	加工脆硬材料,如玻璃、石英、宝石、金刚石、硅等,可加工型孔、型腔、小孔等

表 1-1-2(续)

加工方法	可加工材料	工具损耗率/%（最低/平均）	材料去除率/（mm³/min）（平均/最高）	可达到尺寸精度/mm（平均/最高）	可达到表面粗糙度 Ra/μm（平均/最高）	主要适用范围
激光加工	任何材料	不损耗（三种加工没有成型用的工具）	瞬时去除率很高,受功率限制,平均去除率不高	0.01/0.001	10/1.25	精密加工小孔、窄缝及成型切割、蚀刻,如金刚石拉丝模、钟表宝石轴承等
电子束加工						在各种难加工材料上打微小孔、切缝、蚀刻、焊接等,常用于制造大、中规模集成电路微电子器件
离子束加工			很低	/0.01 μm	/0.01	对零件表面进行超精密、超微量加工、抛光、刻蚀、掺杂、镀覆等

注:离子束加工工艺,主要用于精微和超精微加工,不能单纯比较材料去除率。

2.特种加工的应用领域

特种加工的应用领域主要有以下几个方面。

（1）难加工材料,如钛合金、耐热不锈钢、高强钢、复合材料、工程陶瓷、金刚石、红宝石、硬化玻璃等高硬度、高韧性、高强度、高熔点材料的加工;

（2）难加工零件,如复杂零件三维型腔、型孔、群孔和窄缝等的加工;

（3）低刚度零件,如薄壁零件、弹性元件等零件的加工;

（4）以高能量密度束流实现焊接、切割、制孔、喷涂、表面改性、刻蚀和精细加工等。

五、特种加工对机械制造工艺技术的影响

特种加工与传统机械加工的工艺特点不同,因而对机械制造工艺技术具有显著的影响,例如,对材料的可加工性、工艺路线的安排、零件结构工艺好坏的衡量标准等的影响,主要体现在以下几个方面。

1.提高材料的可加工性

以前认为的金刚石、硬质合金、淬火钢、石英、玻璃、陶瓷等难加工材料,现在可以用电火花、电解、激光等多种方法来加工此类材质的刀具、工具、拉丝模具。材料的可加工性不再与硬度、强度、韧性、脆性等有直接关系,对电火花线切割加工而言,淬火钢比未淬火钢更易加工。特种加工方法使材料的可加工范围从普通材料发展到硬质合金、超硬材料和特殊材料。

2. 改变零件的典型工艺路线

特种加工基本上不受工件硬度的影响，一般都先淬火而后加工，改变了传统切削中除磨削外的切削加工方法必须安排在淬火热处理工序之前进行的模式，最为典型的是电火花线切割加工、电火花成型加工和电解加工等都必须先淬火后加工。特种加工的出现还对工序的"分散"和"集中"产生了影响。以加工齿轮、连杆等型腔锻模为例，由于特种加工时没有显著的切削力，机床、夹具、工具的强度、刚度不是主要矛盾，因此，即使是较大的、复杂的加工表面，也往往可用一个复杂工具、简单的运动轨迹、一次安装、一道工序加工出来，这样做工序比较集中。

3. 缩短新产品的试制周期

试制新产品时，采用数控电火花线切割，可以直接加工出各种特殊、复杂的二次曲面体零件。这样可以省去设计和制造相应的刀、夹、量具、模具以及二次工具的时间，大幅缩短了试制周期。

4. 影响产品零件的结构设计

由于加工方法和工艺的限制，许多结构不得不接受一些缺陷。例如花键孔与轴的齿根部分，为了减少应力集中，应设计成小圆角，但拉削加工时刀齿做成圆角对排屑不利，容易磨损，所以刀齿只能设计与制造成清棱、清角的齿根，而用电解加工时由于存在尖角变圆现象，故可加工出小圆角的齿根。又如一些复杂模具，采用电火花线切割加工后，即使是硬质合金的模具或刀具，也可做成整体结构。喷气发动机涡轮也由于电加工而可采用整体结构。

5. 影响工艺、材料等评价标准

(1) 难加工材料的特种加工与机械性能无关，使加工变得更容易；以往传统加工认为是设计"禁区"，工艺设计员非常忌讳的盲孔、方孔、小孔、窄缝等，特种加工的采用可改变这种现象。对于电火花穿孔和电火花线切割工艺来说，加工方孔和加工圆孔的难易程度是一样的。

(2) 低刚度零件特种加工因为没有宏观切削力和变形，故可轻松实现加工。

(3) 异型孔和复杂空间曲面特种加工中，工件形状完全由工具形状确定，只要能加工出工具，就能加工出各种复杂零件。

6. 已成为微细加工和纳米加工的主要手段

如大规模集成电路、光盘基片、微型机械及机器人零件、细长轴、薄壁零件、弹性元件等低刚度零件加工均是采用微细加工和纳米加工技术进行的，而借助的工艺手段主要是电子束、离子束、激光、电化学、电火花等电物理、电化学等特种加工技术。目前特种加工已经成为难切削材料、复杂型面、精细零件、低刚度零件、模具加工、快速成型制造以及大规模集成电路等领域不可缺少的重要工艺手段，并发挥着越来越重要的作用。

7. 存在的不足

特种加工除了优越性外，也存在一定的不足，主要表现如下。

(1) 一些特种加工技术的加工过程会对环境造成污染，如电化学加工，在其加工过程中产生的废渣和有害气体会对环境和人体健康造成危害；

(2) 有些特种加工技术的加工机理尚需进一步研究，如电熔覆技术，其加工过程比较复杂，不容易控制；

(3) 加工精度和生产率有待进一步提高。特种加工技术普遍存在加工效率较传统机械

加工偏低的问题;

（4）一些特种加工的设备复杂,成本高,使用和维修费用高。

8.特种加工技术的发展趋势

从制造业发展的角度看,特种加工技术的发展趋势如下。

（1）扩大应用范围,向复合加工方向发展,开发由不同特种加工技术复合而成的加工方法,如电解电火花加工等复合加工,以扬长避短;

（2）向多功能化、精密化、智能化方向发展,力求达到标准化、系列化、模块化的目的;

（3）应着重于特种加工技术的加工机理及工艺方法的研究,从根本上解释其内在的工艺规律,并不断提高加工工艺水平;

（4）解决一些特种加工技术加工过程中对环境造成的污染问题,向绿色以及可持续性方向发展。

六、数控电火花穿孔成型加工机床的安全操作注意事项

在使用数控电火花穿孔成型加工机床进行加工的过程中,应该从操作人员安全和设备安全两个方面来制定机床的安全操作规程。

（1）工作时要穿合身的工作服,戴好工作帽;衬衫要系入裤内,衣袖要扎紧;必须把长发纳入帽内;禁止穿高跟鞋、拖鞋、凉鞋、裙子、短裤及戴围巾;不允许戴手套操作机床。

（2）不要移动或损坏安装在机床上的警示标牌。主要警示标志位置在机床油槽前门上方和电柜前门下方,定期检查有无松动或脱落,以保证这些警示标志能起到警示作用,确保安全。

（3）禁止多人同时操作一台机床,以免发生意外事故。某一项工作必须由多人共同完成时,要相互配合、协调一致。

（4）操作人员必须熟悉电火花机床的操作技术及设备的加工工艺,能恰当地选取加工参数,按规定操作顺序操作,禁止未经培训的人员操作机床;操作数控电火花机床前应仔细阅读机床使用说明书,充分了解所介绍的各部分工作原理、结构性能、操作程序及急停开关部位。

（5）机床电气设备的外壳应采用保护措施,使用漏电保护器来防止漏电;在对机床电器、脉冲电源、控制系统、机械系统等进行维修前,必须切断电源,防止损坏电器元件以及触电事故的发生。

（6）由于机床使用的工作液为油性液体,具有毒性和腐蚀性,应避免长期接触工作液,如需要应佩戴手套;接触工作液后必须洗手;防止工作液溅入眼睛;加工中会产生烟雾且工作液会随之挥发,应避免吸入工作液,需备有通风排烟设施,保障操作人员的安全。

（7）机床使用的工作液为可燃性的油性液体,电火花加工过程中,应打开自动灭火开关,绝对禁止在存放机床的房间内吸烟及燃放明火。机床周围需存放足够的灭火器材,防止意外引起火灾事故。采用大电流放电加工时,工作液应高于工件50 cm,防止发生火灾。操作人员应掌握灭火器材的使用方法,且加工过程中要随时观察放电情况,不能离开机床。

（8）编写好加工程序以后,要进行程序的试运行(如有模拟功能,先进行模拟加工),确保程序准确无误,工艺系统各环节无相互干涉(如碰撞)现象,方可正式加工。

（9）加工前,检查工具电极和工件是否都已校正和固定好,调节工具电极与工件之间的距离。锁紧工作台面,启动工作液泵,使工作液高于工件加工面一定距离,然后启动脉冲电源进行加工。加工完毕后,应立即切断电源,收拾工具,清扫现场。

（10）操作人员在加工过程中必须站在耐压 20 kV 以上的绝缘物上,禁止用湿手按动开关或接触电器部分,不能用手或手持导电工具同时接触电源的两端、工具电极和机床,否则有可能触电,严重的会危及生命。

（11）在加工过程中,操作人员应坚守岗位,集中思想,细心观察机床设备的运转情况,发现问题及时处理。加工过程中发生紧急问题时,可按紧急停止按钮来停止机床的运行。

（12）机床运行时,禁止把身体靠在机床上,禁止把工具和量具放在移动的工件或部件上。

（13）在规定区域外进行加工放电;安全保护设施短路,无效的状态下操作机床;自行对系统进行增加或修改;未经厂家许可,对机床进行改造等均属于违规操作。

七、数控电火花穿孔成型加工机床的维护和保养

对数控电火花穿孔成型加工机床进行维护和养护的目的是保持机床能够正常可靠地工作,延长其使用寿命。电火花穿孔成型加工机床的维护和保养直接影响机床的加工性能。与一般机床相比,电火花机床的维护和保养十分重要,对机床定期进行维护和保养,是保证机床精度、寿命以及提高生产效率的必要条件。机床安装处要求:无大的振动,无烟尘,干燥,日光不直接照射,无直接热辐射,应有排烟装置和相应的消防器材,电源线最好与其他设备电源线分开。

1. 机床维护和保养内容

（1）定期清洁机床,及时清除电蚀产物。经常使用含有中性清洁剂的软布擦掉积聚在电柜和机床表面的灰尘,用工作液清洗工作液槽及该部位所有部件,擦拭电缆上的线托,用细砂纸或金刚石布擦掉锈斑或残渣,保持夹具清洁。

（2）加工结束后应及时泄油,将工作台面、工作液槽内的工作液清除干净。长期不使用时,应在工作台面、电极卡头及工件卡具上涂一层 SAE40 机油。

（3）定期检查安全保护装置,如急停按钮、操作停止按钮(如手控盒上的 RUN、STOP 按键)、液面高度传感器等装置工作是否正常。

（4）工作液要保持清澈,油箱中装有纸滤芯,应定期更换。若工作液不足,则补充工作液。在必要的时候(如油箱需要长时间才能充满,工作液总是很脏,当进油阀处于"开"的位置时,泵出口压力仍大于 0.2 MPa)更换过滤芯,大约每 3 个月换一次滤芯,一周更换一次工作液;保持回流槽干净,检查回油管是否堵塞;由于工作液的腐蚀性,应定期更换油管接口处的密封橡胶圈,防止因密封圈损坏而造成漏油。

（5）当工作液槽门不能可靠封闭或液槽门下部渗漏情况比较严重时,须更换密封条。

（6）定期对控制电柜内部进行清洁。清洁线路板及风扇上的灰尘,主要检查数控电柜的冷却风扇是否正常工作,保证散热通风系统的正常工作。定期更换安装在电柜后的空气过滤器,过滤器太脏将引起电柜过热和电器元件损坏。

（7）机床电气设备要防止受潮,以免降低绝缘强度而影响机床的正常工作。

（8）按机床使用说明书要求定期添加润滑油,数控电火花机床上需要定期润滑的部位主要有机床导轨、丝杠螺母等,一般使用油枪注入。有保护套的可以经半年或一年后拆开,注油,定期检查机床导轨的清洁、润滑及磨损情况。

（9）尽可能提高机床的开动率,并根据机床性能参数选择加工对象,严禁超负荷使用。

（10）定期检查车间灭火器的压力及有效期是否符合规定,如有问题应及时更换。

（11）每间隔半年重新校验与调整机床,以保证机床的加工精度。

2. 机床维护与保养注意事项

（1）机床的零部件不能随意拆卸，以免影响机床的加工精度。

（2）工作液槽和油箱内不允许进水，以免影响工作液的加工效果。

（3）直线滚动导轨和滚珠丝杠内不允许掉入脏物或灰尘。

（4）尽量少开或不开电气柜门，防止生产车间的灰尘、油雾和金属粉尘进入，导致电器部分发生损坏。

（5）在设备维修和保养期间，建议使用木罩子或其他罩子将工作台面保护起来，以免工具或其他物件砸伤或磕伤工作台面。

八、CTE 系列数控电火花穿孔成型加工机床的结构认识

CTE 系列数控电火花穿孔成型加工机床是为了适应当前工业发展，尤其是模具工业的飞速发展而创新设计的机床。该机床应用广泛，主要用于电机、仪器、仪表、汽车、拖拉机、航空航天、家用电器、轻工、军工等行业的模具加工，还用于各种中小型冲裁模、型腔模以及各种零件的坐标孔和成型零件的加工，而且该机床具有生产效率高、加工精度好、工作稳定可靠、操作简便等特点。

电火花穿孔成型加工机床的基本结构如图 1-1-1 所示。CTE320ZK 是 CTE 系列的一个型号（图 1-1-2），从侧面的规格牌上可以看到：型号（CTE320ZK）、工作台尺寸（长×宽）、工作台的最大行程量（纵×横）、油槽尺寸、最大电极质量、最大工件质量等参数。

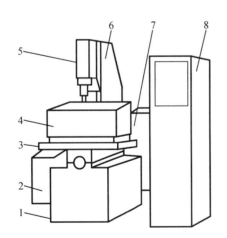

1—床身；2—液压油箱；3—工作台；4—工作液槽；
5—主轴头；6—立柱；7—工作液箱；8—电源箱。

图 1-1-1　电火花穿孔成型加工机床的基本结构

图 1-1-2　CTE320ZK 数控电火花穿孔成型加工机床

1. 性能特点

（1）主要用于模具加工及窄槽窄缝等难以加工的情况。机械结构坚固结实，放电加工过程稳定可靠。

（2）主轴采用高刚度、高精度、高灵敏度、抗扭性好的矩形主轴结构。伺服驱动采用进口宽调速直流伺服电机，PWM 脉宽调速，使机床加工精度更高、速度更快、稳定性更好。

（3）机床配备 50 A 或 100 A 脉冲电源（特殊要求可达到 200 A），该电源具有自适应放电加工控制、定时抬刀、抬刀高度控制、正反向伺服、油路、温升控制、自动报警安全装置和防积炭等多种功能,具有加工效率高、功耗低、电极损耗小、可靠性好、操作简便等特点。

(4)具有Z轴单轴数控功能,X/Y轴采用精密光栅数显进行坐标显示,高脉冲电源采用全数字化电路,具有输出波形稳定、峰值电流大、控制适应能力强等特点。采用触摸键盘进行参数输入、设置。内部存储70组加工参数,并提供给用户30组加工参数的存储空间,功率级采用ICBT大功率三极管。

2. 机床组成

机床由主机、工作油箱、脉冲电源等组成。主机包括床身、立柱、工作台、主轴、工作液槽和油箱等,控制电源布置在电柜中。

(1)主机。

①床身和立柱床身为高刚度的箱形结构,稳定可靠,并在床身下采用垫铁支撑,使导轨精度不受地基变形的影响。它是整个床身的基础,工作台坐落在床身上,支撑着工作台纵横向运动;立柱固定在床身上,与床身的结合面有很强的接触刚度。

②工作台由一组高刚度的十字滑板组成,通过精密丝杠副(丝杠螺距为4 mm)实现工作台纵横方向的移动,即手摇纵横方向的手轮,从而带动丝杠转动,丝杠又拖动台面运动。转动前面手轮,即可实现工作台的前后移动行程,定位后锁紧行程固定手柄,防止松动;转动左侧手轮,即可实现工作台的左右移动行程,定位紧固行程固定手柄,防止松动。

③主轴伺服系统采用PWM脉宽调速系统,配用直流伺服电机。可通过改变平均电压的大小和极性改变电机的转速和方向,同时带动测速机发出反馈信号,从而实现稳定的加工过程。立柱侧面的手轮可控制机头上、下行程(图1-1-3),摇动前先松开锁紧手柄,调整至距工件适当距离,再旋紧手柄,固定机头。

图1-1-4所示为电极头示意图。电极头用来装夹工具电极。

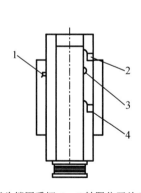

1—机头锁固手柄;2—Z轴限位开关(上);
3—Z轴限位块;4—Z轴限位开关(下)。

图1-1-3　机头上、下机械结构

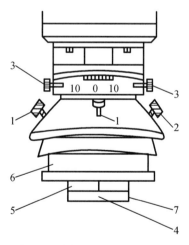

1—前后水平调整螺钉及锁紧螺母;2—左右水平调整螺钉及锁紧螺母;
3—电极旋转角度调整螺钉;4—活动式电极夹头固定螺钉;
5—电极夹头;6—电极夹头与机体之绝缘界面;7—电源进电正极。

图1-1-4　电极头示意图

④工作液槽安装在工作台上(图1-1-5),为了保证加工过程安全进行,加工时,工作液面必须比工件上表面高出50 mm左右,防止放电火花与空气接触着火,并随着加工电流的加大要高出更多,以保证放电气体的充分冷却,尤其是在大电流加工时要杜绝放电气体内

带火星飞出油面。工作液槽操作时,当机器停止使用,要放松油槽门,以免油槽门胶条变形失效。

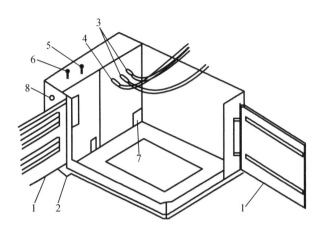

1—防漏胶条;2—加工液溢出回油槽;3—冲油管;4—抽油管;5—出油控制闸;

6—液面高度控制闸;7—进油孔;8—压力表(指示喷油压力)。

图 1-1-5　工作液槽

⑤工作液循环过滤系统采用纸芯过滤器,该系统具有如下优点:过滤精度高;过滤面积大,流量大,压力损失小;纸芯过滤器更换简单,操作方便。一般喷油压力不超过 0.05 MPa,以免损坏油泵或产生放电异常现象。

(2)控制电柜。

①电柜面板。

电柜面板如图 1-1-6 所示,主要包括:

CRT 显示器,是操作人员与控制系统交流的窗口。通过 CRT 的显示,操作人员可以很方便地了解系统的工作状况。

电压表,指示放电加工的间隙电压值。

电流表,指示放电加工的平均电流值。

伺服调速旋钮,用于调节放电加工时的伺服速度。

蜂鸣器,用于系统故障报警或警告提示。

启动按钮,用于总电源的启动。

紧急停止按钮,用于总电源的关闭。

键盘,用于完成各种数据输入、控制机床的各种操作等。

②手控盒面板。

手控盒面板如图 1-1-7 所示,主要包括:

[速度设置]按键。用于设置"高速点动"和"低速点动"。按[速度设置]按键,点升、点降的速度变为"高速点动",再按一次[速度设置]按键,点升、点降的速度变为"慢速点动"。开机时默认设置为"低速点动"。

[点升][点降]按键。按下[点升]键时,主轴向正方向移动;按下[点降]键时,主轴向负方向移动。点动速度由[速度设置]指定。

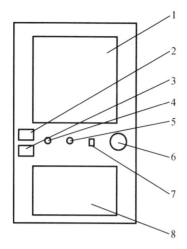

1—CRT 显示器;2—电压表;3—电流表;4—蜂鸣器;
5—伺服调速按钮;6—紧急停止按钮;7—启动按钮;8—键盘。

图 1-1-6　电柜面板示意图

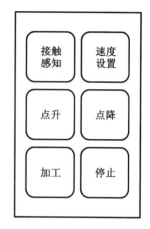

图 1-1-7　手控盒面板示意图

[加工]按键。此键与键盘上[加工]键等同,用于启动放电加工。

[停止]按键。此键与键盘上[停止]键等同,用于停止放电加工。

[接触感知]按键。此键用于"伺服校正"和"火花校正"。第一次按为"伺服校正",主轴下降,当电极和工件接触时主轴会自动上升,手轮移动工作台时,主轴会随电极和工件接触的情况自动伺服;再按一次为"火花校正",高频电源启动,主轴下降,当电极和工件接触时主轴会自动上升,手轮移动工作台时,主轴会随电极和工件接触的情况自动伺服。

注意:手轮移动工作台时不能太快,以免撞坏电极。

学习小结

〰〰〰〰〰〰〰〰〰〰〰〰〰〰〰〰〰〰〰〰〰〰〰〰〰〰〰〰〰〰

〰〰〰〰〰〰〰〰〰〰〰〰〰〰〰〰〰〰〰〰〰〰〰〰〰〰〰〰〰〰

〰〰〰〰〰〰〰〰〰〰〰〰〰〰〰〰〰〰〰〰〰〰〰〰〰〰〰〰〰〰

〰〰〰〰〰〰〰〰〰〰〰〰〰〰〰〰〰〰〰〰〰〰〰〰〰〰〰〰〰〰

〰〰〰〰〰〰〰〰〰〰〰〰〰〰〰〰〰〰〰〰〰〰〰〰〰〰〰〰〰〰

〰〰〰〰〰〰〰〰〰〰〰〰〰〰〰〰〰〰〰〰〰〰〰〰〰〰〰〰〰〰

〰〰〰〰〰〰〰〰〰〰〰〰〰〰〰〰〰〰〰〰〰〰〰〰〰〰〰〰〰〰

〰〰〰〰〰〰〰〰〰〰〰〰〰〰〰〰〰〰〰〰〰〰〰〰〰〰〰〰〰〰

【任务实施】

一、CTE320ZK 数控电火花穿孔成型加工机床的开关机

1. CTE320ZK 数控电火花穿孔成型加工机床的开关机操作

(1)开机步骤。

①合上电柜右侧空气开关,拔出面板上红色蘑菇头按钮。

②按下面板上绿色按钮,总电源启动;稍候片刻 CRT 上出现计算机自检信息,之后进入

系统操作主画面。进入主画面之后,即可进行所需要的操作。

（2）关机步骤。

按下面板上红色蘑菇头按钮,关闭总电源。

注意:两次开机时间间隔不得小于30 s。

2. 开机画面区域

（1）屏幕上区,指示 X、Y、Z 三轴坐标显示区。

（2）屏幕中央显示加工参数等。

（3）屏幕中央下部为状态设置区。

（4）屏幕右边是加工状态显示区。

（5）屏幕最下边为功能菜单,按对应的功能键进入各功能模块。如 F1 对应读取档案,F2 对应保存档案,F8 对应系统参数,F9 对应加工,F10 对应油泵。

3. 加工工艺参数的含义及选择

脉冲电源的加工参数见表 1-1-3。

表 1-1-3　脉冲电源的加工参数

参数	调节范围	参数	调节范围	参数	调节范围
峰值电流（IP）	0~100 A	放电时间（DOWN）	0~30 μs	防火距离	关、1~20
脉冲宽度（Ton）	1~2 000 μs	放电极性（PL）	+、−	伺服方向	正、负
脉冲间隔（Toff）	10~2 000 μs	低损耗控制（EW）	开、关	屏幕保护	关、1~30
高压电流（HP）	关、1~7	防积碳	开、关	脉冲方式	等脉冲、等频率
间隙电压（SV）	0~9	二级抬刀	0~9	安全距离	关、1~20
抬刀（UP）	关、1~30	抬刀方式	标准、脉动	自动关泵	开、关

（1）脉冲宽度（Ton）和脉冲间隔（Toff）。

脉冲宽度和脉冲间隔选择范围分别为 1~2 000 μs 和 10~2 000 μs。Ton 值 1~20 μs 为窄脉冲;31~2 000 us 为宽脉冲,用方向键将光标移至"脉冲宽度"或"脉冲间隔"处,用数字键输入参数,再按"确认"键,即可完成对数字的修改。

Ton、Toff 对加工的影响:Ton 增加,加工效率提高,电极损耗降低,表面粗糙度增大;Toff 增加,加工效率降低,电极损耗增大,对表面粗糙度影响不明显。但是,在加工中要注意 Ton 和 Toff 的匹配,如果加工不稳定或拉弧,则应增加 Toff 或减小 Ton。

（2）峰值电流（IP）。

表 1-1-4 显示了脉冲峰值电流（IP）与放电面积的加工参数关系。

峰值电流选择范围:60 A 为 0~60 A,100 A 为 0~100 A。用方向键将光标移至"电流"处,用数字键输入数值,再按"确认（回车）"键,即可完成。注意:"电流"的投入选择范围大于 100 A 后,控制系统自动调用放电参数库里"序号"的参数。

脉冲宽度、峰值电流可以决定单个脉冲能量,是影响表面粗糙度、电极损耗等加工结果最重要的参数,放电能量与峰值电流成正比,放电能量越大,打出来的坑越深;脉冲宽度越大,放电作用的时间越长,熔化工件的面积越大,在工件表面形成的每个坑越大,则加工工件的表面粗糙度越差。

表 1-1-4　脉冲峰值电流(IP)与放电面积的加工参数关系

放电面积/cm³	IP 选择参数值/A	
	铜、铜钨(电极)	石墨(电极)
1~10	3~6	3~6
10~25	6~12	6~12
25~100	12~21	12~30
100~400	21~60	30~140
400~1 600	30~100	30~140
1 600~6 000	30~100	30~140
6 000	30~100	30~140

(3)高压电流(HP)。

高压电流选择范围:关、1~7。用方向键将光标移至"高压"处,用"+""-"键修改参数,即可完成对数字键的修改。在低压回路的基础上,由高压辅助回路、无损耗回路组合的种种变化形式构成,它设定高压辅助回路的峰值电流,每增加 1 峰值电流增加 0.5 A,最高为7,即峰值电流增至 3.5 A。加入高压后,加工速度变快,电极损耗略有增加。

(4)间隙电压(SV)。

间隙电压选择范围:0~9,对应 15~250 V。用方向键将光标移至间隙电压处,用"+""-"键修改参数,即可完成对数字键的修改,SV 为加工电极与工作间隙电压基准值设定。设定了基准电压 SV,若极间平均电压 VA 高于 SV,则电极前进,低于 SV 则电极后退。当加工出现不稳定或拉弧时,增大 SV 将得以改善。SV 的设定与极间加工液的处理、加工形状、抬刀动作以及平动有关,SV 是放电持续稳定的重要调整因素。

(5)抬刀(UP)。

抬刀选择范围:关、1~30。数值越大,抬刀高度越高。用方向键将光标移至"抬刀"处,用"+""-"键修改参数,即可完成对数字键的修改。

(6)放电时间(DOWN)。

放电时间选择范围:0~30 μs。数值越大,放电时间越长。用方向键将光标移至放电时间处,用"+""-"键修改参数,即可完成对数字键的修改。UP 和 DOWN 是定时抬刀周期设定,UP 数值设定越大,其对应的抬刀高度越高,其对应的放电时间也越长。使用抬刀有利于加工废屑的排除,保持稳定加工状态。

(7)放电极性(PL)。

放电极性选择范围:+、-。用方向键将光标移至"极性"处,用"+""-"键修改参数,即可完成对数字键的修改。一般在超精加工中,最后一组加工参数采用正极性加工,以获得较高的加工精度。

(8)低损耗控制(EW)。

低损耗控制选择范围:开、关。用方向键将光标移至"损耗"处,用"+""-"键修改参数,即可完成对数字键的修改。损耗为"开"时,加工电流呈阶梯状,可适当减小电极损耗,尤其是用紫铜电极加工钢,在加工时效果明显,但加工电流略有减小。注意:如加工电流设定为0,则不能使用低损耗加工波形。

（9）加工过程自适应控制。

加工过程自适应控制选择范围：开、关。用方向键将光标移至"防积碳"处，用"＋""－"键修改参数，即可完成对数字键的修改。"开"表示自适应控制功能开启，系统将监视每一个放电过程，如发现放电不良，则自动增加脉冲间隔等，以避免电弧放电。待加工稳定后会自动恢复脉冲间隔等。"关"表示自适应控制功能关闭。

注意：系统只能在一定范围内避免电弧现象的产生，不能因为使用自适应控制功能而放松人工调节。

（10）二级抬刀。

二级抬刀选择范围：0～9，每一个单位 0.1 mm。用方向键将光标移至"二级抬刀"处，用"＋""－"键修改参数，即可完成对数字键的修改。系统根据设定的抬刀高度和加工时间，周期性地提升 Z 轴排渣，Z 轴提升期间脉冲电源自动关闭，以免二次放电。Z 轴提升和下降过程各分成两段速度：先以慢速提升，超过设定高度后快速提升；下降时先快速下降，离放电位置一定距离时改为慢速下降。这种方法能避免因电极快速上下产生的吸力使电极脱落或工件移位，改善排渣效果。慢速段范围：0.10～0.90 mm；出厂设定为：0.10 mm。

（11）抬刀方式。

抬刀方式选择范围：标准、脉动。用方向键将光标移至"抬刀方式"处，用"＋""－"键修改参数，即可完成对数字键的修改。抬刀方式为"标准"时，抬刀周期按照"抬刀"和"放电时间"设置的参数工作；抬刀方式为"脉动"时，抬刀周期按照两次"标准"一次长抬刀方式工作。

（12）防火距离。

防火距离选择范围：关、1～20。每一个单位 1 mm。用方向键将光标移至"防火距离"处，用"＋""－"键修改参数，即可完成对数字键的修改。用于设置最大短路回退值。当短路引起的回退距离超过设定值时，系统将停止加工，同时报警提示"加工时严重短路"，请按［确认］键。回退距离的另一个重要的作用是防止拉弧放电造成火灾。众所周知，主轴很容易随碳点的积累而一边放电一边回退，回退超过液面就会发生火灾。

（13）伺服方向。

伺服方向选择范围：正、负。用方向键将光标移至"伺服方向"处，用"＋""－"键修改参数，即可完成对数字键的修改。

（14）屏幕保护。

屏幕保护选择范围：关、1～30，每一个单位 1 min。用方向键将光标移至"屏幕保护"处，用"＋""－"键修改参数，即可完成对数字键的修改。设置的时间内，若无按键操作，则屏幕进入保护状态，按任意键退出屏幕保护状态。

（15）脉冲方式。

脉冲方式选择范围：等脉冲、等频率。用方向键将光标移至"脉冲方式"处，用"＋""－"键修改参数，即可完成对数字键的修改。等脉冲即等能量脉冲，主要用于铜－铜、石墨－钢的加工及粗加工，以保证高效、低损耗、放电间隙均匀；等频率主要用于钢－钢和硬质合金的加工，以保证能够正常、高效加工。

（16）安全距离。

安全距离选择范围：关、1～20，每一个单位 10 mm。用方向键将光标移至"安全距离"处，用"＋""－"键修改参数，即可完成对数字键的修改。此功能用于设定加工完成后主轴从完成点回退的距离,目的是防止电极停在结束点时,操作人员误摇动机床而撞坏电极。

(17)自动关泵。

自动关泵选择范围:开、关。用方向键将光标移至"自动关泵"处,用"+""-"键修改参数,即可完成对数字键的修改。此功能键用于确定加工完成后是否自动关泵。

(18)使用专家数据库加工。

如对选择加工规准还很生疏,可使用专家数据库。只需按电流的投入选择大于100后,即调用放电参数库"序号"里的参数,系统将自行设定合适的规准。实际加工工件时,加工形状、放电面积、工作液的状态各不相同,而且随加工的进行在不断地变化,所以对于设定好的加工条件,在观察加工状态的基础上,有必要对部分参数进行变更与调整。通常,需要调整的参数有 UP、DOWN、SV 等。

4. 放电加工操作顺序

(1)合上总电源开关;

(2)按面板上的电源"启动按钮";

(3)固定电极与工件,调整好加工位置;

(4)关好油槽门,定好液面位置;

(5)启动油泵上油,调节冲、抽油压力;

(6)设置起始加工位置,输入各段加工规准及加工深度;

(7)设定正确的加工方向;

(8)按面板上的[F9]键,输出加工脉冲开始加工;

(9)加工过程中,视加工情况随时调整加工电压、伺服速度、提升时间、加工时间和加工规准,使主轴百分表抖动最小(如果有百分表的话),电压表、电流表指针大致稳定;

(10)随时监视加工的进度,过预定尺寸时开启平动头加工(如果选配平动头的话)。

二、数控电火花穿孔成型加工中工具电极的装夹、校正和定位

1. 电极装夹

电火花加工中,电极装夹的目的是将电极安装在机床的主轴头上,电极校正的目的是使电极的轴线平行于主轴头的轴线,即保证电极与工作台台面垂直,必要时还应保证电极的横截面基准与机床的 X、Y 轴平行。

电极装夹是指将电极安装于机床主轴头上,电极轴线平行于主轴头轴线,必要时使电极的横剖面基准与机床纵横拖板平行。电火花加工中,工具电极的装夹特别重要,可采用钻夹头装夹,也可采用专用夹具装夹,还可采用瑞典 3R 夹具装夹。

电极装夹时应注意:

(1)电极与夹具的接触面应保持清洁,并保证滑动部位灵活;

(2)将电极紧固时要注意电极的变形,尤其对于小型电极,应防止弯曲,螺钉的松紧应以牢固为准,用力不能过大或过小;

(3)电极装夹前,应根据被加工零件的图样检查电极的位置、角度以及电极柄与电极是否影响加工;

(4)若电极体积较大,则应考虑电极夹具的强度和位置,防止在加工过程中,由于安装不牢固或冲油反作用力造成电极移动,从而影响加工精度。

常用电极夹头如图 1-1-8 所示,其中:

(1)图 1-1-8(a)所示为电极套筒,适用于一般圆电极的装夹;

（2）图1-1-8（b）所示为电极柄结构,适用于直径较大的圆电极、方电极、长方形电极以及几何形状复杂而在电极一端可以钻孔套丝固定的电极;

（3）图1-1-8（c）所示为钻夹头结构,适用于直径1~13 mm的圆柄电极;

（4）图1-1-8（d）所示为U形夹头,适用于方电极和片状电极;

（5）图1-1-8（e）所示为可内冲油的管状电极夹头。

目前瑞士EROWA公司生产出一种高精度电极夹具（3R夹具）,可以有效地实现电极快速装夹与校正。这种高精度电极夹具不仅在电火花穿孔成型加工机床上使用,还在车床、铣床、磨床、线切割等机床上使用,可以实现电极制造和电极使用一体化,使电极在不同机床之间转换时不必再校正。

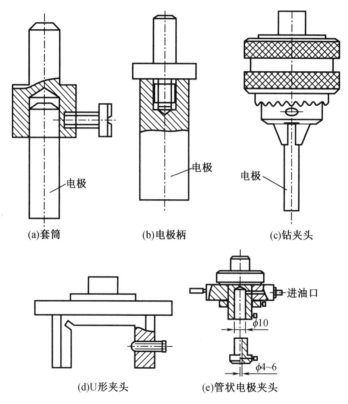

(a)套筒 (b)电极柄 (c)钻夹头

(d)U形夹头 (e)管状电极夹头

图1-1-8 常用电极夹头

2.常用电极装夹方法

（1）整体式电极的装夹。

对于小型的整体式电极,多用通用夹具直接装夹在机床主轴下端,例如标准套筒、钻夹头装夹[图1-1-8（a）、图1-1-8（c）];对于尺寸较大的电极,常将电极通过螺纹连接直接装夹在夹具上（图1-1-9）。

（2）镶拼式电极的装夹。

镶拼式电极的装夹比较复杂,一般先用连接板将几块电极拼接成所需的整体,然后再用机械方法固定[图1-1-10（a）];也可用聚氯乙烯醋酸溶液或环氧树脂黏合[图1-1-10（b）]。在拼接时各结合面需平整密合,然后再将连接板连同电极一起装夹在电极柄上。

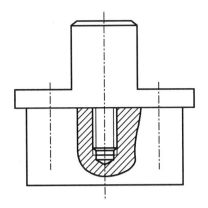

图 1-1-9　螺纹夹头夹具

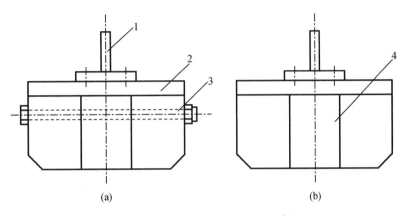

1—电极柄;2—连接板;3—螺栓;4—黏合剂。

图 1-1-10　连接板式装夹

当电极采用石墨材料时,应注意以下几点。

①由于石墨较脆,故不宜攻螺孔,可用螺栓或压板将电极固定于连接板上。石墨电极的装夹如图 1-1-11 所示。图 1-1-11(a)为螺纹连接,不合理;图 1-1-11(b)为压板连接,合理。

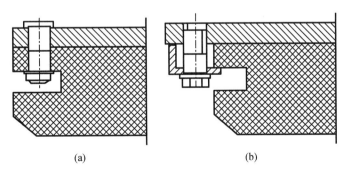

图 1-1-11　石墨电极的装夹

②无论是整体的还是拼合的电极,都应使石墨压制时的施压方向与电火花加工时的进给方向垂直。图 1-1-12(a)箭头所示为石墨压制时的施压方向;图 1-1-12(b)为不合理的拼合;图 1-1-12(c)为合理的拼合。

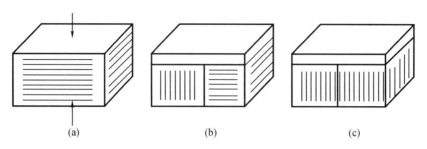

(a)　　　　　　　　　　(b)　　　　　　　　　　(c)

图 1-1-12　石墨电极的方向性与拼合法

3.电极校正

工具电极的校正是为了确保工具电极和工件的垂直关系,校正时主要利用精密刀口角尺、百分表等工具。

(1)电极夹头调节原理。

电极装夹好后,必须进行校正才能加工,即不仅要调节电极与工件基准面垂直,而且需在水平面内调节,转动一个角度,使工具电极的截面形状与将要加工的工件型孔或型腔定位的位置一致。电极与工件基准面垂直常用球面铰链来实现,工具电极的截面形状与型孔或型腔的定位靠主轴与工具电极安装面相对转动机构来调节,垂直度与水平转角调节正确后,都应用螺钉夹紧,电极夹头外观如图 1-1-13 所示,调节原理如图 1-1-14 所示。

图 1-1-13　垂直和水平转角调节装置的夹头

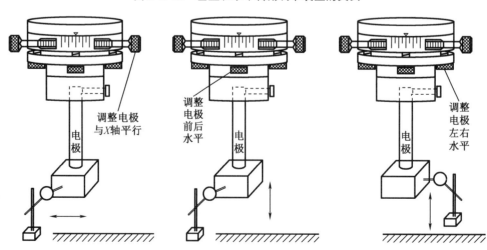

调整电极与X轴平行

调整电极前后水平

调整电极左右水平

电极　　　电极　　　电极

图 1-1-14　电极夹头调节原理

（2）电极装夹校正方法。

①利用精密刀口角尺校正如图 1-1-15 所示。

具体校正方法：

a. 按下手控盒的"下降"按钮，将工具电极缓缓下降，使其慢慢靠近工件，并和工件保持一定间隙后，停止下降工具电极。

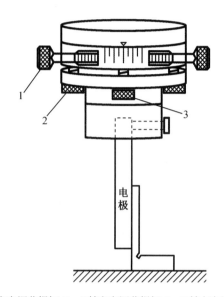

电极

1—Z 轴方向调节螺钉；2—X 轴方向调节螺钉；3—Y 轴方向调节螺钉。

图 1-1-15　工具电极的校正

b. 沿 X 轴校正。沿 X 轴将精密刀口角尺放置在工件上，使精密刀口角尺的刀口轻轻地和工具电极接触，移动照明灯放置在角尺附近，通过观察透光情况判断是否垂直，如不垂直，调节处于主轴夹头球形面上方的沿 X 轴方向的调节螺钉。

c. 沿 Y 轴校正，方法同 b。

d. 工具电极的旋转校正。工具电极装夹完成后，工具电极形状和工件的型腔之间常常存在不完全对准的情况，此时需要对工具电极进行旋转校正。轻轻旋动主轴夹头的调节电极旋转的螺钉，确保工具电极和工件型腔对准。

②百分表校正。

精密刀口角尺校正精度不高，一般还要采用百分表校正，如图 1-1-16 所示。其中，图 1-1-16（a）为根据电极的侧基准面，采用千分表校正电极的垂直度；图 1-1-16（b）为型腔加工的电极上无侧面基准时，将电极上端面作辅助基准校正电极的垂直度。

具体校正方法：

a. 将磁性表座吸附在机床的工作台上，将百分表装夹在表座的杠杆上。

b. 沿 X 轴校正。将百分表的测量杆沿 X 轴方向轻轻接触工具电极，使百分表有一定的读数，然后用手控盒控制主轴上下移动，观察百分表的指针变化。根据变化判断工具。

观察电极沿 X 轴方向的倾斜情况，然后用内六角扳手调节主轴头上的两个调节螺钉，使得工具电极和 X 轴垂直。

c. 沿 Y 轴校正。方法同 b。

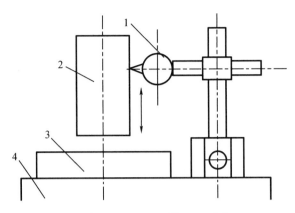

1—千分表;2—电极;3—凹模;4—工作台。

图 1-1-16 百分表校正工具电极

③电火花放电加工。

操作时,首先按下手控盒的"下降"按钮,使主轴缓缓下降,当主轴快要接触工件时,松开手控盒的"下降"按钮,按下电气控制柜的"自动对刀"按钮,主轴继续下降,直至和工件接触,机床蜂鸣器响,按下电气控制柜的"Z 轴清零"按钮,将 Z 轴清零。设定加工深度为 999,加工电流为 1 A,然后按下手控盒的"加工"按钮,工具电极和工件间产生电火花,通过观察电火花,调整主轴头上的 X 轴和 Y 轴方向的垂直调节螺钉,使放电火花均匀。同时观察工件表面的放电痕迹,判断工具电极的放电情况,以便校正工具电极。

4. 电极定位

目前生产的大多数电火花机床都有接触感知功能,通过接触感知功能可以精确地实现电极相对工件的定位,定位过程如图 1-1-17 所示。

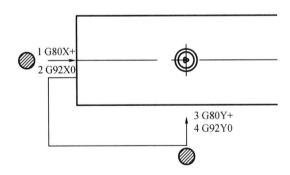

图 1-1-17 电极精确定位示意图

【电火花穿孔成型加工机床的基本操作工作单】

计划单

学习情境一	型腔类零件的电火花加工	任务一	电火花穿孔成型加工机床的基本操作
工作方式	组内讨论、团结协作共同制定计划:小组成员进行工作讨论,确定工作步骤	计划学时	1学时
完成人	1.　　2.　　3.　　4.　　5.　　6.		

计划依据:1.零件图;2.电火花穿孔加工要求

序号	计划步骤	具体工作内容描述
1	准备工作(准备图纸、材料、机床、工具、量具,谁去做?)	
2	组织分工(成立小组,各成员具体完成什么?)	
3	制定加工工艺方案(先加工什么? 再加工什么? 最后加工什么?)	
4	零件加工过程(加工准备什么,安装电极、装夹零件和电极、调整设备参数、零件检测?)	
5	整理资料(谁负责? 整理什么?)	
制定计划说明	(写出制定计划中人员为完成任务的主要建议或可以借鉴的建议、需要解释的某一方面)	

决策单

学习情境一	型腔类零件的电火花加工	任务一	电火花穿孔成型加工机床的基本操作
决策学时			0.5 学时

决策目的:电火花穿孔成型加工机床的基本操作方案对比分析,比较加工质量、加工时间、加工成本等

	小组成员	方案的可行性 (加工质量)	加工的合理性 (加工时间)	加工的经济性 (加工成本)	综合评价
工艺方案 对比	1				
	2				
	3				
	4				
	5				
	6				
决策评价	(根据小组成员加工方案对比分析,对自己的工艺方案进行修改并说明修改原因,最后确定一个最佳方案)				

检查单

学习情境一	型腔类零件的电火花加工	任务一	电火花穿孔成型加工机床的基本操作
评价学时		课内 0.5 学时	第　　组

检查目的及方式　教师检查小组的工作情况,如检查等级为不合格,小组需要整改,并给出整改说明

序号	检查项目	检查标准	检查结果分级 (在相应的分级框内画"√")				
			优秀	良好	中等	合格	不合格
1	准备工作	查找资源、材料准备完整					
2	分工情况	安排合理、全面,分工明确					
3	工作态度	小组成员工作积极主动、全员参与					
4	纪律出勤	按时完成负责的工作内容,遵守工作纪律					
5	团队合作	相互协作、互相帮助、成员听从指挥					
6	创新意识	任务完成不照搬照抄,看问题具有独到见解及创新思维					
7	完成效率	工作单记录完整,并按照计划完成任务					
8	完成质量	查找资源、材料准备完整					

检查 评语		教师签字:

【任务评价】

<h3 style="text-align:center">小组产品加工评价单</h3>

学习情境一		型腔类零件的电火花加工			
任务一		电火花穿孔成型加工机床的基本操作			
评价类别	评价项目	子项目	个人评价	组内互评	教师评价
专业知识与技能	加工准备(15%)	零件图分析(5%)			
		设备及电极准备(5%)			
		加工方法的选择以及电参数的确定(5%)			
	任务实施(30%)	工作步骤执行(5%)			
		功能实现(5%)			
		质量管理(5%)			
		安全保护(10%)			
		环境保护(5%)			
	工件检测(30%)	产品尺寸精度(15%)			
		产品表面质量(10%)			
		工件外观(5%)			
	工作过程(15%)	使用工具规范性(5%)			
		操作过程规范性(5%)			
		工艺路线正确性(5%)			
	工作效率(5%)	能够在要求的时间内完成(5%)			
	作业(5%)	作业质量(5%)			
评价评语					
班级		组别		学号		总评	
教师签字		组长签字		日期			

小组成员素质评价单

学习情境一	型腔类零件的电火花加工	任务一	电火花穿孔成型加工机床的基本操作				
班级	第　　组		成员姓名				
评分说明	每个小组成员评价分为自评和小组其他成员评价 2 部分,取平均值作为该小组成员的任务评价个人分数。评价项目共设计 5 个,依据评分标准给予合理量化打分。小组成员自评分后,要找小组其他成员以不记名方式打分						
评分项目	评分标准	自评分	成员 1 评分	成员 2 评分	成员 3 评分	成员 4 评分	成员 5 评分
核心价值观 (20 分)	是否体现社会主义核心价值观的思想及行动						
工作态度 (20 分)	是否按时完成负责的工作内容,是否遵守纪律,是否积极主动参与小组工作,是否全过程参与,是否吃苦耐劳,是否具有工匠精神						
交流沟通 (20 分)	是否能良好地表达自己的观点,是否能倾听他人的观点						
团队合作 (20 分)	是否与小组成员合作完成任务,做到相互协作、互相帮助						
创新意识 (20 分)	是否能独立思考,提出独到见解,是否具有创新思维						
小组成员最终得分							

【课后反思】

学习情境一	型腔类零件的电火花加工		任务一	电火花穿孔成型加工机床的基本操作
班级		第 组	成员姓名	
情感反思	通过对本任务的学习和实训,你认为自己在社会主义核心价值观、职业素养、学习和工作态度等方面有哪些需要提高的部分?			
知识反思	通过对本任务的学习,你掌握了哪些知识点?请画出思维导图。			
技能反思	在完成本任务的学习和实训过程中,你主要掌握了哪些技能?			
方法反思	在完成本任务的学习和实训过程中,你主要掌握了哪些分析和解决问题的方法?			

【工匠故事】

我国线切割技术的发展

我国的高速往复走丝电火花线切割技术经历了半个多世纪的发展，其间对该技术起到决定性作用并引起行业突破的首要事件有：

1. 20世纪60年代，张维良工程师发明了高速往复走丝电火花线切割技术，俗称"快走丝"。

2. 20世纪70年代，苏州长风厂出产了第一台商品化的快走丝机床。

3. 20世纪80年代，苏州三光厂成功将单板机Z80使用于快走丝，大大提高了机床的可靠性及功能。

4. 20世纪80年代中叶，上海杜炳荣高工和南航金庆同教授带领研究生（郭钟宁、刘志东）提出并验证了高速往复走丝电火花线切割机床多次切割的可行性，也就是现在俗称的"中走丝"。

5. 20世纪80年代末，由南航金庆同的研究生刘志东研发的南光-1乳化皂进入市场，开启了线切割工作介质多样化研究的先河。

6. 20世纪90年代初，宁波海曙于富茂采用模块化大规模生产方式，大批量生产经济型快走丝机床，将快走丝机床的应用拓展到零件加工业，使得全国快走丝的产值从每年数千台扩展到数万台。

7. 20世纪90年代初，深圳福斯特赵健、刘志东设计的封闭式快走丝机床进入市场，开启了快走丝机床外观设计的先河。

8. 20世纪90年代，PC编控一体化YH系统由苏州俞荣亨研发并推向市场。

9. 20世纪90年代中叶，深圳福斯特（刘志东、刘华生设计）和苏州金马（袁大伟设计）几乎同时推出四连杆大锥度线切割机床，使得快走丝正式并规模化地进入塑胶模具加工市场。

10. 20世纪90年代，武汉石鸿林开发了虎兴单板机。

11. 21世纪初，随着软硬件的逐渐成熟，俗称"中走丝"的具有多次切割功能的高速往复走丝电火花线切割机床在浙江和江苏逐渐产品化，其间主要代表厂家是苏州华龙等。

12. 21世纪初，刘志东提出了复合工作液的理念，并成功研制出佳润系列工作液。从理论上解释了线切割极间放电的微观机理，发展了电火花线切割加工的理论，打破了线切割自诞生以来几十年一直沿用乳化液的传统观念，成倍提高了线切割的加工效率，引发了业内对工作介质的极大关注。目前，复合工作液及相似的工作液生产企业已有数十家，市场份额从几乎为"0"发展到50%以上，而且还在不断扩展，极大地提高了线切割的工艺指标（目前最高切割效率已超过300 mm^2/min，多次切割最佳表面粗糙度Ra<0.6 μm），降低了能耗，保护了环境。

13. 2017年，杭州华方和南航刘志东课题组联合研制出能够切割2 000 mm的超高厚度线切割机床，并在北京国际机床展上进行了切割展示，创造了线切割加工最高工件的记录，同时展出的"中走丝"切割指标，割一修二综合效率超过10 000 mm^2/min，表面粗糙度Ra 1.4~1.6 μm。

任务二　断入工件丝锥的电火花加工

【任务工单】

学习情境一	型腔类零件的电火花加工	工作任务二	断入工件丝锥的电火花加工
	任务学时		课内 4 学时（课外 4 学时）
布置任务			
任务目标	1.根据型腔零件结构特点，合理选择加工机床及附件； 2.根据型腔零件结构特点，合理选择电极并能正确安装； 3.根据加工要求，选择正确的加工方法和加工参数； 4.根据加工要求，制定合理的加工路线并完成型腔的加工		
任务描述	电火花机床又称数控电火花机床、电火花、火花机等，是一种电加工设备。苏联拉扎连柯夫妇在研究开关触点受火花放电腐蚀损坏的现象和原因时，发现电火花的瞬时高温可以使局部的金属熔化、氧化而被腐蚀掉，从而开创和发明了电火花加工方法。 　　本任务主要讲述电火花机床的操作、电极和工件的装夹、电参数设置和程序编制、机床的维护保养和安全原则等内容 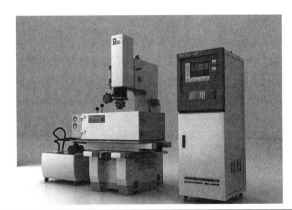		

学时安排	资讯 1 学时	计划 1 学时	决策 0.5 学时	实施 4.5 学时	检查 0.5 学时	评价 0.5 学时

提供资源	1.加工零件图纸； 2.课程标准、多媒体课件、教学演示视频及其他共享数字资源； 3.机床及附件； 4.游标卡尺等工具和量具
对学生学习 及成果的 要求	1.能够正确识读和表述零件图； 2.合理选择加工机床及附件； 3.合理选择电极并正确安装；

对学生学习及成果的要求	4. 加工表面质量和精度符合要求;
	5. 按照学习导图自主学习,并完成课前自学的问题训练和作业单;
	6. 严格遵守课堂纪律,学习态度认真、端正,能够正确评价自己和同学在本任务中的素质表现;
	7. 积极参与小组工作,承担零件图识读、零件加工设备选用、加工工艺路线、工艺参数制定等工作,积极主动不推诿,与小组成员合作完成工作任务;
	8. 独立或在小组同学的帮助下完成任务工单、加工工艺文件、加工视频及动画等,并提请检查、签认,对教师提出的建议或错误处务必及时修改;
	9. 每组必须完成任务工单,并提请教师进行小组评价,小组成员分享小组评价分数或等级;
	10. 完成任务反思,以小组为单位提交

【课前自学】

一、电火花加工原理

电火花加工的原理是基于工具和工件(正、负电极)之间脉冲性火花放电时的电腐蚀现象来蚀除多余的金属,以达到对零件的尺寸、形状及表面质量预定的加工要求。电腐蚀现象早在19世纪初就被人们发现,例如在插头或电器开关触点开、闭时,往往产生火花而把接触表面烧焦、腐蚀成粗糙不平的凹坑进而逐渐损坏。长期以来电腐蚀一直被认为是一种有害的现象,人们不断地研究电腐蚀产生的原因并设法减轻和避免。经过大量实验研究,结果表明电火花腐蚀产生的主要原因是:火花放电时,放电通道在瞬时产生大量的热能,形成很高的温度,足以使电极表面的金属局部熔化甚至气化蒸发而被蚀除下来。

电火花加工原理如图1-2-1所示,工件电极与工具电极分别与脉冲电源的两输出端相连接。自动进给系统(电动机及丝杠螺母机构)使工具和工件间经常保持很小的放电间隙(0.01~0.1 mm),电极的表面(微观)是凹凸不平的,当脉冲电压加到两极之间时,便在当时条件下相对于某一间隙最小处或绝缘强度最低处击穿介质,在该局部产生火花放电,瞬时高温使工具和工件表面都蚀掉一部分金属,各自形成一个小凹坑,如图1-2-2所示,其中图1-2-2(a)为单个脉冲放电后的电蚀坑,图1-2-2(b)为多个脉冲放电后的电极表面。脉冲放电结束后,经过一段时间间隔(脉冲间隔),工作液恢复绝缘后,第二个脉冲电压又加到两极上,又会在当时极间距离相对最近或绝缘强度最弱处击穿放电,又会电蚀出一个小凹坑。这样随着频率的加快,连续不断地重复放电,工具电极不断地向工件进给,就可将工具的形状复制在工件上,加工出所需的零件,整个加工表面将由无数个小凹坑组成。

二、电火花加工的微观机理

火花放电时,电极表面的材料究竟是怎样被蚀除下来的?了解这一微观过程,有助于掌握电火花加工过程中有关工具电极损耗、加工精度和表面粗糙度形成的各种基本规律,以便对脉冲电源、进给系统、机床本体等提出合理的要求,以提高生产率和降低生产成本。

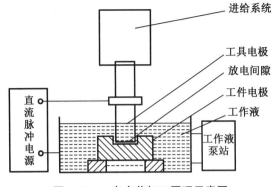

图 1-2-1　电火花加工原理示意图

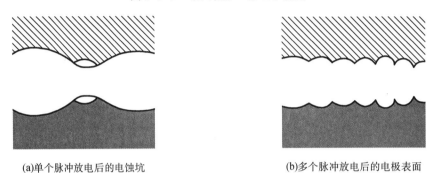

(a)单个脉冲放电后的电蚀坑　　　　　　　　(b)多个脉冲放电后的电极表面

图 1-2-2　电火花加工表面局部放大图

　　电火花加工的物理本质,即电火花腐蚀的微观过程,由于放电时间极短,间隙很小,故很难观察。根据大量实验资料的分析,电火花腐蚀的微观过程是电力、磁力、热力和液力等综合作用的过程(图 1-2-3)。这一过程,一般认为可分为以下几个连续阶段:介质电离击穿并形成放电通道,电极材料的熔化、气化、热膨胀,电极材料的抛出,极间介质的消电离。

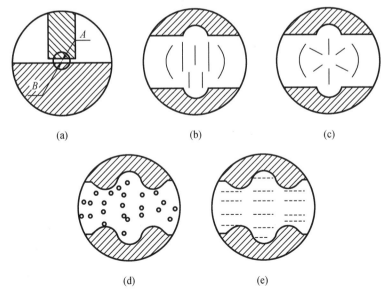

(a)　　　　　　　　　(b)　　　　　　　　　(c)

(d)　　　　　　　　(e)

图 1-2-3　电火花加工的微观机理图

1. 介质电离击穿并形成放电通道[图 1-2-3(a)]

当约 100 V 的脉冲电压施加于工具电极和工件电极之间时，两极之间形成一个电场，电场强度与电压成正比，与距离成反比，工具电极与工件电极缓缓靠近，极间的电场强度增大，由于两电极的微观表面凹凸不平，因此在两极间距离最近的 A、B 处电场强度最大。工具电极与工件电极之间充满液体介质，液体介质中不可避免地含有杂质及自由电子，它们在强大的电场作用下，形成了带负电的粒子和带正电的粒子，电场强度越大，带电粒子就越多，最终导致液体介质电离、击穿，形成放电通道。放电通道由大量高速运动的带正电和带负电的粒子以及中性粒子组成。由于通道截面很小，因此通道内因高温热膨胀形成的压力高达几万帕，高温高压的放电通道急速扩展，产生一个强烈的冲击波向四周传播。在放电的同时还伴随着声、光效应，这就形成了肉眼所能看到的电火花。

2. 电极材料的熔化、气化、热膨胀[图 1-2-3(b)、图 1-2-3(c)]

液体介质被电离、击穿，形成放电通道后，通道间带负电的粒子奔向正极，带正电的粒子奔向负极，粒子间相互撞击，产生大量的热能，使通道瞬间达到极高的温度(10 000 ℃)。通道高温首先使工作液汽化，然后高温向四周扩散，使两电极表面的金属材料开始熔化直至沸腾气化。气化后的工作液和金属蒸气瞬间体积猛增，形成了爆炸的特性。所以在观察电火花加工时，可以看到工件与工具电极间有冒烟现象，并听到轻微的爆炸声。

3. 电极材料的抛出[图 1-2-3(d)]

正负电极间产生的电火花现象，使放电通道产生高温高压。通道中心的压力最高，工作液和金属气化后不断向外膨胀，形成内外瞬间压力差，高压处的熔融金属液体和蒸气被排挤，抛出放电通道，大部分被抛入工作液中。仔细观察电火花加工，可以看到橘红色的火花四溅，这就是被抛出的高温金属熔滴和碎屑。

4. 极间介质的消电离[图 1-2-3(e)]

加工液流入放电间隙，将电蚀产物及残余的热量带走，并恢复绝缘状态。若电火花放电过程中产生的电蚀产物来不及排除和扩散，产生的热量将不能及时传出，使该处介质局部过热，局部过热的工作液高温分解、积碳，使加工无法继续进行，并烧坏电极。因此，为了保证电火花加工过程的正常进行，在两次放电之间必须有足够的时间间隔让电蚀产物充分排出，恢复放电通道的绝缘性，使工作液介质消电离。

三、电火花加工的必备条件

要完成电火花加工必须具备的条件：

(1)在脉冲放电点必须有足够大的能量密度，能使金属局部熔化和气化，并在放电爆炸力的作用下，把熔化的金属抛出来。为了使能量集中，放电过程通常在液体介质中进行。

(2)工具电极和工件被加工表面之间要保持一定的放电间隙，这一间隙随加工条件而定，通常为几微米至几百微米。如果间隙过大，则极间电压不能击穿极间介质。因此，在电火花加工过程中必须具备自动进给装置维持放电间隙。

(3)放电形式应该是脉冲的(图 1-2-4)，并且单向配置，放电时间要短，一般为 $10^{-7} \sim 10^{-3}$ s。这样才能使放电产生的热量来不及扩散到其余部分，将每次放电点分布在很小的范围内，否则电弧将持续放电，产生大量热量，致使金属表面熔化、烧伤，从而达不到加工目的。

(4)必须把加工过程中所产生的电蚀产物和余热及时地从加工间隙中排除出去，保证加工能正常且持续地进行。

（5）在相邻两次脉冲放电的间隔时间内,电极间的介质必须能及时消除电离,避免在同一点上持续放电而形成集中的稳定电弧。

（6）电火花放电加工必须在具有一定绝缘性能的液体介质(工作液),例如煤油、皂化液或去离子水等中进行。它们必须具有较高的绝缘强度($10^3 \sim 10^7 \ \Omega \cdot cm$),以利于产生脉冲性的火花放电。同时液体介质还能把电火花加工过程中产生的金属屑、炭黑等电蚀产物在放电间隙中悬浮出去,并且对电极和工件表面有较好的冷却作用。

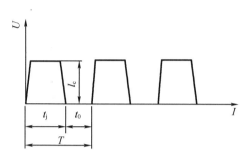

t_j—脉冲宽度;t_0—脉冲间隔。

图 1-2-4　脉冲电源波形图

四、电火花加工的分类

按工具电极的形状、工具电极与工件电极的相对运动方式和用途,可将电火花加工分为五大类,即电火花成型加工(又称电火花成型穿孔加工)、电火花线切割加工、电火花磨削加工、电火花展成加工(又称电火花同步共轭回转加工)、电火花表面处理。总的来说,电火花加工可分为电火花成型加工和电火花线切割加工两大类。图 1-2-5 所示为电火花加工的分类。

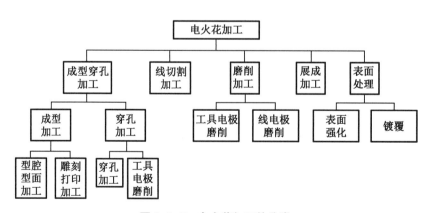

图 1-2-5　电火花加工的分类

1. 电火花穿孔成型加工

电火花穿孔成型加工包括成型加工、穿孔加工等。电火花成型加工一般指三维型腔和型面加工,也包括雕刻、打印、打标记,如图 1-2-6、图 1-2-7 所示。

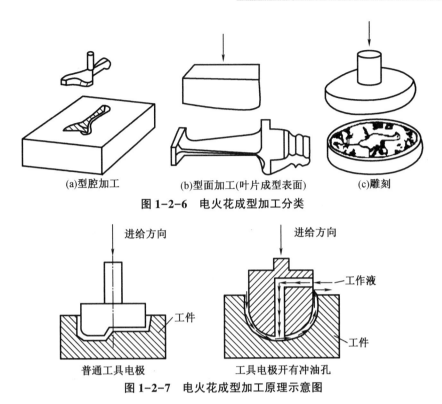

(a)型腔加工　　(b)型面加工(叶片成型表面)　　(c)雕刻

图 1-2-6　电火花成型加工分类

进给方向　　　　　进给方向

工作液

工件　　　　工件

普通工具电极　　　工具电极开有冲油孔

图 1-2-7　电火花成型加工原理示意图

电火花穿孔加工一般指二维型孔加工,也包括片电极切割、侧面成型、反拷贝加工,如图 1-2-8、图 1-2-9 所示。同时还应包括电火花线切割预穿丝孔、小深孔的电火花高速小孔加工,现已有专门机床。

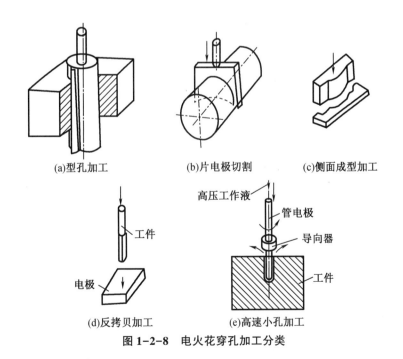

(a)型孔加工　　(b)片电极切割　　(c)侧面成型加工

工件

电极

(d)反拷贝加工

高压工作液　　管电极

导向器

工件

(e)高速小孔加工

图 1-2-8　电火花穿孔加工分类

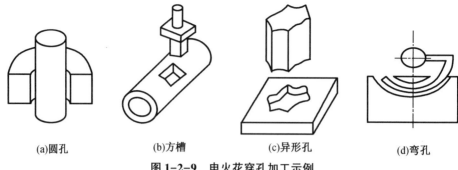

(a)圆孔   (b)方槽   (c)异形孔   (d)弯孔

图 1-2-9　电火花穿孔加工示例

2. 电火花线切割加工

电火花线切割加工是一种采用线状工具电极的电火花加工方法,可进行切型、切断、切窄缝等加工,如图 1-2-10 所示。

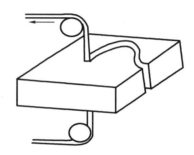

图 1-2-10　电火花线切割加工

3. 电火花磨削加工

电火花磨削加工分为电火花成型磨削、电火花小孔内圆磨削、电火花铲磨、电火花刃磨和电火花螺纹磨削等几种加工方法,可加工平面、外圆、内圆、成型表面,如图 1-2-11 所示。

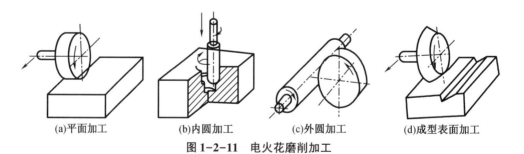

(a)平面加工   (b)内圆加工   (c)外圆加工   (d)成型表面加工

图 1-2-11　电火花磨削加工

4. 电火花展成加工

电火花展成加工是利用成型工具电极和工件电极做对应的展成运动实现成型加工,实际上是一种同步共轭回转加工。图 1-2-12 所示为内齿轮齿面展成加工和螺纹面展成加工。

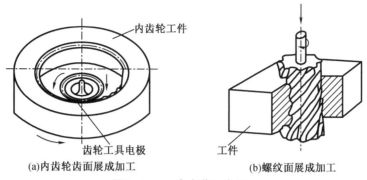

(a)内齿轮齿面展成加工　　　　(b)螺纹面展成加工

图 1-2-12　电火花展成加工

图 1-2-13 所示为电火花同步共轭回转加工内螺纹逐点对应原理示意图。过去在淬火钢或硬质合金材质上电火花加工内螺纹,是利用导向螺母使工具电极在旋转的同时做轴向进给,生产效率极低,而且只能加工出带锥度的粗糙螺纹孔。

电火花加工内螺纹综合了电火花加工和机械加工的经验,采用工件与电极同向同步旋转,工件做径向进给来实现。工件预孔按螺纹内径制作,工具电极的螺纹尺寸及其精度按工件图样的要求制作,但电极外径应小于工件预孔 0.3~2 mm。加工时,电极穿过工件预孔,保持两者轴线平行,然后使电极和工件以相同的方向和转速旋转[图 1-2-13(a)],同时工件向工具电极径向切入进给[图 1-2-13(b)],从而复制出要求的内螺纹[图 1-2-13(c)]。

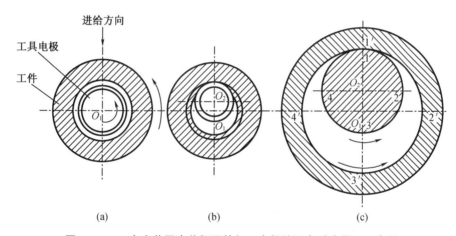

(a)　　　　　　　(b)　　　　　　　(c)

图 1-2-13　电火花同步共轭回转加工内螺纹逐点对应原理示意图

这种加工方法具有以下优点:

(1)由于电极贯穿工件,且两轴线始终保持平行,因此加工出来的内螺纹没有通常利用电火花攻螺纹产生的喇叭口。

(2)因为电极外径小于工件内径,而且放电加工一直只在局部区域进行,加上电极与工件同步旋转时对工作液的搅拌作用,有利于电蚀产物的排除,所以,可以获得好的几何精度和表面粗糙度。

(3)可降低对电极设计和制造的要求。对电极中径和外径尺寸精度无严格要求。由于电极外径小于工件内径,使得在同向同步回转中,电极与工件电蚀加工区域的线速度不等,存在微量差动,对电极螺纹表面局部的微量缺损有均匀化的作用,故减轻了对加工质量的影响。

工具电极材料使用纯铜或黄铜比较合适,纯铜电极比黄铜电极损耗小,但在相同电规准下,黄铜电极可得到较好的表面粗糙度。

一般情况下,电规准的选择应采用正极性加工,使用 *RC* 线路弛张式电源,可以获得较好的表面粗糙度。电火花同步共轭回转加工的应用范围日益扩大,目前主要应用于以下几方面:

(1)各类螺纹环规及塞规,特别适用于硬质合金材料及内螺纹的加工;

(2)精密的内、外齿轮加工,特别适用于非标准内齿轮加工;

(3)静压轴承油腔、回转泵体的高精度成型加工等;

(4)梳刀、精密斜齿条的加工等。

5. 电火花表面处理

电火花表面处理主要有电火花表面强化、镀覆等。

五、电火花加工的特点及局限性

1. 主要特点

(1)适合任何难切削导电材料的加工。由于加工中材料的去除是靠放电时的电热作用实现的,材料的可加工性主要取决于材料的导电性、熔点、沸点、比热容、热导率等热学特性,几乎与力学性能无关,所以,可以实现用软的工具加工硬韧的工件,如可加工聚晶金刚石、立方氮化硼一类的超硬材料。目前电极材料多采用纯铜(俗称紫铜)、黄铜或石墨,因此工具电极较容易加工。

(2)适合复杂型面和特殊形状的加工。可以制作成型工具电极直接加工复杂型面,简单的工具电极靠数控系统完成复杂形状加工。可用成型电极加工方孔等异形孔,以及用特殊运动轨迹加工曲孔等。

(3)可加工薄壁、弹性、低刚度、微细小孔、异型小孔、深小孔等有特殊要求的零件。由于加工过程中工具电极和工件不直接接触,没有机械加工的切削力,因此适宜加工低刚度工件及微细加工,目前能加工出 0.005 mm 的短微细轴和 0.008 mm 的浅微细孔,以及直径小于 1 mm 的齿轮。在小深孔方面,已加工出直径 0.8~1 mm,深 500 mm 的小孔,也可以加工圆弧形的弯孔。

(4)直接利用电能进行加工,因此易于实现加工过程的自动控制及实现无人化操作;可减少机械加工工序,加工周期短,劳动强度低,使用维护方便。当前,电火花加工绝大多数采用数控技术,几乎都是用数控电火花穿孔成型加工机床进行加工。

2. 局限性

(1)主要用于加工金属等导电材料,但在一定条件下也可以加工半导体和非导体材料。这是当前的研究方向,如用高电压法、电解液法可加工金刚石、立方氮化硼、红宝石、玻璃等超硬非导电材料。

(2)一般加工速度较慢。通常安排工艺时多采用切削加工来去除大部分余量,然后再进行电火花加工以提高生产效率。但已有研究成果表明,采用特殊水基不燃性工作液进行电火花加工时,其生产效率不低于切削加工。

(3)存在电极损耗。电极损耗多集中在尖角或底面,影响成型精度。但近年来粗加工时已能将电极相对损耗比降至 0.1% 以下,甚至更小。

（4）工件表面存在电蚀硬层。工件表面由众多放电凹坑组成，硬度较高，不易去除，影响后续加工工序。

六、电火花加工的应用

1. 电火花穿孔成型加工的应用

由于电火花加工有其独特的优越性，再加上数控水平和工艺技术的不断提高，其应用领域日益扩大，已经覆盖机械、航空航天、电子、核能、仪器、轻工等领域，用于各种难加工材料、复杂形状零件和有特殊要求的零件的制造，成为常规切削、磨削加工的重要补充和发展。模具制造是电火花成型加工应用最多的领域，而且非常典型。以下简单介绍电火花成型加工在模具制造中的主要作用。

（1）高硬度零件加工。

对于某些硬度较高的模具，或者硬度要求特别高的滑块、顶块等零件，在热处理后其表面硬度高达 HRC50 以上，采用机械加工方式很难加工如此高硬度的零件，采用电火花加工则可以不受材料硬度的影响。

（2）型腔尖角部位加工。

如锻模、热固性和热塑性塑料模、压铸模、挤压模、橡皮模等各种模具的型腔常存在一些尖角部位，在常规切削加工中由于存在刀具半径而无法加工到位，使用电火花加工则可以完全成型。

（3）模具上的筋加工。

在压铸件或者塑料件上，常有各种窄长的加强筋或者散热片，这种筋在模具上表现为下凹的深而窄的槽，采用机械加工的方法很难将其加工成型，而使用电火花加工可以很便利地使其成型。

（4）深腔部位的加工。

若机械加工时，没有足够长度的刀具，或者刀具没有足够的刚性，不能加工具有足够精度的零件，则可以用电火花进行加工。

（5）小孔加工。

对各种圆形小孔、异形孔的加工，如线切割的穿丝孔、喷丝板型孔等，以及长深比非常大的深孔，很难采用钻孔方法加工，而采用电火花或者专用的高速小孔加工机可以完成各种深度的小孔加工。

（6）表面处理。

如刻制文字、花纹，对金属表面的渗碳和涂覆特殊材料的电火花强化等。另外通过选择合理的加工参数，也可以直接用电火花加工出一定形状的表面蚀纹。图 1-2-14 所示为电火花成型加工的应用。

2. 电火花线切割加工的应用

与电火花成型加工不同，电火花线切割加工是用细小的电极丝作为电极工具，可以用来加工复杂型面、微细结构或窄缝的零件。应用示例如下。

(a)窄缝深槽加工

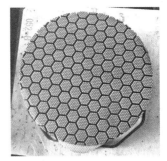

(b)花纹、文字加工

(c)型腔加工

(d)冷冲模穿孔加工

图1-2-14　电火花成型加工的应用

（1）加工模具。

电火花线切割加工主要应用于冲模、挤压模、塑料模及电火花成型加工用的电极等。目前,其加工精度已达到可以与坐标磨床相媲美的程度。而且线切割加工的周期短、成本低,能够配合数控系统,操作简单。图1-2-15、图1-2-16所示为部分模具。

图1-2-15　无轨电车爪手模具

图1-2-16　精密冷冲模具

（2）加工具有微细结构和复杂形状的零件。

电火花线切割利用细小的电极丝作为火花放电的加工工具,又配有数控系统,所以可以轻易地加工出具有微细结构和复杂形状的零件,如图1-2-17所示。

（3）加工硬质导电材料。

由于电火花加工不靠机械切削,与材料硬度无关,所以电火花线切割可以加工硬质导电的材料,如硬质合金材料,如图1-2-18所示。

图 1-2-17　具有微细结构、窄缝、复杂型面和曲线的零件

图 1-2-18　加工硬质合金与高速钢车刀

另外,由于线切割加工能够一次成型,所以特别适用于新产品试制。一些关键部件利用模具制造,加工模具周期长而且成本高,如果采用线切割加工则可以直接切制零件,从而降低成本,缩短新产品的试制周期。由于线切割加工用的电极丝尺寸远小于切削刀具尺寸(最细的电极丝尺寸可达 0.02 mm),故用它切割贵金属可减少切缝消耗,从而提高原材料的利用率。

学习小结

【任务实施】

一、任务导入

生产实践中,钻小孔或用丝锥攻丝时,由于刀具硬度大而脆,抗弯、抗扭强度低,往往容易折断在孔中(图1-2-19)。如何处理断入工件中的钻头或丝锥孔中间的情况呢? 为了避免工件报废,可考虑采用电火花加工的方法去除。

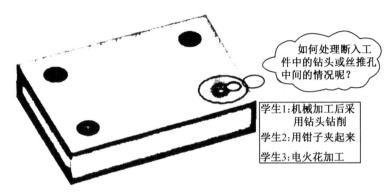

图1-2-19　断入工件的钻头或丝锥

二、任务分析与准备

1. 电极材料的选择

传统加工中,钻小孔或用丝锥攻丝时,刀具往往采用低合金工具钢制造,硬度大,抗弯、抗扭强度低,而电火花加工方法可以实现"以柔克刚",故选择低于工件硬度的材料制作电极,通常选用紫铜杆或黄铜杆,这两种电极材料来源广,机械加工相对容易。紫铜电极的损耗较小,黄铜电极加工时损耗较大,但加工过程比较稳定。

2. 电极的设计

电极的尺寸应根据钻头、丝锥的尺寸确定。对于钻头,工具电极的直径 d' 应大于钻心直径 d_0,小于钻头外径 d,如图1-2-20(a)所示,一般 d_0 约为 $d/5$,故可取电极直径 $d' = (2/5 \sim 4/5)d$,以 $3d/5$ 为最佳;对于丝锥,如图1-2-20(b)所示,电极的直径 d' 应大于丝锥的心部直径 d_0,小于攻螺纹前的预孔直径,通常,电极的直径 $d = (d_0 + d_1)/2$ 为最佳值。

如果钻头或丝锥很小,则对应的电极直径也小,不容易装夹,可将其改为阶梯电极,下端为加工部分,直径为 0.5~0.8 倍钻头直径,长度应比钻头残留高些,上端部分装夹用。加工前,可以根据丝锥规格和钻头的直径按表1-2-1来选择工具电极的直径。

表1-2-1　根据丝锥规格和钻头直径选择工具电极直径

工具电极直径/mm	1~1.5	1.5~2	2~3	3~4	3.5~4.5	4~6	6~8
丝锥规格	M2	M3	M4	M5	M6	M8	M10
钻头直径/mm	2	3	4	5	6	8	10

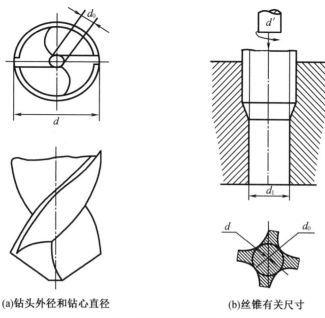

(a)钻头外径和钻心直径　　　　　(b)丝锥有关尺寸

图 1-2-20　钻头和丝锥的有关尺寸

3. 电极的制造

工具电极为圆柱形或阶梯轴形,可在车床上一次车削成型。

4. 加工规准的确定

由于对加工精度和表面粗糙度的要求不高,因此,应选用加工速度快、电极损耗小的粗规准。但加工电流受电极加工面积的限制,电流过大容易造成拉弧;为了达到电极低损耗的目的,要注意峰值电流和脉冲宽度之间的匹配关系,电流过大,会增加电极的损耗。所以,脉冲宽度可以适当取大些,并采用负极性加工;停歇时间要与脉冲宽度匹配合理。对于晶体管电源,可参考表 1-2-2 的规准。

表 1-2-2　低损耗粗规准

脉冲宽度/μs	脉冲间隔/μs	峰值电流/A
150～300	30～60	5～10

三、任务实施

1. 工具电极的装夹和校正

工具电极可采用钻夹头装夹。首先应用精密刀口角尺(直角尺)校正,使电极与机床工作台面垂直,再采用百分表进一步校正使工具电极垂直于工件。必要时,利用圆柱形台阶校正。

2. 工件的装夹和校正

采用百分表校正使工件的基准面分别与机床的 X 轴、Y 轴平行(图 1-2-21),使折断的钻头或丝锥的中心线与机床工作台面保持垂直。

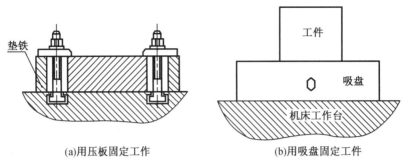

(a)用压板固定工作　　　　　　(b)用吸盘固定工件

图1-2-21　工件的装夹固定

3. 电极的定位

移动工作台,使电极中心与断入工件中的钻头或丝锥的中心一致。该任务的主要要求为加工速度,对于加工精度要求不高的工件,可采用目测定位。

4. 选择加工条件

此处加工精度、表面粗糙度要求低,但加工小孔时电极的电流密度大,所以加工电流受到加工面积的限制,可选择小电流和长脉宽的加工。

5. 工作液箱的操作

先扣上门扣,关上液槽,再扣上放油手柄,然后打开液泵,最后调节液面高度手柄高出工件上表面40 mm以上。

6. 放电加工

设定加工深度(由断入工件内的钻头或丝锥的长度决定)后,开启工作液泵,加注工作液高出工件40 mm以上,保证工作液循环流动;按下"放电加工"按钮,实现加工。如果所攻螺纹孔是通孔,可采用下冲油;如果是盲孔,则可采用侧冲油或不冲油,必要时可采用铜管作工具电极,使工作液从铜管中导入加工区,即采用上部冲油进行加工。

四、任务检测

通过目测检测加工成品,通过百分表检测加工位置、加工深度是否符合要求。

【断入工件丝锥的电火花加工操作工作单】

计划单

学习情境一	型腔类零件的电火花加工	任务二	断入工件丝锥的电火花加工
工作方式	组内讨论、团结协作共同制定计划:小组成员进行工作讨论,确定工作步骤	计划学时	1 学时
完成人	1.　　2.　　3.　　4.　　5.　　6.		

计划依据:1.零件图;2.电火花穿孔加工要求

序号	计划步骤	具体工作内容描述
1	准备工作(准备图纸、材料、机床、工具、量具,谁去做?)	
2	组织分工(成立小组,各成员具体完成什么?)	
3	制定加工工艺方案(先加工什么? 再加工什么? 最后加工什么?)	
4	零件加工过程(加工准备什么,安装电极、装夹零件和电极、调整设备参数、零件检测?)	
5	整理资料(谁负责? 整理什么?)	
制定计划说明	(写出制定计划中人员为完成任务的主要建议或可以借鉴的建议、需要解释的某一方面)	

决策单

学习情境一	型腔类零件的电火花加工	任务二	断入工件丝锥的电火花加工
决策学时			0.5 学时

决策目的:断入工件丝锥的电火花加工方案对比分析,比较加工质量、加工时间、加工成本等

	小组成员	方案的可行性 (加工质量)	加工的合理性 (加工时间)	加工的经济性 (加工成本)	综合评价
工艺方案 对比	1				
	2				
	3				
	4				
	5				
	6				
决策评价	(根据小组成员加工方案对比分析,对自己的工艺方案进行修改并说明修改原因,最后确定一个最佳方案)				

检查单

学习情境一	型腔类零件的电火花加工	任务二	断入工件丝锥的电火花加工
评价学时		课内 0.5 学时	第　　组

检查目的及方式　教师检查小组的工作情况,如检查等级为不合格,小组需要整改,并给出整改说明

序号	检查项目	检查标准	检查结果分级 (在相应的分级框内画"√")				
			优秀	良好	中等	合格	不合格
1	准备工作	查找资源、材料准备完整					
2	分工情况	安排合理、全面,分工明确					
3	工作态度	小组成员工作积极主动、全员参与					
4	纪律出勤	按时完成负责的工作内容,遵守工作纪律					
5	团队合作	相互协作、互相帮助、成员听从指挥					
6	创新意识	任务完成不照搬照抄,看问题具有独到见解及创新思维					
7	完成效率	工作单记录完整,并按照计划完成任务					
8	完成质量	查找资源、材料准备完整					

检查评语		教师签字:

【任务评价】

小组产品加工评价单

学习情境一		型腔类零件的电火花加工			
任务二		断入工件丝锥的电火花加工			
评价类别	评价项目	子项目	个人评价	组内互评	教师评价
专业知识 与技能	加工准备(15%)	零件图分析(5%)			
		设备及电极准备(5%)			
		加工方法的选择以及电参数的确定(5%)			
	任务实施(30%)	工作步骤执行(5%)			
		功能实现(5%)			
		质量管理(5%)			
		安全保护(10%)			
		环境保护(5%)			
	工件检测(30%)	产品尺寸精度(15%)			
		产品表面质量(10%)			
		工件外观(5%)			
	工作过程(15%)	使用工具规范性(5%)			
		操作过程规范性(5%)			
		工艺路线正确性(5%)			
	工作效率(5%)	能够在要求的时间内完成(5%)			
	作业(5%)	作业质量(5%)			
评价 评语					

班级		组别		学号		总评	
教师签字			组长签字		日期		

小组成员素质评价单

学习情境一	型腔类零件的电火花加工	任务二	断入工件丝锥的电火花加工

班级		第　　组	成员姓名	

评分说明	每个小组成员评价分为自评和小组其他成员评价 2 部分,取平均值作为该小组成员的任务评价个人分数。评价项目共设计 5 个,依据评分标准给予合理量化打分。小组成员自评分后,要找小组其他成员以不记名方式打分

评分项目	评分标准	自评分	成员 1 评分	成员 2 评分	成员 3 评分	成员 4 评分	成员 5 评分
核心价值观 (20 分)	是否体现社会主义核心价值观的思想及行动						
工作态度 (20 分)	是否按时完成负责的工作内容,是否遵守纪律,是否积极主动参与小组工作,是否全过程参与,是否吃苦耐劳,是否具有工匠精神						
交流沟通 (20 分)	是否能良好地表达自己的观点,是否能倾听他人的观点						
团队合作 (20 分)	是否与小组成员合作完成任务,做到相互协作、互相帮助						
创新意识 (20 分)	是否能独立思考,提出独到见解,是否具有创新思维						
小组成员最终得分							

【课后反思】

学习情境一	型腔类零件的电火花加工	任务二	断入工件丝锥的电火花加工
班级	第　组	成员姓名	
情感反思	通过对本任务的学习和实训,你认为自己在社会主义核心价值观、职业素养、学习和工作态度等方面有哪些需要提高的部分?		
知识反思	通过对本任务的学习,你掌握了哪些知识点?请画出思维导图。		
技能反思	在完成本任务的学习和实训过程中,你主要掌握了哪些技能?		
方法反思	在完成本任务的学习和实训过程中,你主要掌握了哪些分析和解决问题的方法?		

任务三　徽章图案的电火花加工

【任务工单】

学习情境一	型腔类零件的电火花加工	工作任务三	徽章图案的电火花加工
任务学时		课内 4 学时(课外 4 学时)	
布置任务			
任务目标	1. 根据型腔零件结构特点,合理选择加工机床及附件; 2. 根据型腔零件结构特点,合理选择电极并能正确安装; 3. 根据加工要求,选择正确的加工方法和加工参数; 4. 根据加工要求,制定合理的加工路线并完成型腔的加工		
任务描述	电火花机床又称数控电火花机床、电火花、火花机等,是一种电加工设备。苏联拉扎连柯夫妇在研究开关触点受火花放电腐蚀损坏的现象和原因时,发现电火花的瞬时高温可以使局部的金属熔化、氧化而被腐蚀掉,从而开创和发明了电火花加工方法。 　　本任务主要讲述电火花机床的操作、电极和工件的装夹、电参数设置和程序编制、机床的维护保养和安全原则等内容 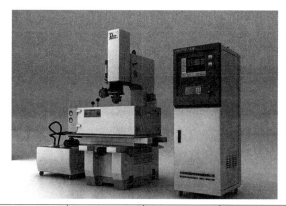		
学时安排	资讯 1 学时 ｜ 计划 1 学时 ｜ 决策 0.5 学时 ｜ 实施 4.5 学时 ｜ 检查 0.5 学时 ｜ 评价 0.5 学时		
提供资源	1. 加工零件图纸; 2. 课程标准、多媒体课件、教学演示视频及其他共享数字资源; 3. 机床及附件; 4. 游标卡尺等工具和量具		
对学生学习及成果的要求	1. 能够正确识读和表述零件图; 2. 合理选择加工机床及附件; 3. 合理选择电极并正确安装;		

	4.加工表面质量和精度符合要求;
对学生学习 及成果的 要求	5.按照学习导图自主学习,并完成课前自学的问题训练和作业单; 6.严格遵守课堂纪律,学习态度认真、端正,能够正确评价自己和同学在本任务中的素质表现; 7.积极参与小组工作,承担零件图识读、零件加工设备选用、加工工艺路线、工艺参数制定等工作,积极主动不推诿,与小组成员合作完成工作任务; 8.独立或在小组同学的帮助下完成任务工单、加工工艺文件、加工视频及动画等,并提请检查、签认,对教师提出的建议或错误处务必及时修改; 9.每组必须完成任务工单,并提请教师进行小组评价,小组成员分享小组评价分数或等级; 10.完成任务反思,以小组为单位提交

【课前自学】

一、电火花穿孔成型加工机床型号、规格

我国国标规定,电火花穿孔成型加工机床均用 D71 加上机床工作台面宽度的 1/10 表示。例如 D7132,其中:D 表示电加工成型机床(若该机床为数控电加工机床,则在 D 后加 K,即 DK);71 表示电火花穿孔成型加工机床;32 表示机床工作台的宽度为 320 mm。

在中国大陆外,电火花穿孔成型加工机床的型号没有采用统一标准,由各个生产企业自行确定。如日本沙迪克(Sodick)公司生产的 A3R、Al0R,瑞士夏米尔(Charmilles)技术公司的 ROBOFORM20/30/35,中国台湾乔懋机电工业股份有限公司的 JM322/430。

电火花穿孔成型加工机床按大小可分为小型(D7125 以下)、中型(D7125～D7163)和大型(D7163 以上);按数控程度可分为非数控、单轴数控、三轴数控和多轴数控。随着科学技术的进步,已经能够大批量生产三坐标数控电火花机床,以及带有工具电极库、能按程序自动更换电极的电火花加工中心。

二、电火花穿孔成型加工机床的主要结构形式

电火花穿孔成型加工机床的主要结构形式如图 1-3-1 所示。

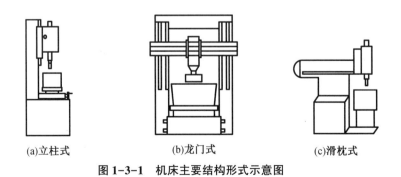

(a)立柱式　　　　　　　　(b)龙门式　　　　　　　　(c)滑枕式

图 1-3-1 机床主要结构形式示意图

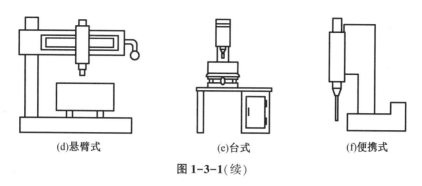

(d)悬臂式　　　　　　(e)台式　　　　　(f)便携式

图 1-3-1(续)

1. 立柱式

大部分数控机床采用立柱式结构。该结构在床身上安装了立柱和工作台。床身一般为铸件,对于小型机床,床身内放置工作液;对于大型机床,则将工作液置于床身外。此类机床的刚度较好,导轨承载均匀,容易制造和装配。

2. 龙门式

龙门式结构类似于龙门刨床。该结构将主轴安装在 X 轴和 Y 轴两条导轨上,工作液槽采用升降式。它的最大特点是机床的刚度好,可制成大型电火花机床。

3. 滑枕式

滑枕式结构类似于牛头刨床。该结构将主轴安装在 X 轴和 Y 轴的滑枕上,工作液槽采用升降结构。机床工作时,工作台不动。此类机床结构比较简单,容易制造,适用于大、中型电火花机床。不足之处是机床刚度受主轴行程的影响,电极校正也不方便。

4. 悬臂式

悬臂式结构类似于摇臂钻床。该结构将主轴安装在悬臂上,可在悬臂上移动,上下升降比较方便。它的优点是电极装夹和校正比较容易,结构简单,一般用于精度要求不高的电火花机床上。

5. 台式

台式结构比较简单,床身、立柱可连成一体,机床的刚度比较好,结构比较紧凑。电火花高速小孔机采用此种结构形式。

6. 便携式

便携式结构主要是为了蚀除折断在工件中的丝锥、钻头等。

三、电火花机床的重要组成部分

如图 1-3-2 所示,电火花穿孔成型加工机床主要由机床本体、脉冲电源、自动进给调节系统、工作液过滤和循环系统、数控系统和机床控制柜组成。

1. 机床本体

电火花穿孔成型加工机床本体主要由床身、立柱、工作台、主轴头和附件等部分组成。其作用主要是支撑、固定工件和工具电极,调整工件与电极的相对位置,实现工具电极的进给运动,保证放电加工正常进行,满足被加工零件的精度、粗糙度和加工速度等技术指标。为此,要求机床精度高、热变形小、刚度好、承载能力大、主轴灵敏度高、结构合理、操作方便、附件齐全等。

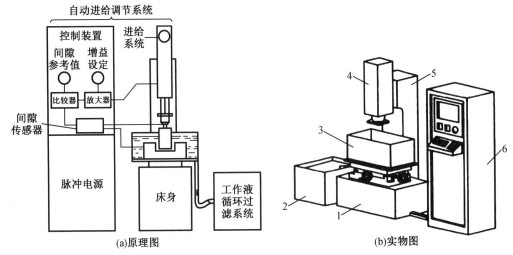

1—床身；2—工作液箱；3—工作台及工作液槽；4—主轴头；5—立柱；6—控制柜。

图 1-3-2 电火花穿孔成型加工机床

（1）床身和立柱。

床身和立柱是电火花穿孔成型加工机床的基础构件。其作用是保证电极和工件之间的相对位置。它们的刚度和精度对整个机床的刚度和精度都有很大影响，因此不能忽视。床身是机床的基础，要求牢固可靠，长期不变形，吸震性好，多采用铸铁件经过机械加工而成。立柱是机床的关键部件之一，要悬挂主轴头，带动主轴头上下运动，还要保证主轴与工作台面的垂直度，因此，刚度和精度要高。

（2）工作台。

工作台是机床的加工基准面，必须有较高的平面度、足够的刚度和尺寸精度。一般分为普通和精密两种。普通工作台坐标移动采用十字拖板，用两根丝杠分别带动上下拖板，实现工作台的纵、横方向移动，其结构简单、操作方便，但定位精度低，只适用于对精度要求不高的机床。精密工作台结构类似坐标镗床的工作台，为了提高工作台的精度，多采用滚柱导轨和蜗轮副、滚珠丝杠副传动，并采用精密丝杠检测系统、光学读数系统、光栅和磁栅数字显示系统等来保证传动精度，一般定位精度可达 0.004~0.01 mm，操作方便，易于实现自动化。

（3）主轴头。

主轴头是电火花穿孔成型加工机床中最关键的部件，是自动调节系统中的执行机构，对加工工艺指标的影响极大。因此，要求其结构简单，传动链短，传动间隙小，并应具有必要的刚度和精度，以适应自动调节系统的惯性小、动作灵敏、能承受一定负载等要求。

图 1-3-3 为直（交）流伺服进给主轴头，其用直流伺服电动机驱动丝杠，用转速传感器做速度反馈和用光栅做位置反馈，伺服电机的转速随控制信号的大小而变化，要求调速动作灵敏，惯性小。这种控制系统具有结构简单、操作调节方便等特点。但制作精度、机械刚度、灵敏度较低，抗干扰能力弱。

电机式主轴头过去是采用高转速、小力矩的直流电机，减速系统比较复杂，传动间隙很难消除，反应迟钝（尤其是零件磨损后更为严重），近年来逐步被新发展起来的步进电机、直流力矩电机、宽调速电机驱动的主轴头所代替。这些传动系统反应灵敏、加工稳定，特别是力矩电机能够直接带动滚珠丝杠，驱动主轴头上下移动，不仅大大简化了机械传动机构，减小了时滞和死区，而且反应速度快、灵敏度高、噪声小、无漏油，操作和维修也更方便。

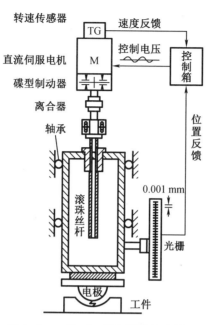

图 1-3-3　直(交)流伺服进给主轴头

（4）工作台的附件。

①可调节工具电极角度的夹头。

电极夹头（图 1-3-4）的作用是把工具电极固定在主轴上，在加工前需要调节至与工件基准面垂直，这一功能的实现通常采用球面铰链；在加工型孔或型腔时，还需要在水平面内调节、转动一个角度，使工具电极的截面形状与加工出的工件型孔或型腔位置一致。这主要靠主轴与工具电极安装面的相对转动机构来调节，垂直度与水平转角调节正确后，采用螺钉拧紧。此外，机床主轴、床身应连成一体接地，而装工具电极的夹持调节部分应单独绝缘，以防止操作人员触电。

②平动头。

平动头是装在主轴上的一个工艺附件。单电极型腔加工中，它用来补偿上一个加工规准和下一个加工规准之间的放电间隙之差和表面粗糙度之差。另外，它也用作工件侧壁修光和提高尺寸精度的附件。平动头主要由电机和偏心机构组成，电机驱动偏心结构使工具电极上的每个几何质点围绕原始位置在水平面上做平面小圆周运动，平面上小圆的外包络线形成加工表面，小圆的半径就是平动量（图 1-3-5、图 1-3-6）。

目前，机床上安装的平动头有数控式平动头和机械式平动头两类，数控式平动头外形如图 1-3-7 所示。机械式平动头由于有平动轨迹半径的存在，无法加工有清角要求的型腔；而数控式平动头可以两轴联动，能加工出清棱、清角的型孔和型腔。

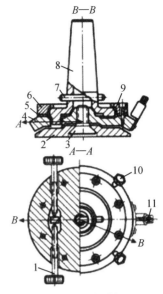

(a)夹头实物图   (b)夹头原理图

1—调节螺钉;2—摆动法兰盘;3—球面螺钉;4—调角校正架;5—调整垫;6—上压板;

7—销钉;8—锥柄座;9—滚珠;10—垂直度调整螺钉;11—电源线。

图 1-3-4 带垂直和水平转角调节装置的卡头

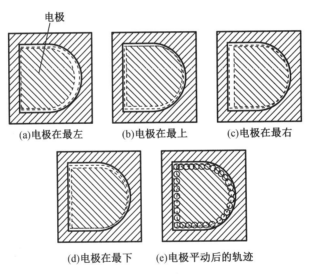

(a)电极在最左   (b)电极在最上   (c)电极在最右

(d)电极在最下   (e)电极平动后的轨迹

图 1-3-5 平动头加工时电极的运动轨迹

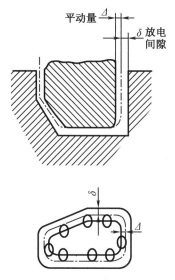

图 1-3-6　平动头扩大间隙原理图

图 1-3-7　数控式平动头外形

③油杯。

图 1-3-8 为一种油杯的结构。在电火花加工中,油杯是实现工作液冲油或抽油强迫循环的主要附件,其侧壁和底边上开有冲油和抽油孔。在放电加工时,可使电蚀残物及时排出,因此,油杯的结构好坏对加工效果有很大影响。放电加工时,工件也会分解产生气体,这种气体如不及时排出,就会积存在油杯里。当这种气体被电火花放电引燃时,将会产生放炮现象,造成电极与工件位移,给加工带来很大麻烦,从而影响被加工工件的尺寸精度。因此,对于油杯的应用要注意以下几点。

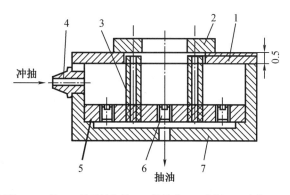

1—油杯盖;2—工件;3—抽油抽气管;4—管接头;5—底板;6—油塞;7—油杯体。
图 1-3-8　油杯结构

a. 油杯要有合适的高度,在长度上应满足加工较厚工件的电极要求,在结构上应满足加工型孔的形状和尺寸要求。油杯的形状一般有圆形和长方形两种,必须具备冲、抽油的条件,但不能在顶部积聚气泡,为此,抽油抽气管应紧挨在工件底部。

b. 油杯的刚度和精度要高,油杯的两端面不平度应小于 0.01 mm;同时密封性要好,以防止漏油现象的发生。

c. 图中油杯底部的抽油孔,如在底部安装不方便,也可安装在靠底部侧面,或省去抽油抽气管和底板,而直接安装在油杯侧面的最上部。

2. 脉冲电源

电火花加工过程中,脉冲电源的作用是把工频正弦交流电流转变成频率较高的单向脉冲电流,向工件和工具电极间的加工间隙提供所需要的放电能量以蚀除金属。脉冲电源的性能直接关系到电火花加工的速度、表面质量、精度、工具电极损耗等工艺指标。

3. 自动进给调节系统

电火花放电时,电极和工件之间必须保持一定的间隙,但是由于放电间隙很小,而且与加工面积、工件蚀除速度等有关,因此电火花加工的进给速度既不是等速的,也不能靠人工控制,而必须采用伺服进给系统。这种不等速的伺服进给系统也称为自动进给装置,安装在主轴头内。在电火花穿孔成型加工设备中,自动进给调节系统具有重要的作用,它的性能直接影响加工稳定性和加工效果。因此,对其通常有以下几点要求。

(1)有较广的速度调节跟踪范围,电火花的加工状态随电极材料、极性、工作液、电规准以及加工方式的不同而不同,调节系统应具有较宽的调节范围,以适应各种状态下的加工需要;

(2)具有足够的灵敏度和快速性,满足放大倍数,缩短过渡过程,以适应各种加工需要;

(3)电火花加工时,各种异常放电现象经常发生,自动调节装置应该能够适应各种状态下的间隙特性;

(4)具有较高的稳定性和抗干扰能力。

4. 工作液过滤和循环系统

电火花加工中的蚀除产物,一部分以气态形式抛出,其余部分以球状固体微粒分散地悬浮在工作液中,直径一般为几微米。随着电火花加工的进行,蚀除产物越来越多,充斥在电极和工件之间,或粘连在电极和工件的表面上。聚集的蚀除产物会与电极或工件形成二次放电,破坏了电火花加工的稳定性,降低了加工速度,影响了加工精度和表面粗糙度。为了改善电火花加工的条件,一种办法是使电极振动,以加强排屑作用;另一种办法是对工作液进行强迫循环过滤,以改善间隙状态。

工作液强迫循环过滤是通过工作液循环过滤器来完成的。电火花加工用的工作液过滤系统包括工作液泵、容器、过滤器及管道等,使工作液强迫循环。图1-3-9是工作液循环系统油路图,它既能实现冲油,又能实现抽油。其工作过程是:储油箱的工作液首先经过粗过滤器,经单向阀吸入油泵,这时高压油经过不同形式的精过滤器输向机床工作液槽,溢流安全阀使控制系统的压力不超过400 kPa,补油阀用于快速进油。待油注满油箱时,可及时调节冲油选择阀,由压力调节阀来控制工作液循环方式及压力。当冲油选择阀在冲油位置时,补油、冲油都不通,这时油杯中油的压力由压力调节阀控制;当冲油选择阀在抽油位置时,补油和抽油都通,这时压力工作液穿过射流抽吸管,利用流体速度产生负压,实现抽油。

目前,我国电火花加工所用的工作液主要是煤油与机油,在加工过程中由于电蚀产物的颗粒很小,这些小颗粒存于放电间隙中,使加工处于不稳定状态,直接影响生产率和表面粗糙度。为解决这些问题,人们采用介质过滤的方法。介质过滤曾用木屑、黄沙或棉纱等作为过滤介质,其优点是材料来源广泛,可以就地取材,缺点是过滤能力有限,不适于大流量、粗加工,且每次更换介质要消耗大量煤油,故目前在新式机床中已被纸过滤器所代替(图1-3-10)。

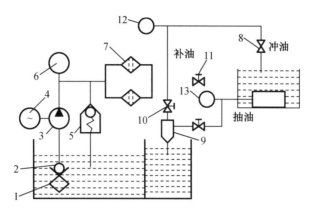

1—粗过滤器;2—单向阀;3—油泵;4—电极;5—安全阀;6—压力表;7—精过滤器;8—压力调节阀;
9—射流抽吸管;10—冲油选择阀;11—快速进油控制阀;12—冲油压力表;13—抽油压力表。

图 1-3-9　工作液循环系统油路图

图 1-3-10　纸过滤器

　　纸过滤器过滤精度较高,阻力小,更换方便,本身的耗油量比木屑等少很多,特别适用于中、大型电火花穿孔成型加工机床,一般可连续应用 250~500 h,用后经反冲或清洗,仍可继续使用,而且由专业纸过滤器芯生产厂生产,现已被大量应用。

　　电火花穿孔成型加工中,尤其是盲孔加工,如果采用自然循环方式,电蚀产物不易排出,会产生"二次放电",所以一般采取强迫循环方式。强迫循环常用的方法有冲油、抽油、喷射等。在图 1-3-11 所示工作液循环过滤系统工作方式中,(a)(b)为冲油式,排屑冲刷能力强,由于容易实现,所以比较常用;(c)(d)为抽油式,加工时,气体容易积聚在回路死角,造成"放炮",所以应用较少,主要用于小间隙、精加工。冲油是把经过过滤的清洁工作液经油泵加压,强迫冲入电极与工件之间的放电间隙里,将放电蚀除的电蚀产物随同工作液一起从放电间隙中排除,以实现稳定加工。在加工时,冲油的压力一般选择 0~20 kPa。对于盲孔加工,采用冲油的方法循环效果比抽油更好,特别在型腔加工中大都采用这种方式,可以改善加工的稳定性。这种方法排屑能力强,但电蚀产物通过已加工区,排除时形成二次放电,容易形成大的间隙和斜度。此外,强力冲油对自动调节系统是一种严重干扰,过大的冲油会影响加工的稳定性。

　　图 1-3-11(b)中电极上开小孔并强迫冲油,是型腔电加工最常用的方法之一。冲油小

孔直径一般为 0.5~2 mm，可以根据需要开一个或几个小孔。抽油是将工作液连同电蚀产物经过电极的间隙和工件的待加工面被吸出。这种排屑方式可得到较高的加工精度，但排屑力较冲油方式小。抽油不能用于粗加工，因为电蚀产物从加工区域抽出困难。

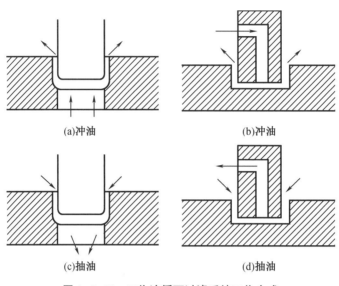

(a)冲油　　　　　　　　　　　(b)冲油

(c)抽油　　　　　　　　　　　(d)抽油

图 1-3-11　工作液循环过滤系统工作方式

5. 数控系统

电火花穿孔成型加工的控制参数多、实时要求高，加工中要监测放电状态来控制伺服进给和后退，同时还要控制抬刀和摇动，这些都是实时性的，并且要根据放电状态的好坏来实时调整参数。另外，电火花穿孔成型加工的工艺性非常强，影响因素多，随机性大。

将普通电火花机床上的移动或转动改为数控之后，会给机床带来巨大的变革，使加工精度，加工的自动化程度，加工工艺的适应性、多样性（称为柔性）大为提高；使操作人员更省力、省心，甚至可以实现无人化操作。数控化的轴数越多，加工的零件越复杂。

数控电火花穿孔成型加工机床有 X、Y、Z 三个坐标轴。高档系统还有三个转动的坐标轴，其中绕 Z 轴转动的称 C 轴，C 轴运动可以是数控连续转动，也可以是不连续的分度转动或某一角度的转动。一般冲模和型腔模，采用单轴数控和平动头附件即可加工；复杂的型腔模，采用 X、Y、Z 三轴数控联动加工。加工须在圆周上分度的模具或加工有螺旋面的零件或模具时，采用 X、Y、Z 轴和 C 轴四轴多轴联动的数控系统。

数控进给伺服系统有开环控制系统、半闭环控制系统和闭环控制系统三种。关于数控电火花机床的数控系统，目前，绝大部分电火花数控机床采用国际上通用的 ISO 代码进行编程、程序控制、数控摇动加工等，具体内容如下：

（1）ISO 代码编程简介。

ISO 代码是国际标准化机构制定的用于数控编码和程序控制的一种标准代码。代码主要有 G 指令（准备功能指令）和 M 指令（辅助功能指令），具体见表 1-3-1。

表1-3-1 常用的电火花数控指令(ISO代码)

代码	功能	代码	功能
G00	快速移动,定位指令	G81	移动到机床的极限
G01	直线插补	G82	回到当前位置与零点的一半处
G02	顺时针圆弧插补指令	G90	绝对坐标指令
G03	逆时针圆弧插补指令	G91	增量坐标指令
G04	暂停指令	G92	制定坐标原点
G17	XOY平面选择	M00	暂停指令
G18	XOZ平面选择	M02	程序结束指令
G19	YOZ平面选择	M05	忽略接触感知
G20	英制	M08	旋转头开
G21	公制	M09	旋转头关
G40	取消电极补偿	M80	冲油、工作液流动
G41	电极左补偿	M84	接通脉冲电源
G42	电极右补偿	M85	关断脉冲电源
G54	选择工作坐标系1	M89	工作液排除
G55	选择工作坐标系2	M98	子程序调用
G56	选择工作坐标系3	M99	子程序结束
G80	移动轴直到接触感知		

以上代码,绝大部分与数控铣床、车床的代码相同,只有G54、G80、G82、M05是以前接触较少的指令,其具体用法如下:

一般的慢走丝线切割机床和部分快走丝线切割机床都有几个或几十个工作坐标系,可以用G54、G55、G56等指令进行切换(表1-3-2)。在加工或校正过程中,定义工作坐标系的主要目的是使坐标的数值更简洁。这些定义工作坐标系指令可以和G92一起使用,G92代码只能把当前点在坐标系中定义为某一个值,但不能把该点的坐标在所有的坐标系中都定义成该值。

表1-3-2 工作坐标系

G54	工作坐标系0
G55	工作坐标系1
G56	工作坐标系2
⋮	⋮

如图1-3-12所示,可以通过如下指令切换工作坐标系。
G92 G54 X0 Y0;

G00 X20 Y30；

G92 G55 X0 Y0

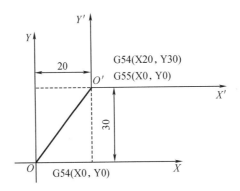

图 1-3-12　工作坐标系切换

这样通过指令，首先把当前的 O 点定义为工作坐标系 O 的零点，然后分别把 X、Y 轴快速移动 20 mm、30 mm 到达点 O′，并把该点定义为工作坐标系 1 的零点。

G80：含义，接触感知。格式，G80 轴+方向。

如：G80X-;/电极将沿 X 轴的负方向前进，直到接触到工件，然后停在那里。

G82：含义，移动到原点和当前位置一半处。格式，G82 轴。

如：G92 X100；/将当前点的 X 坐标定义为 100。

G82 X；/将电极移到当前坐标系 X＝50 的地方。

M05：含义，忽略接触感知，只在本段程序起作用。具体用法是当电极与工件接触感知并停在此处后，若要移走电极，请用此代码。

如：G80X-;/X 轴负方向接触感知。

G90 G92 X0 Y0;/设置当前点坐标为(0,0)。

M05 G00 X10;/忽略接触感知且把电极向 X 轴正方向移动至 X＝10 mm。若去掉上面代码中的 M05，则电极往往不动作，G00 不执行。

代码通常用在加工前电极的定位上，具体实例如下：

如图 1-3-13 所示，ABCD 为矩形工件，AB 边、BC 边为设计基准，现欲用电火花加工一个圆形图案，图案的中心为 O 点，O 点到 AB 边、BC 边的距离如图中所示。已知圆形电极的直径为 20 mm，请写出电极定位于 O 点的具体过程。

具体过程如下：

首先将电极移到工件 AB 边的左边，Y 轴坐标大致与 O 点相同，然后执行如下指令：

G80 X+；

G90 G92 X0；

M05 G00 X-10；

G91 G00 Y-38;/-38 为估计值，主要目的是保证电极在 BC 边下方

C90 G00 X50；

G80 Y+；

C92 Y0；

M05 G00 Y-2;/电极与工件分开,2 mm 表示一小段距离
G91 G00 Z10;/将电极底面移到工件上面
G90 G00 X50 Y28

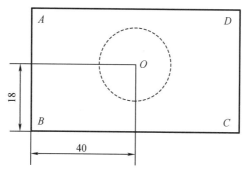

图 1-3-13　工件校正图

（2）摇动加工。

如前文所述,普通电火花穿孔成型加工机床为了修光侧壁和提高其尺寸精度而添加平动头,使工具电极轨迹向外逐步扩张,即可以实现平动。对于数控电火花机床,由于工作台是数控的,可以实现工件加工轨迹逐步向外扩张(即摇动),因此数控电火花机床不需要平动头。

摇动加工的作用:
①可以精确控制加工尺寸精度;
②可以加工出复杂的形状,如螺纹;
③可以提高工件侧面和底面的表面粗糙度;
④可以加工出清棱、清角的侧壁和底边;
⑤变全面加工为局部加工,有利于排屑和加工稳定;
⑥对电极尺寸精度要求不高。

数控摇动的轨迹除了可以像平动头的小圆形轨迹外,还有方形、菱形、叉形和十字形,且摇动的半径可为 9.9 mm 内任一数值。摇动加工的编程代码各公司均自行规定。以汉川机床厂和日本沙迪克公司为例,摇动加工的指令代码见表 1-3-3。

表 1-3-3　电火花数控摇动加工的指令代码

类型及所在平面		摇动轨迹					
		无摇动	○	◆	◇	×	+
自由摇动	X-Y 平面	000	001	002	003	004	005
	X-Z 平面	010	011	012	013	014	015
	Y-Z 平面	020	021	022	023	024	025
步进摇动	X-Y 平面	100	101	102	103	104	105
	X-Z 平面	110	111	112	113	114	115
	Y-Z 平面	120	121	122	123	124	125

表 1-3-3(续)

类型及所在平面		摇动轨迹					
		无摇动	○	◆	◇	×	+
锁定摇动	X-Y 平面	200	201	202	203	204	205
	X-Z 平面	210	211	212	213	214	215
	Y-Z 平面	220	221	222	223	224	225

数控摇动的伺服方式共有以下三种(图 1-3-14)。

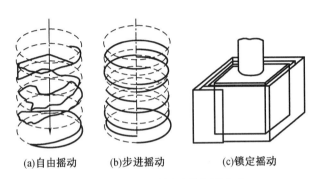

(a)自由摇动　　(b)步进摇动　　(c)锁定摇动

图 1-3-14　数控摇动的伺服方式

①自由摇动选定某一轴向(例如 Z 轴)作为伺服进给轴,其他两轴进行摇动运动[图 1-3-14(a)]。例如:

G01 LN001 STEP30 Z-10

G01 表示沿 Z 轴方向进行伺服进给。LN001 中的 00 表示在 X-Y 平面内自由摇动,1 表示工具电极各点绕各原始点做圆形轨迹摇动。STEP30 表示摇动半径为 30 μm。Z-10 表示伺服进给至 Z 轴向下 10 mm 为止。其实际放电点的轨迹如图 1-3-14(a)所示,沿各轴方向可能出现不规则的进进退退。

②步进摇动在某选定的轴向进行步进伺服进给,每进一步的步距为 2 μm,其他两轴进行摇动运动[图 1-3-14(b)]。例如:

G01 LN101 STEP20 Z-10

G01 表示沿 Z 轴方向进行伺服进给。LN101 中的 10 表示在 X-Y 平面内步进摇动,1 表示工具电极各点绕各原始点做圆形轨迹摇动。STEP20 表示摇动半径为 20 μm。Z-10 表示伺服进给至 Z 轴向下 10 mm 为止。其实际放电点的轨迹如图 1-3-14(b)所示,步进摇动限制了主轴的进给动作,使摇动动作的循环成为优先动作。步进摇动用于深孔排屑比较困难的加工中,它较自由摇动的加工速度稍慢,但更稳定,没有频繁的进给、回退现象。

③锁定摇动在选定的轴向停止进给运动并锁定轴向位置,其他两轴进行摇动运动。在摇动中,摇动半径幅度逐步扩大,主要用于精密修扩内孔或内腔[图 1-3-14(c)]。例如:

G01 LN202 STEP20 Z-5

G01 表示沿 Z 轴方向进行伺服进给。LN202 中的 20 表示在 X-Y 平面内锁定摇动,2 表示工具电极各点绕各原始点做方形轨迹摇动。STEP20 表示摇动半径为 20 μm。Z-5 表示

Z 轴加工至 -5 mm 处停止进给并锁定, X、Y 轴进行摇动运动。其实际放电点的轨迹如图 1-3-14(c) 所示,锁定摇动能迅速除去粗加工留下的侧面波纹,是达到尺寸精度最快的加工方法。它主要用于通孔、盲孔或有底面的型腔模加工中。如果锁定后做圆轨迹摇动,则还能在孔内滚花、加工出内花纹等。

(3)电火花机床的常见功能。

①回原点操作功能:数控电火花在加工前首先要回到机械坐标的零点,即 X、Y、Z 轴回到其轴的正极限处,这样,机床的控制系统才能复位,后续操作机床运动不会出现紊乱;

②置零功能:将当前点的坐标设置为零;

③接触感知功能:让电极与工件接触,以便定位;

④其他常见功能。

6. 机床控制柜

机床控制柜是用于操作电火花穿孔成型加工机床的设备,通过输入指令进行加工。控制柜按功能不同有所区别,有些控制柜只有各种触摸式控制按钮,而没有显示屏;而有些机床则配置了电脑屏幕的控制柜,它通过一个键盘来输入指令。一般中型或大型机床还配置一个手控盒。

四、电火花穿孔成型加工工艺规律

1. 影响材料电蚀的主要因素

电火花加工过程中,材料放电腐蚀的规律是十分复杂的综合性问题。研究电蚀的影响因素对于应用电火花加工方法、提高电火花加工的生产率、降低工具电极的损耗是极为重要的,这些主要因素有:

(1)极性效应。

电火花加工过程中,无论是正极还是负极,都会受到不同程度的电蚀。即便是相同材料,例如"钢打钢"加工,正、负电极的电蚀量也是不同的。这种由于正、负极性不同而彼此电蚀量不同的现象称为极性效应。通常工件接脉冲电源的正极(工具电极接负极)时,称为正极性加工;反之,工件接脉冲电源的负极(工具电极接正极)时,称为负极性加工,亦称反极性加工。

产生极性效应的原因很复杂。火花放电过程中,正、负电极表面分别受到负电子和正离子的轰击和瞬时热源的作用,在两极表面所分配的能量不同。这是由于电子的质量和惯性都较小,容易获得较高的加速度和速度,在击穿放电的初始阶段就有大量的电子奔向正极,把能量传递给阳极表面,使电极材料迅速熔化和气化;而正离子则由于质量和惯性都较大,起动和加速较慢,在击穿放电的初始阶段,大量的正离子来不及到达负极表面,而到达负极表面并传递能量的只有一小部分正离子。因而正、负电极表面熔化、气化抛出的电蚀量是不同的。

采用短脉冲(即放电持续时间较短)加工时,电子的轰击作用大于离子的轰击作用,正极的蚀除速度大于负极的蚀除速度,此时工件应接正极;采用长脉冲(即放电持续时间较长)加工时,质量和惯性大的正离子将有足够的时间加速,到达并轰击负极表面的离子数将随放电时间的增长而增多,由于正离子的质量大,对负极表面的轰击破坏、发热作用强,同时自由电子挣脱负极时要从负极获取逸出功,而正离子到达负极后与电子结合释放位能,故长脉冲时负极的蚀除速度将大于正极,此时工件应接负极。因此,当采用窄脉冲(例如纯铜电极加工钢时,<10 μs)精加工时,应选用正极性加工;当采用长脉冲(例如纯铜加工钢时,>80 μs)粗加工时,应采用负极性加工,这样可以得到较高的蚀除速度和较低的电极损耗。

两极上的能量分配对电蚀量也很重要,电子和正离子对电极表面的轰击则是影响能量分布的主要因素。生产和研究结果表明,正电极表面能吸附工作液中分解游离出来的带有负电荷的碳微粒,形成熔点和气化点较高的薄层炭黑膜,保护正极,减小电极损耗。例如当脉冲宽度为 12 μs、脉冲间隔为 15 μs 时,往往正极蚀除速度大于负极,应采用正极性加工。当脉冲宽度不变时,逐步把脉冲间隔减小(应配之以抬刀,以防止拉弧),有利于炭黑膜在正极上的形成,就会使负极蚀除速度大于正极。这实际上是极性效应和正极吸附炭黑之后对正极的保护作用的综合效果。

除了脉冲宽度、脉冲间隔的影响外,很多电参数都会影响极性效应,此效应越显著越好,电火花加工过程中可通过合理选用工具电极材料、最佳电参数,充分地利用极性效应,最大限度地降低工具电极的损耗,使工件的蚀除速度最高。

(2)电参数。

电参数主要是指电压脉冲宽度、电流脉冲宽度、脉冲间隔、脉冲频率、峰值电流、峰值电压和极性等。

电参数的理论计算与生产实践证实,提高脉冲频率,增加单个脉冲能量,增加平均放电电流,减小脉冲间隔,提高与电极材料、脉冲参数、工作液等有关的工艺系数等,均可提高电蚀量和生产率。当然,实际生产时要考虑到这些因素之间的相互制约关系和对其他工艺指标的影响,例如脉冲间隔时间过短,会使工作液来不及消电离、排屑等,将产生破坏性的稳定电弧放电,影响加工进程,随着单个脉冲能量的增加,加工表面粗糙度也随之增大。

(3)电极材料热学常数。

材料热学常数是指材料的熔点、沸点(气化点)、热导率、比热容、熔化热、汽化热等。一般情况下,当脉冲放电能量相同时,金属的熔点、沸点、比热容、熔化热、汽化热等热学常数越高,电蚀量越小,工件越难加工,生产率越低;但电蚀量也会随电极的热导率增大而减少,故电蚀量要根据电极材料的热学常数、放电时间、单个脉冲能量等因素综合考虑。

(4)工作液。

电火花放电过程中,工作液的作用主要有:

①放电形成电火花,击穿介质,形成放电通道;

②压缩放电通道,并限制其发展,提高放电能量密度,加强了蚀除效果,提高了仿形精确性;

③加速电极间隙的消电离过程,有助于防止出现破坏性电弧放电迅速恢复绝缘,防止"二次放电";

④抛出加剧放电的流体动力过程,有助于金属的抛出;

⑤排屑强化电蚀产物的抛出效应,加速电蚀产物排出;

⑥对工件进行实时冷却和冲刷等。

目前电火花成型加工中主要采用油类作为工作液。粗加工时,采用的脉冲能量大,加工间隙较大,爆炸排屑抛出能力强,往往选用介电性能高、黏度较大的全损耗系统用油(即机油),其燃点较高,大能量加工时着火的可能性小;中、精加工时,放电间隙较小,排屑较困难,一般采用黏度较小、流动性好、渗透性好的煤油作工作液;水基工作液绝缘性差,黏度低且易锈蚀机床,但采用各种添加剂后可改善性能。水基工作液在粗加工时的加工速度高于煤油,但尚不能在大面积精加工方面取代煤油,精加工中可采用较纯的蒸馏水、去离子水或乙醇水溶液作工作液,其绝缘强度比普通水要高。

(5)加工过程的稳定性。

加工过程的稳定性将干扰甚至破坏正常的火花放电,使有效脉冲利用率下降从而降低电蚀量。对稳定性影响最大的是电火花加工的自动进给和调节系统,以及正确选择和调节加工参数。加工深度、面积的增加,以及加工型面复杂程度的增大,均不利于电蚀产物的排除,影响加工稳定性,降低加工速度,甚至造成结炭拉弧,使加工难以进行。

为了改善排屑条件、提高加工速度和防止拉弧,常采用强迫冲油和工具电极定时抬刀等措施;若加工面积较小,而采用的加工电流较大,也会使局部电蚀产物浓度过高,放电点不能分散转移,放电后的余热来不及传播扩散而积累起来,造成过热,形成电弧,破坏加工的稳定性。

电极材料对加工稳定性也有影响。钢电极加工钢时不稳定,纯铜、黄铜加工钢时则比较稳定。脉冲电源的波形及其前后沿陡度影响输入能量的集中或分散程度,对电蚀量也有很大影响。

2.表面变质层对加工结果的影响

(1)表面变质层的产生。

放电时产生的瞬时高温高压,以及工作液快速冷却作用,使工件与电极表面在放电结束后产生与原材料工件性能不同的变质层,如图1-3-15所示。工件表面的变质层从外向内大致分为:

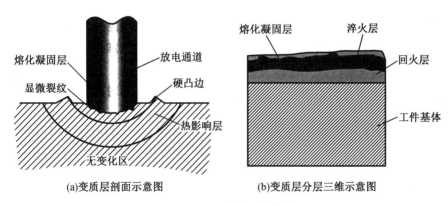

(a)变质层剖面示意图　　　　(b)变质层分层三维示意图

图1-3-15　工件表面的变质层

①熔化凝固层。

熔化凝固层位于工件表层的最上层。放电时被高温熔化后未被抛出的材料颗粒,被工作液快速冷却而凝固黏结于工件表面,形成熔化凝固层,俗称"白层"。它不同于基体金属,与内层结合也不牢固,其厚度随脉冲能量的增大而变厚,但一般小于0.1 mm。

②热影响层。

热影响层位于熔化层和基体间,其中靠近熔化层的材料受放电高温作用及工作液的急冷作用形成淬火层,距表面更深一些的材料则受温度变化影响形成回火层。高温使其金相组织发生变化,但与基体材料间不存在明显界限。热影响层主要是淬火区,其厚度一般为最大微观不平度的2~3倍。

③显微裂纹。

电火花加工表面由于受到瞬时高温和骤冷作用,容易出现显微裂纹。脉冲能量越大,显微裂纹越深;脉冲能量小到一定程度时,一般不再出现显微裂纹。

(2)表面变质层对加工结果的影响。

表面变质层的结构和性质因材料的不同而有所差异。一般情况下,表面变质层对加工结果的影响是不利的,主要表现在以下几个方面。

①表面粗糙度。变质层的产生增加了材料表面的表面粗糙度,变质层越厚,工件表面粗糙度越高。

②表面硬度。变质层硬度一般比较高,并且由外向内递减至基体材料的硬度,增加了抛光的难度。不过这一规律因材料不同而有所差异,如淬火钢的回火层硬度要比基体低,而硬质合金在电加工后反而会在表面产生"软层"。

③耐磨性。变质层的最外层硬度比较高,耐磨性好,但由于熔化凝固层与基体的黏结并不牢固,因此容易剥落,反而加速磨损。

④耐疲劳性能。在瞬间热胀冷缩的作用下,变质层表面形成较高的残余应力(主要为拉应力),并可能因此产生细小的表面裂纹(显微裂纹),使工件的耐疲劳性能大大降低。

(3)工艺措施。

为减少变质层对工件加工结果产生的负面影响而采取的措施有:

①改善电火花加工参数。脉冲能量越大,熔化凝固层越厚,同时表面裂纹也越明显;而当单个脉冲能量一定时,脉宽越窄,熔化凝固层越薄,因此,对表面质量要求较高的工件,应尽量采用较小的电加工规准,或者在粗加工后尽可能进行精加工。

②进行适当的后处理。由于熔化凝固层对工件寿命有较大影响,因此可以在电加工完成后将它研磨掉,为此需要在电加工中留下适当的余量供研磨及抛光,另外,还可以采用回火、喷丸等工艺处理,降低表面残余应力,从而提高工件的耐疲劳性能。

3.电蚀产物的种类、危害及排除

(1)电蚀产物的种类。

电火花加工时的电蚀产物分为固相、气相和辐射波三种。固相电蚀产物按其形状的大小可分为大、中、小和微型颗粒;气相电蚀产物主要包括一氧化碳和二氧化碳;辐射波主要包括声波和射频辐射。

(2)电蚀产物的危害。

固相电蚀产物的大、中型颗粒通常在强规准粗加工中产生,这种颗粒对电火花加工有一定的影响,容易产生短路和烧弧现象,从而破坏工件的加工精度和表面粗糙度;小型颗粒通常在型腔和穿孔的粗加工中产生,除易产生短路和烧弧现象外,还有可能引起二次放电;微型颗粒的产生是不可避免的,任何电火花加工都可能出现,容易引起烧弧现象,降低加工稳定性。气相产物中由于含有毒气体,所以必须及时排除,否则会对人体有一定的危害性,通常采用强迫抽风或风扇排风以降低影响。

（3）电蚀产物的排除。

在电火花加工过程中，工具电极和工件的蚀除将产生大量的电蚀产物，及时将电蚀产物从工作区域中清除成为电火花加工顺利进行的必要条件。主要排除形式有：

①抬刀。工具电极重复抬起和进给是最常用的排屑方法，抬刀的方式有：

a. 定时抬刀。所谓电极定时抬刀法，是利用电极向上时形成局部真空抽吸换油，电极向下时挤出工作液排出加工屑，通常与加工液的强迫流通并用。但是，若加工大面积不通孔或深型腔，则不宜采用这种方法，因为在此种情况下，工具电极抬刀抽、挤工作液时会对电极和工件产生较大的反作用力，从而造成主轴、立柱等部件的局部变形，甚至引起瞬时短路。

b. 适时抬刀。这种抬刀方式通常只是在加工不正常时采用，可以提高加工生产率，减少不必要的抬刀。

②电极转动。当电极的横截面为圆形时，可采用电极转动的方法来改善排屑条件，也可采用工件转动或者工件和电极同时转动的方法。排屑条件和转动速度有关。

③工件或电极的振动。此方法是改善排屑条件的有效措施之一。由于工件和电极的质量都受到限制，所以只能应用于小型和微细电火花加工。其优点是能大大提高加工稳定性，缺点是加工精度有所下降。

④开排气孔。这种方法在大型型腔加工时经常采用。其工艺简单，对电极损耗影响较小，但排屑效果不理想。

⑤冲油法。在电极或工件上开加工液孔的方法为冲油法，如图 1-3-16 所示。冲油法分为上冲油和下冲油。上冲油主要应用于加工复杂型腔或在无预孔的情况下加工深孔，如图 1-3-16（a）所示；下冲油主要应用于直壁的孔加工，如图 1-3-16（b）所示。

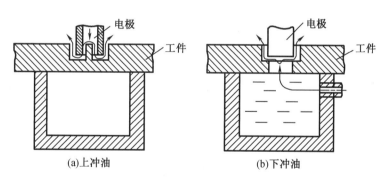

（a）上冲油　　　　　　　　　（b）下冲油

图 1-3-16　冲油法

⑥抽油法。采用抽油法的目的是控制小的侧壁锥度，通常应用于必须将锥度限制在很小的情况。抽油法也可分为上抽油和下抽油。上抽油主要应用于型腔的垂直剖面形状呈下大上小的工件，如图 1-3-17（a）所示；下抽油主要应用于型腔的垂直剖面形状呈上大下小的工件，如图 1-3-17（b）所示。

冲油方式与抽油方式对工具电极损耗速度的影响差别不大，但对于工具电极端面的均匀性影响区别较大。在冲、抽油时，工作液的进口处所含杂质较少，温度也较低，因此进口处的覆盖效应易于降低，这样就使冲油时工具电极易于形成凹形端面，而抽油时则形成凸形端面。

⑦喷射法。喷射法指当电极或工件不能开加工液孔时,从电极的侧面强迫喷射加工液的方法(图1-3-18)。在实际加工中,应根据工艺条件采用不同的改善排屑的方法,不能一概而论。

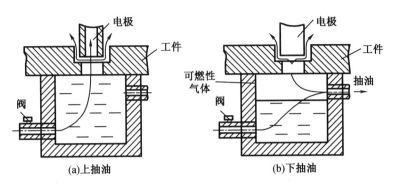

图1-3-17 抽油法

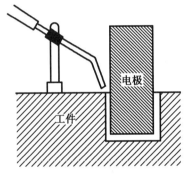

图1-3-18 喷射法

4.电火花加工的工艺指标

电火花加工中的工艺指标包括加工精度、表面粗糙度、加工速度以及电极损耗比等,影响因素有电参数和非电参数。如前文所述,电参数主要有脉冲宽度、脉冲间隔、峰值电压、峰值电流、加工极性等;非电参数主要有压力、流量、抬刀高度、抬刀频率、平动方式、平动量等。这些参数相互影响,相互制约。

(1)表面粗糙度。

电火花加工表面与机械加工表面不同,它是由无方向性的无数小坑和硬凸边组成的,特别有利于保存润滑油。其润滑性能和耐磨损性能优于机械加工表面。

①影响电火花加工表面粗糙度的因素。

影响电火花加工表面粗糙度的因素主要有电参数、工件材料、工具电极材料等。

a.电参数。表面粗糙度一般随脉冲宽度、峰值电流等电参数的增大而增大。为了减小表面粗糙度,必须减小脉冲宽度和峰值电流。脉冲宽度较大时,峰值电流对表面粗糙度影响较大;脉冲宽度较小时,脉冲宽度对表面粗糙度影响较大。因此,在粗加工时,提高生产率以增大脉冲宽度和减小脉冲间隔方式为主,以便使表面粗糙度不致太高。在精加工时,一般以减小脉冲宽度方式来降低表面粗糙度。

b.工件材料。熔点高的材料(如硬质合金)在相同能量下加工的表面粗糙度要比熔点低的材料好,但加工速度会相应下降。

c.工具电极材料极大地影响工件的表面粗糙度,例如,在电火花加工时使用纯铜电极加工要比黄铜电极加工的表面粗糙度低。精加工时,工具电极的表面粗糙度也影响加工表面粗糙度。一般认为,精加工后工具电极的表面粗糙度要比工件表面低一个精度等级。表面粗糙度值高的电极要获得低表面粗糙度工件表面很困难。

d.异常放电现象(如二次放电、烧弧、结炭等)将破坏工件表面,进而影响表面粗糙度,而表面的变质层也会影响工件的表面粗糙度。除此之外,击穿电压、工作液对表面粗糙度也有不同程度的影响。

②降低表面粗糙度的措施。

除了控制电参数、正确选择电极材料外,还可以采用"混粉加工"新工艺,有效地降低表面粗糙度,达到 Ra 为 $0.01\ \mu m$ 的加工表面。其方法是在电火花加工液中混入硅或铝等导电微粉,使工作液电阻率降低,放电间隙扩大,寄生电容大幅减少;同时,每次从工具到工件表面的放电通道被微粉分割成多个小的火花放电通道,到达工件表面的脉冲能量"分散"得很小,相应的放电痕迹也就较小,从而获得大面积的光整表面。

(2)电火花加工精度。

与机械加工一样,电火花加工机床本身的各种误差以及工件和工具电极的定位、安装误差都会影响到加工精度,电火花加工的一些工艺特性也将影响加工精度,主要有以下几点:

①放电间隙的大小及其一致性。

电火花加工时,工具电极与工件之间存在着一定的放电间隙。如果加工过程中放电间隙保持不变,通常可以通过修正工具电极的尺寸对放电间隙进行补偿,以获得较高的加工精度。然而,在实际加工过程中放电间隙是变化的,因此,加工精度会受到一定程度的影响。此外,放电间隙的大小对加工精度(尤其是仿形精度)也有影响,尤其对于复杂形状表面的加工,棱角部位电场强度分布不均,间隙越大,影响越严重。因此,为了降低加工误差,应采用较小的加工规准,缩小放电间隙。另外,加工过程要尽可能保持稳定。

②工具电极的损耗。

工具电极的损耗对尺寸精度和形状精度都有影响。电火花穿孔加工时,电极可以贯穿型孔而补偿电极的损耗,但是型腔加工则无法采用这种方法,精密型腔加工时可以采用更换电极的方法。

③电极的制造精度。

电极的制造精度是加工精度的重要保证。电极的制造精度应高于加工对象要求的精度,这样才有可能加工出合格的产品。在同一加工对象中,有时用一个电极难以完成全部的加工要求,即使能完成加工要求也不能保证加工精度,通常情况下可以用不同形状的电极来完成整个加工。对于加工精度要求特别高的工件,使用同样的电极重复加工能够提高精度,但必须保证电极制造精度和重复定位精度。

④二次放电。

在已加工表面上,由于电蚀产物的介入而产生的二次放电也会影响电火花加工形状,它能使加工深度方向产生斜度,加工棱角边变钝。上下口间隙的差异主要是由二次放电(图1-3-19)造成的。加工屑末在通过放电间隙时,形成"桥",造成二次放电,使加工间隙扩大。因此当采用冲油排屑时,由于加工屑末均经过放电间隙,因此在上口的二次放电机会最大、次数最多、扩大量最大,同时放电加工时间越长,斜度也越大;但当采用抽油排屑时,由于加工屑末经过侧面间隙的机会较小,因此加工斜度相对来说比较小,如图1-3-20所示。

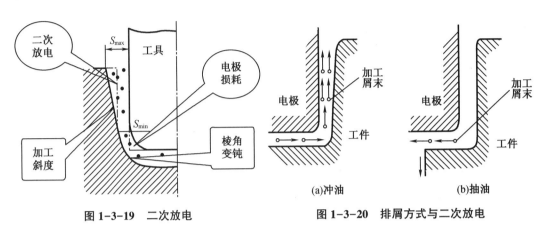

图1-3-19 二次放电   图1-3-20 排屑方式与二次放电

⑤热影响。

加工过程中,工作液温度升高容易引起机床的热变形。由于机床各部件(包括工件和电极)的热膨胀系数不同,因此加工精度难免受到影响。对于工件尺寸超过几十毫米的大型工件,影响尤其显著。同时,工件和电极的尺寸、截面、材质的差异也会引起热变形。

对于用于电铸、放电压力成型一类的薄壳电极等,由于其热容量很小,温度升高很快,易产生变形。另外,加工电流大,工作液温度冷却不够也会造成热变形。因此,加工时必须控制加工电流,对电极易变形的部位采取加固和冷却措施。

(3)电火花加工速度。

电火花加工速度是指单位时间内工件的电蚀量(即生产率),通常用单位时间内工件蚀除质量和单位时间内工件蚀除体积表达。一般通过增大脉冲峰值电流、增加脉冲宽度提高加工速度,但这会增大表面粗糙度和降低加工精度,因此,一般用于粗加工和半精加工;还可以通过提高脉冲频率(即缩小脉冲间隔)提高加工速度,但脉冲间隔不能过分减小,否则加工区工作液将不能及时消电离,电蚀产物和气泡不能及时排除,反而影响加工稳定性,从而导致生产率下降。此外,还可以通过提高工艺系数来提高加工速度,包括合理选择电极材料、电参数和工作液,改善工作液的循环过滤方法以提高脉冲利用率,提高加工稳定性,以及控制异常放电等。

(4)影响电极损耗的因素及改善措施。

电极损耗是加工中衡量加工质量的重要指标,不仅要看工具的损耗速度,还要看同时能达到的加工速度,因此通常采用相对损耗(损耗速度/加工速度)来衡量工具电极耐损耗的指标。在实际加工过程中,降低电极的相对损耗具有很现实的意义。总的来说,影响电极损耗的因素主要有以下几点:

①脉冲宽度和峰值电流是对电极损耗影响最大的2个参数。通常情况下,峰值电流一定时,脉冲宽度越大,电极损耗越小,当脉冲宽度增大到某一值时,相对损耗下降到1%以下。脉冲宽度不变时,峰值电流越大,电极损耗越大。

②极性效应对电极损耗的影响较大。它除了受到电参数的影响外,还受到正极炭黑保护膜、放电电压、工作液等因素的影响。图 1-3-21 所示为用石墨电极加工钢工件时,正负极性与电极损耗的关系。由图可知,正极性加工时,电极损耗随脉冲宽度的增大变化不明显;负极性加工时,电极损耗则随脉冲宽度的增大急剧下降。因此,当放电脉冲小于正负极曲线交界点时,采用正极性加工可有效地减少电极损耗;当大于交界点时,则应采用负极性加工。

③吸附效应。在电火花加工中,若采用负极性加工(工具电极接正极),工作液采用煤油之类的碳氢化合物,放电时由于高热,会产生大量碳微粒,与金属形成带负电的碳胶团,吸附在正电极表面形成一定强度和厚度的化学吸附层,称为炭黑层或炭黑膜。由于碳的熔点和气化点很高,可对电极起到一定的保护作用,从而实现低损耗加工。在油类介质中加工时,覆盖层主要是石墨化的炭黑层,其次是黏附在电极表面的金属微粒。

炭黑层的生成条件:

a. 足够高的温度,电极上待覆盖部分的表面温度不低于炭黑层生成温度,但要低于熔点,从而易使碳粒子烧结成石墨化的耐蚀层;

b. 足够多的电蚀产物,尤其是介质的热解产物——碳粒子;

c. 足够的时间,以便在此表面形成一定厚度的炭黑层;

d. 一般采用负极性加工,因为炭黑层易在正极表面形成;

e. 油类工作介质中加工。

影响吸附效应的因素:

a. 脉冲参数与波形的影响。增大脉冲放电能量有助于覆盖层的生成,但对中、精加工有相当大的局限性;减小脉冲间隔有利于在各种电规准下生成吸附层,但若脉冲间隔过小,则正常的火花放电有转变为破坏性电弧放电的危险。

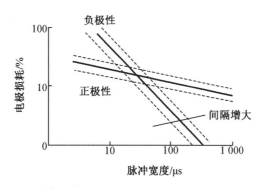

图 1-3-21　用石墨电极加工钢件时,正负极性与电极损耗的关系

b. 电极对材料的影响。铜加工钢时覆盖效应较明显,但铜电极加工硬质合金工件则不易生成吸附层。

c. 工作液的影响。工作液清洁度、循环方式等也会影响吸附效应。油类工作液在放电产生的高温作用下,生成大量的碳粒子,有助于炭黑层的生成。采用强迫冲、抽油,也有利于间隙内电蚀产物的排除和加工的稳定,但同时将增加电极损耗,故实际加工过程中必须控制冲、抽油的压力。

d. 吸附效应还与电参数、间隙状态等工艺参数密切相关。当峰值电流和脉冲间隔一定时,炭黑膜随脉冲宽度的增加而增厚;而当脉冲宽度和峰值电流一定时,炭黑膜随脉冲间隔的增加而变薄。表现在电火花加工中,吸附层不断形成,又不断被破坏、消失。所以应积极控制电参数,使吸附层的形成与破坏达到动态平衡,有效地降低工具损耗。

5. 电火花加工中的异常放电及预防

在电火花加工过程中,工件和电极通过火花放电所产生的高温来蚀除,工具电极被蚀除产生电极损耗,工件被蚀除从而达到放电加工的目的。过去认为在电火花稳定加工的状态下不会产生异常放电现象,但试验表明,即使在非常稳定的加工状态下也会产生异常放电现象,只是此时的异常放电现象微弱而短暂。在加工过程中,并不是所有的脉冲都放电加工,进给速度越快,脉冲利用率就越高,产生异常放电的概率也就越大。

异常放电主要有烧弧、桥接、短路等几种形式。

(1)烧弧。

烧弧是电火花加工时最常见,也是破坏性最大的异常放电形式。轻者影响加工精度、表面粗糙度和加工效率,重者工件报废。一旦发生烧弧,采取一般的措施很难恢复正常放电,必须抬起电极,对工件和电极进行人工处理才能继续加工。烧弧现象在粗、中、精加工中都可能发生,粗、中加工时的烧弧现象破坏性尤甚。因此必须严防烧弧现象的发生。

烧弧表现出以下现象:

①放电往往集中在一处,火花呈橘红色,与正常放电时不同,爆炸声低而闷,产生的烟浓而白,伺服机构急剧跳动。

②抬起电极观察时,电极上有一凹坑,工件上相对应部位黏附有炭黑(严重时有凸起)。刷去炭黑后,工件上烧弧处金属呈熔融状态,与周围的放电状态不同。

③弱规准的烧弧,工件与电极上痕迹不明显,常在工件表面形成较深的凹坑,在工件抛光后,此表面缺陷明显地暴露出来。

④烧弧开始时,观察电流表、电压表,表针急剧摆动,然后电流表表针指在正常值和短路电流值之间的一个数值上,同时,加工进给指示百分表的表针也来回摆动。

⑤利用接于放电间隙的示波器观察,可以比较正确地判别烧弧或正常加工。烧弧时,荧光屏上的反应是,在各个脉冲波形的正常加工线(带毛刺的前高后低的倾斜线)下面呈现一条光滑的光亮线。刚开始烧弧时,加工线和烧弧线同时出现,然后烧弧线越来越亮,加工线逐渐暗淡。

(2)桥接。

桥接是烧弧的"前奏",常发生于精加工,其破坏性相对较小。桥接现象通常与正常放电过程密切相关,只需稍微改变加工条件就能恢复正常放电。

桥接表现出以下现象:

①烟发白,气泡体积比正常放电时大一些,且比较集中,放电声明显不均匀。

②电极与桥接处发毛,工件上积聚一层炭黑,用刷子可以刷去,刷去后工件表面也有熔融状。即使工件抛光后,表面还是出现针状小凹坑。

③观察电流表,电流有明显波动,且比无桥接时略大。

④发生桥接时,深度指示器回退。

⑤用示波器观察时,正常情况下波形应从上至下,发生桥接时波形前端从下至上。

（3）短路。

放电加工过程中的短路现象是瞬时的，但也会对加工造成不利影响。加工中短路现象经常发生，即使正常加工也可能出现，精加工时出现更加频繁。正常加工时偶尔出现的短路现象是被允许的，一般不会造成破坏性后果，但频繁地短路会使工件和电极局部形成缺陷，而且它常常是烧弧等异常放电的"前奏"。

产生异常放电的原因很多，主要有以下几点：

（1）电蚀产物的影响。

电蚀产物中金属微粒、炭黑以及气体都是异常放电的"媒介"。传统理论将间隙中炭黑微粒的浓度看作间隙污染的程度，污染严重时不利于加工，因此必须及时清除。但近来研究表明，间隙被污染会使放电的击穿距离增大，使之与维持放电的距离接近，有利于加工的稳定。另外，炭黑微粒在放电过程中参与了物理化学作用，在某些加工状态下使电极损耗减少，起到了积极的作用。

（2）进给速度的影响。

一般来说，进给速度太快是造成异常放电的直接原因。在正常加工时，电极应该有一个适当的进给速度，为保持加工状态而不产生异常放电，进给速度应该略低于蚀除速度。

在实际使用中，进给速度还取决于电极和工件材料的种类、型腔加工的深度、电规准的强弱、排屑条件的好坏、伺服机构的判别能力等。一般来说，电极材料在加工稳定性好、加工深度浅、电规准强、排屑条件好、伺服机构灵敏度高的加工条件下，进给速度可以快一些；反之，进给速度应该慢一些。

（3）电规准的影响。

电规准的强弱选择不当容易造成异常放电。一般来说，电规准较强、放电间隙大，不易产生异常放电；而电规准较弱的精加工，放电间隙小且电蚀产物不易排除，容易产生异常放电。此外，放电脉冲间隔小，峰值电流过大，加工面积小使加工电流密度超过规定值，以及极性选择不当都可能引起异常放电。

在加工过程中，对电规准应给予充分重视。对于电规准较强的粗加工，脉冲间隔与脉宽的比值可取小些（一般可小于1）；对于电规准较弱的精加工，比值可取大些（通常可大于5），特别是对于排屑条件差、型孔尖角较多的加工，比值可取大些。起始加工时，要防止加工电流密度过大，且随着加工面积的增大而增加加工电流时仍须防止。

五、电火花穿孔加工工艺

由图 1-3-22、图 1-3-23 可以看出，电火花加工过程主要由三部分组成，即电火花加工的准备工作（包括电极准备、电极装夹、工件准备、工件装夹、电极工件的校正定位等）、电火花加工、电火花加工检验工作。

其中电火花加工可以加工通孔和盲孔，前者习惯上称为电火花穿孔加工，后者习惯上称为电火花成型加工。它们不仅名称不同，加工工艺方法也有着较大的区别。

电火花穿孔加工一般应用于冲裁模具加工、粉末冶金模具加工、拉丝模具加工、螺纹加工等。其中，冲裁模具是电火花加工中加工最多的一种模具。下面以加工冲裁模具的凹模为例说明电火花穿孔加工的方法。

1. 电火花加工工艺方法

凹模的尺寸精度主要靠电极来保证,因此,对工具电极的精度和表面粗糙度都应有一定的要求。如凹模的尺寸为 L_2,工具电极的尺寸为 L_1,如图 1-3-24 所示。单边火花间隙为 S_L,则凹模的尺寸 L_2 的计算公式为

$$L_2 = L_1 + 2S_L$$

其中,单边火花间隙 S_L 主要取决于脉冲参数与机床的精度。只要加工规准选择恰当,加工稳定,单边火花间隙 S_L 的波动范围就会很小。因此,只要工具电极的尺寸精确,那么用它加工出的凹模的尺寸就精确。

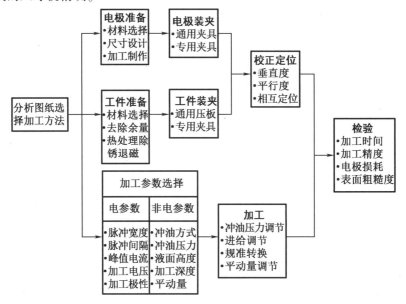

图 1-3-22　电火花加工步骤

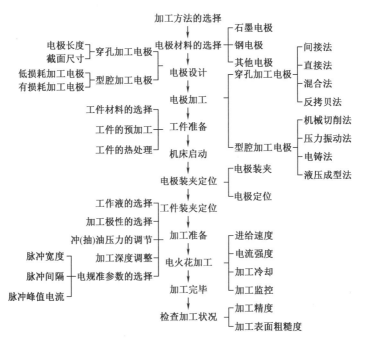

图 1-3-23　电火花加工操作流程简图

用电火花穿孔加工凹模有较多的工艺方法,在实际中应根据加工对象、技术要求等因素灵活选择。下面对穿孔加工的具体方法进行介绍。

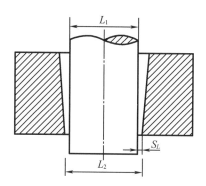

图 1-3-24 凹模的电火花加工

(1)间接法。

间接法是指在模具电火花加工中,凸模与加工凹模用的电极分开制造,首先根据凹模尺寸设计电极,然后制造电极,进行凹模加工,再根据间隙要求来配制凸模。图 1-3-25 为间接法加工凹模的过程。

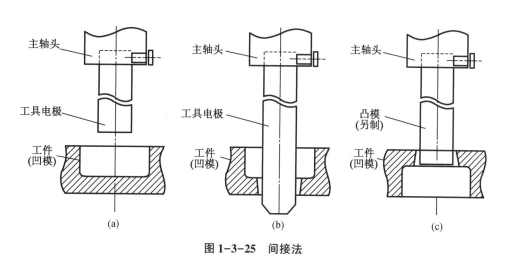

图 1-3-25 间接法

间接法的优点:

①可以自由选择电极材料,电加工性能好;

②因为凸模是根据凹模另外进行配制的,所以凸模和凹模的配合间隙与放电间隙无关;

间接法的缺点:电极与凸模分开制造,难以保证均匀的配合间隙。

(2)直接法。

直接法适用于加工凸模,是指将凸模长度适当增加,先作为电极加工凹模,然后将端部损耗的部分去除直接成为凸模(具体过程如图 1-3-26 所示)。直接法加工的凹模与凸模的配合间隙靠调节脉冲参数、控制火花放电间隙来保证。

直接法的优点：

①可以获得均匀的配合间隙，模具质量高；

②无须另外制作电极；

③无须修配工作，生产率较高。

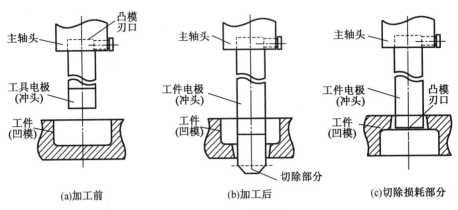

(a)加工前　　　　　　(b)加工后　　　　　　(c)切除损耗部分

图1-3-26　直接法

直接法的缺点：

①电极材料不能自由选择，工具电极和工件都是磁性材料，易产生磁性，电蚀下来的金属屑可能被吸附在电极放电间隙的磁场中而出现不稳定的二次放电，使加工过程很不稳定，故电火花加工性能较差；

②电极和冲头连在一起，尺寸较长，磨削时较困难。

（3）混合法。

混合法也适用于加工冲模，是指将电火花加工性能良好的电极材料与冲头材料黏结在一起，共同用线切割或磨削成型，然后用电火花性能好的一端作为加工端，将工件反置固定，用"反打正用"的方法实现加工。这种方法不仅可以充分发挥加工端材料的电火花加工工艺性能，而且可以达到与直接法相同的加工效果（图1-3-27）。

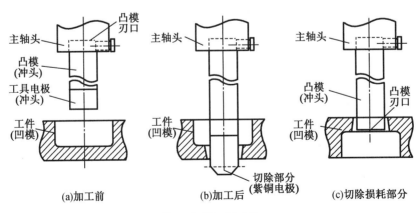

(a)加工前　　　(b)加工后　　　(c)切除损耗部分
　　　　　　　　(紫铜电极)

图1-3-27　混合法

混合法的特点：

①可以自由选择电极材料,电加工性能好；

②无须另外制作电极；

③无须修配工作,生产率较高；

④电极一定要黏结在冲头的非刃口端(图1-3-27)。

(4)阶梯工具电极加工法。

阶梯工具电极加工法在冷冲模具电火花成型加工中极为普遍,其应用如下。

①无预孔或加工余量较大时,可以将工具电极制作成阶梯状,将工具电极分为两段,即缩小了尺寸的粗加工段和保持凸模尺寸的精加工段。粗加工时,采用工具电极相对损耗小、加工速度高的电规准加工,粗加工段加工完成后只剩下较小的加工余量[图1-3-28(a)]。精加工段即凸模段,可采用类似于直接法的方法进行加工,以达到凸凹模配合的技术要求[图1-3-28(b)]。

②在加工小间隙、无间隙的冷冲模具时,配合间隙小于最小的电火花加工放电间隙,用凸模作为精加工段不能实现加工,可将凸模加长后,再加工或腐蚀成阶梯状,使阶梯的精加工段与凸模有均匀的尺寸差,通过加工规准对放电间隙尺寸的控制,使加工后符合凸凹模配合的技术要求[图1-3-28(c)]。

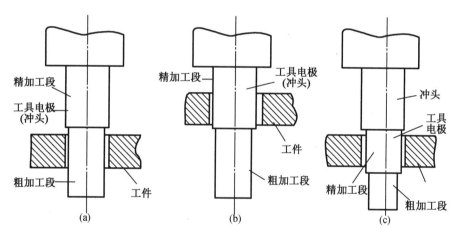

图1-3-28   阶梯工具电极加工冲模

除此之外,可根据模具或工件不同的尺寸特点和尺寸要求,采用双阶梯或多阶梯工具电极。阶梯形的工具电极可以由直柄形的工具电极用"王水"酸洗、腐蚀而成。机床操作人员应根据模具工件的技术要求和电火花加工的工艺常识,灵活运用阶梯工具电极的技术,充分发挥穿孔电火花加工工艺的潜力,完善其工艺技术。

由于凹模的精度主要取决于工具电极的精度,因而对它有较为严格的要求,要求工具电极的尺寸精度和表面粗糙度比凹模高,一般精度不低于IT7,表面粗糙度$Ra < 1.25$ μm,直线度、平面度和平行度在100 mm长度上不大于0.01 mm。

对于冷冲模,为了保证型孔精度,电极的有效长度(即总长度减去夹持部分后剩余的长度)通常取型孔工作高度的2~3倍,当需要一个电极加工多个型孔时,则应考虑电极损耗,尤其是长度的损耗,应适当加大电极的有效长度。当加工硬质合金时,由于电极损耗大,电极还应适当加长。

2. 工具电极

(1)电极材料的选择。

从理论上讲,任何导电材料都可以作电极。不同的材料作电极对于电火花加工速度、加工质量、电极损耗、加工稳定性有不同的影响。因此,在实际加工中,应综合考虑各个方面的因素,选择最合适的材料作电极。

①电极材料的选择原则。

a.电极材料的选择应根据加工对象来确定,加工直壁深孔时,可采用电极损耗小的材料。加工一般型腔时,可采用石墨电极,若型腔有文字图案则采用电铸的纯铜电极。

b.电极材料的成本应尽可能低廉。

c.电极材料容易成型且变形小,并具备一定的强度。

d.电极材料的电加工性能(如加工稳定性、电极损耗)必须良好。

e.电极材料还应根据工件材料来选择,不同的工件材料,加工性能肯定有所不同,即使相同材料的工件也会因为材料成分的不同而影响加工性能。

目前常用的电极材料有紫铜(纯铜)、黄铜、钢、石墨、铸铁、银钨合金、铜钨合金等(表1-3-4)。

表1-3-4　电火花加工常用电极材料的性能

电极材料	电加工性能		机械加工性能	说明
	稳定性	电极损耗		
钢	较差	中等	好	在选择电规准时,注意加工稳定性
铸铁	一般	中等	好	加工冷冲模时常用的电极材料
黄铜	好	大	尚好	电极损耗太大
紫铜	好	较大	较差	磨削困难,难与凸模连接后同时加工
石墨	尚好	小	尚好	机械强度较差,易崩角
铜钨合金	好	小	尚好	价格高,在深孔、直壁孔、硬质合金模具加工中使用
银钨合金	好	小	尚好	价格高,一般很少采用

②常用电极材料的特点。

铸铁电极的特点:

a.来源丰富,价格低廉,机械加工性能好,便于采用成型磨削,因此电极的尺寸精度、几何形状精度及表面粗糙度等都容易保证;

b.电极损耗和加工稳定性均一般,容易起弧,生产率也不及铜电极;

c.是一种较常用的电极材料,多用于穿孔加工。

钢电极的特点:

a.来源丰富,价格低廉,具有良好的机械加工性能;

b.加工稳定性较差,电极损耗中等,生产率较低;

c.多用于一般的穿孔加工。

紫铜电极的特点：

a. 加工过程中稳定性好,生产率高;

b. 精加工时比石墨电极损耗小;

c. 易于加工成精密、微细的花纹,采用精密加工时能达到优于 1.25 μm 的表面粗糙度;

d. 因其韧性大,故机械加工性能差,磨削加工困难;

e. 适于作为电火花成型加工的精加工电极材料。

黄铜电极的特点：

a. 在加工过程中稳定性好,生产率高;

b. 机械加工性能尚好,可用于仿形刨加工,也可用于成型磨削加工,但其磨削性能不如钢和铸铁;

e. 电极损耗最大。

石墨电极的特点：

a. 机械加工成型容易,容易修正;

b. 加工稳定性能尚好,生产率高,在长脉宽、大电流加工时电极损耗小;

c. 机械强度差,尖角处易崩裂;

d. 适于作为电火花成型加工的粗加工电极材料。因为石墨的热胀系数小,也可作为穿孔加工的电极材料;

③其他电极材料。

电极材料除了以上材料外,还有铜钨合金、银钨合金等,从理论上讲,钨是金属中最好的电极材料,它的强度和硬度高,密度大,熔点约为 3 409 ℃,可以有效地降低电火花加工时的损耗。铜钨合金、银钨合金由于含钨量高,所以在加工中电极损耗小,机械加工成型也较容易,特别适用于工具钢、硬质合金等模具加工及特殊异形孔、槽的加工。其缺点是价格较高,尤其是银钨合金电极,应用相对较少。

（2）电极的设计。

电极设计是电火花加工中的关键点之一。在设计过程中,首先是详细分析产品图纸,确定电火花加工位置;其次是根据现有设备、材料和拟采用的加工工艺等具体情况确定电极的结构形式;最后是根据不同的电极损耗、放电间隙等工艺要求对照型腔尺寸进行缩放,同时要考虑工具电极各部位投入放电加工的先后顺序不同,工具电极上各点的总加工时间和损耗不同,同一电极上端角、边和面上的损耗值不同等因素适当补偿电极。

图 1-3-29 是经过损耗预测后对电极尺寸和形状进行补偿修正的示意图。

（3）工具电极的制造。

在进行电极制造时,应尽可能将要加工的电极坯料装夹在即将进行电火花加工的装夹系统上,避免因装卸而产生定位误差。冲模加工电极的制造一般先经过普通的机械加工,然后磨削成型,也可以采用线切割加工凸模。注意要预留电火花加工余量,一般情况下,单边的加工余量以 0.3~1.5 mm 为宜,这样有利于电极平动。

3. 电规准的选择与转换

电规准就是脉冲电源参数,是电火花加工过程中选择的一组电参数,如电压、峰值电流、脉冲宽度、脉冲间隔等。电规准选择得正确与否,直接影响工件加工工艺的效果,因此,应根据工件的设计要求,工具电极和工件材料,加工工艺指标与经济效益等因素综合考虑,并在加工过程中进行必要的转换。

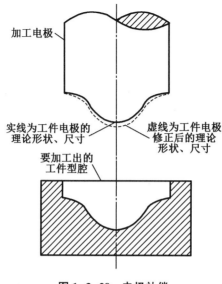

加工电极

实线为工件电极的理论形状、尺寸

虚线为工件电极修正后的理论形状、尺寸

要加工出的工件型腔

图 1-3-29　电极补偿

(1)电规准对加工的影响。

一般情况下,其他参数不变,增大脉冲宽度将使电极损耗减少,表面粗糙度变差,加工间隙增大,表面变质层增厚,斜度变大,生产率提高,稳定性变好。

脉冲间隔对加工稳定性影响最大,脉冲间隔越大,稳定性越好。一般情况下脉冲间隔对其他工艺指标影响不明显,但当脉冲间隔减小到某一数值时,对电极损耗会有一定影响。

增大峰值电流,将提高生产效率,改善加工稳定性,但会导致表面粗糙度变差,加工间隙增大,电极损耗增加,表面变质层增厚。

(2)加工参数的调整。

影响工艺指标的主要因素可以分为离线控制参数(加工前设定后,加工中基本不再调节的参数,如极性、峰值电压等)和在线控制参数(加工中常需调节的参数,如脉冲间隔、进给速度等)。

①离线控制参数。

虽然这类参数在安排加工时要预先选定,但在一些特定的场合下,还是需要在加工中改变。

a.加工起始阶段实际放电面积由小变大,这时的过程扰动较大,采用比预定规准小的放电电流可使过渡过程比较平稳,等稳定加工几秒后再将放电电流调到设定值。

b.补救过程扰动加工中一旦发生严重干扰,往往很难摆脱。例如拉弧引起电极上的积碳沉积,以后的放电就容易集中在积碳点上,从而加剧了拉弧状态。为摆脱这种状态,需要把放电电流减小一段时间,有时还要改变极性(暂时人为地高损耗)来消除积碳层,直到拉弧倾向消失,才能恢复原规准加工。

c.加工变截面的三维型腔通常开始时加工面积较小,放电电流必须选小,然后随着加工深度(加工面积)的增加而逐渐增大电流,直至达到表面粗糙度、侧面间隙或电极损耗所要求的电流值。对于这类加工控制,可预先编好加工电流与加工深度的关系表。同样,在加工带锥度的冲模时,可编好侧面间隙与电极穿透深度的关系表,再按照侧面间隙要求调整离线控制参数。

②在线控制参数。

在线控制参数在加工中的调整没有规律可循,主要依靠经验。下面介绍一些参考性方法。

a. 平均端面间隙。平均端面间隙对加工速度和电极相对损耗影响很大。一般说来,其最佳值并不正好对应于加工速度的最佳值,而应当使间隙稍微偏大些,这时的电极损耗较小。偏小的间隙不但会使电极损耗加大,还容易造成短路和拉弧,因而稍微偏大的间隙在加工中比较安全,在加工起始阶段更为必要。

b. 脉冲间隔。过小的脉冲间隔会引起拉弧,只要能保证进给稳定和不拉弧,原则上可选取尽量小的脉冲间隔值,但在加工的起始阶段时应取较大的值。

c. 冲液流量。由于电极损耗随冲液流量(压力)的增加而增大,因而在加工稳定、保证必要的排屑条件前提下,应使冲液流量尽量小些。

d. 伺服抬刀运动。抬刀意味着时间损失,只有在正常冲液不够时才采用,而且要尽量缩小电极上抬和加工的时间比。

e. 出现拉弧时的补救措施。增大脉冲间隔;调大伺服参考电压(加工间隙);引入周期抬刀运动,加大电极上抬和加工的时间比;减小放电电流(峰值电流);暂停加工,清理电极和工件(例如用细砂纸轻轻研磨)后再重新加工;试用反极性加工一段时间,使积碳表面加速损耗掉等。

(3)正确选择加工规准。

人们根据工具电极、工件材料、加工极性、脉冲宽度、脉冲间隔、峰值电流等主要参数对主要工艺指标的影响,预先制订工艺曲线图表,以此来正确选择电火花加工的规准。

由于各种电火花机床、脉冲电源、伺服进给系统等基本上都是大同小异,因此工艺实验室制定的各种工艺曲线图表具有一定的通用性,能在一定程度上指导电火花穿孔成型加工。正规厂家提供的电火花穿孔成型加工机床以及说明书中也有类似的工艺参数图表,可直接参考应用。

如图 1-3-30~图 1-3-33 所示是工具电极为铜,加工材料为钢,且采用负极性加工(工件接负极)时,工件表面粗糙度、工件单边侧面放电间隙、工件蚀除速度、工件电极损耗率与脉冲宽度和峰值电流的关系曲线图。

由于脉冲间隔只要保证能消除电离、稳定加工、不引起电弧放电,它对工件表面粗糙度、工件单边侧面放电间隙、工件蚀除速度、工件电极损耗率等就没有太大的影响,因此在图中未注明脉冲间隔。另外,电极的抬刀高度、抬刀频率、冲油压力和流量等参数,主要是为了促进放电间隙中的排屑,保证电火花加工的稳定性,除了对加工速度有所影响外,对工艺指标影响不大,因此这部分参数在图中也未注明。

由图 1-3-30 可知:

①要获得较好的表面粗糙度,必须选用较窄的脉冲宽度和较小的峰值电流。

②脉冲宽度对表面粗糙度的影响比峰值电流稍微大一些。

③要达到某一表面粗糙度,可以选择不同的脉冲宽度和峰值电流。例如,欲达到表面粗糙度 $Ra=1.25\ \mu m$,可选择脉冲宽度为 4 μs,峰值电流为 10 A 的参数组合;也可选择脉冲宽度为 120 μs,峰值电流为 4 A 的参数组合;还可选择脉冲宽度为 25 μs,峰值电流为 6 A 的参数组合。

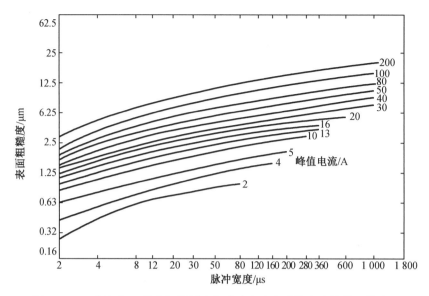

图 1-3-30 铜打钢工件表面粗糙度与脉冲宽度和峰值电流的关系曲线图

④不同参数组合的蚀除速度和电极损耗率不同,甚至差别很大,因此在选择电规准时,必须进行分析比较,抓住工艺中的主要矛盾做出选择,必要时分成粗、中、精加工。

由图 1-3-31 可知,它的规律类似于表面粗糙度。当脉冲宽度较窄,峰值电流较小时可获得较小的侧面放电间隙;反之可获得较大的侧面放电间隙。由于在通常情况下,侧面间隙是由电火花加工时底面间隙产生的电蚀产物二次放电形成的,因此侧面间隙会稍大于底面间隙的平均值。

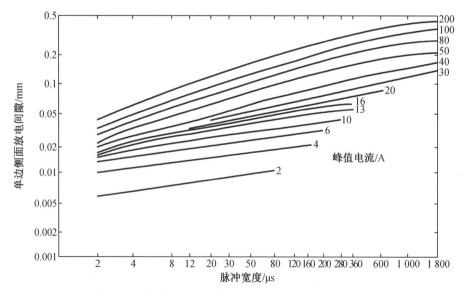

图 1-3-31 铜打钢工件单边侧面放电间隙与脉冲宽度和峰值电流的关系曲线图

由图 1-3-32 可知,随着脉冲间隔和峰值电流的增加,工件的蚀除速度也随之增大,但当脉冲宽度增大到一定程度时,蚀除速度达到最大值并趋于稳定。

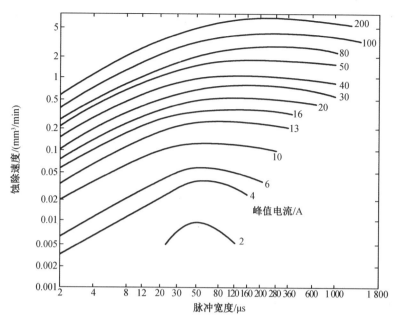

图 1-3-32   铜打钢工件蚀除速度与脉冲宽度和峰值电流的关系曲线图

在选择加工规准时,脉冲间隔必须适中。过大的脉冲间隔将使蚀除速度成比例地减小,过小的脉冲间隔将引起排屑不畅而产生电弧放电。在加工过程中,尤其是中、精加工,当加工到一定深度应抬刀排屑时,将降低单位时间内的工件蚀除速度。此曲线图是在合理的脉冲间隔、较浅的加工深度、无抬刀运动、中等加工面积和微冲油条件下绘制的,因此实际使用中,蚀除速度将低于图中的数值。

在图 1-3-33 所示的关系曲线图中,由于极性效应的缘故,在负极性加工时,只有在较大的脉冲宽度和较小的峰值电流条件下才能得到较低的电极损耗率。

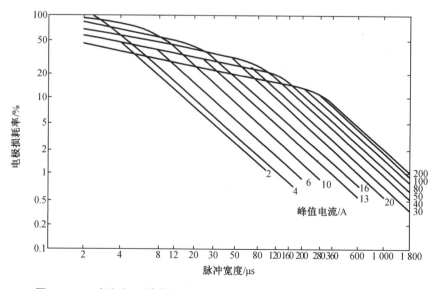

图 1-3-33   铜打钢工件电极损耗率与脉冲宽度和峰值电流的关系曲线图

在粗加工过程中,采用负极性加工、长脉冲宽度可获得较低的电极损耗率,因此可以用一个电极加工掉很大的余量,而电极的形状基本保持不变;在中、精加工时,脉冲宽度较小,电极损耗率较大,但由于加工余量较小,因此电极的绝对损耗率也不大,可以用一个电极加工出一个甚至多个型腔。

总而言之,电规准分为粗、中、精加工规准。粗加工规准主要用于粗加工阶段,采用长脉冲宽度、大电流、负极性加工,用以快速蚀除金属,此时电极损耗小,生产效率高。中加工规准是过渡性加工,用于减少精加工的加工余量,提高加工效率。精加工规准用于最终保证冲模的配合间隙、表面粗糙度等质量指标,应选择小电流、窄脉冲宽度,适当增加脉冲间隔、抬刀次数,并采用正极性加工。

4. 异形小孔的电火花加工

电火花穿孔加工不但能加工圆形小孔,而且能加工多种异形小孔。图 1-3-34 所示为化纤喷丝板常用的 Y 形、十字形、米字形等各种异形小孔的孔形。微细而又复杂的异形小孔的加工情况与圆形小孔加工基本相同,关键是异形电极的制造,其次是异形电极的装夹,另外要求机床自动控制系统更加灵敏。制造异形小孔电极,主要有下面几种方法。

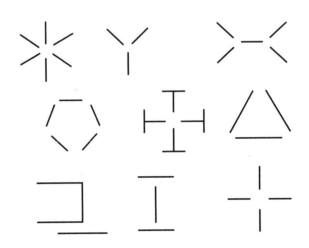

图 1-3-34 各种异形小孔的孔形

(1)冷拔整体电极法。

采用电火花线切割加工工艺并配合钳工修磨制成异形电极的硬质合金拉丝模,然后用该模具拉制成 Y 形、十字形等异形截面的电极。这种方法效率高,用于较大批量生产。

(2)电火花线切割加工整体电极法。

利用精密电火花线切割加工制成整体异形电极。这种方法的制造周期短、精度和刚度较好,适用于单件、小批量试制。

(3)电火花反拷加工整体电极法。

用这种方法制造的电极,定位、装夹均方便且误差小,但生产效率较低。图 1-3-35 为电火花反拷加工制造异形电极示意图。

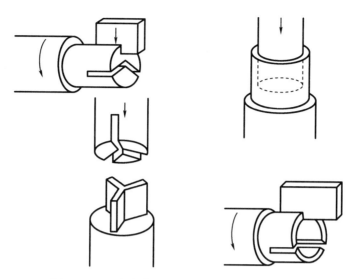

图 1-3-35　电火花反拷加工制造异形电极示意图

六、电火花成型加工工艺

电火花成型加工和穿孔加工相比,有下列特点:

(1)电火花成型加工为盲孔加工,工作液循环困难,电蚀产物排除条件差;

(2)型腔多由球面、锥面、曲面组成,且在一个型腔内常有各种圆角,凸台或凹槽有深有浅,还有各种形状的曲面相接,轮廓形状不同,结构复杂,这就使得加工中电极的长度和型面损耗不一,故损耗规律复杂,且电极的损耗不可能由进给实现补偿,因此型腔加工的电极损耗较难进行补偿;

(3)材料去除量大,对表面粗糙度要求严格;

(4)加工面积变化大,要求电规准的调节范围相应也大。

1. 电火花成型加工工艺方法

根据电火花成型加工的特点,在实际生产中通常采用如下方法:

(1)单工具电极直接成型法(图 1-3-36)。

单工具电极直接成型法是指采用同一个工具电极完成模具型腔的粗、中及精加工。

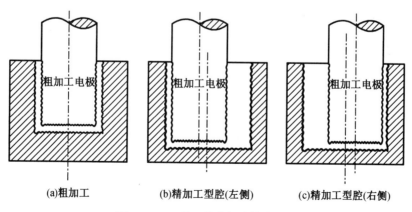

(a)粗加工　　　　(b)精加工型腔(左侧)　　　　(c)精加工型腔(右侧)

图 1-3-36　单工具电极直接成型法

对于普通的电火花机床,在加工过程中先采用无损耗或低损耗电规准进行粗加工,然后采用平动头使工具电极做圆周平移运动,按照粗、中、精加工的顺序逐级改变电规准,进行侧面平动修整加工。在加工过程中,借助平动头逐渐加大工具电极的偏心量,可以补偿前后两个加工电规准之间放电间隙的差值,这样就可完成整个型腔的加工。

单电极平动法加工时,工具电极只需一次装夹定位,避免了因反复装夹带来的定位误差。但对于棱角要求高的型腔,加工精度难以保证。如果加工中使用的是数控电火花机床,则不需要平动头,可利用工作台按照一定轨迹做微量移动来修光侧面。

(2)多电极更换加工法(图1-3-37)。

对于早期的非数控电火花机床,为了加工出高质量的工件,多采用多电极更换加工法。多电极更换加工法是指根据一个型腔在粗、中、精加工中放电间隙各不相同的特点,采用几个不同尺寸的工具电极完成一个型腔的粗、中、精加工。在加工时首先用粗加工电极蚀除大量金属,然后更换电极进行中、精加工;对于加工精度高的型腔,往往需要用较多的电极来精修型腔。

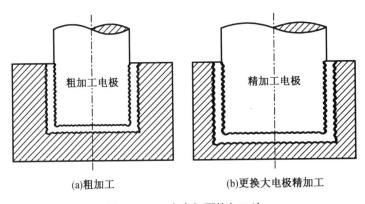

图1-3-37 多电极更换加工法

多电极更换加工法的优点是仿型精度高,尤其适用于尖角、窄缝多的型腔模加工。缺点是需要制造多个电极,并且对电极的重复制造精度要求很高。另外,在加工过程中,电极的依次更换需要有一定的重复定位精度。

(3)分解电极加工法。

分解电极加工法是单电极平动加工法和多电极更换加工法的综合应用,它根据型腔的几何形状,把电极分解成主型腔电极和副型腔电极,分别制造,先用主型腔电极加工出主型腔,后用副型腔电极加工出尖角、窄缝等部位的副型腔。此方法工艺灵活,仿形精度高,可根据主、副型腔不同的加工条件,选择不同的加工规准,有利于提高加工速度和改善加工表面质量,还可简化电极制造,便于电极修整。适用于尖角窄缝、沉孔、深槽多的复杂型腔模具加工。但主型腔和副型腔间的精确定位较难解决。

近年来,国内外广泛应用具有电极库的数控电火花机床,事先将复杂型腔分解为若干个简单型腔和相应的电极,编制好程序,在加工过程中自动更换电极和加工规准,实现复杂型腔的加工。

(4)手动侧壁修光法。

这种方法主要应用于没有平动头的非数控电火花穿孔成型加工机床。具体方法是利

用移动工作台的 X 轴和 Y 轴,配合转换加工规准,轮流修光各方向的侧壁。如图 1-3-38 所示,在某型腔粗加工完毕后,采用中加工规准先将底面修出;然后将工作台沿 X 轴方向右移一个尺寸 d,修光型腔左侧壁[图 1-3-38(a)];之后将电极上移,修光型腔后壁[图 1-3-38(b)];再将电极右移,修光型腔右壁[图 1-3-38(c)];然后将电极下移,修光型腔前壁[图 1-3-38(d)];最后将电极左移,修去缺角[图 1-3-38(e)]。完成这样一个周期后,型腔的面积扩大。若尺寸达不到规定的要求,则按如上所述步骤再进行一个周期。这样经过多个周期,型腔可完全修光。

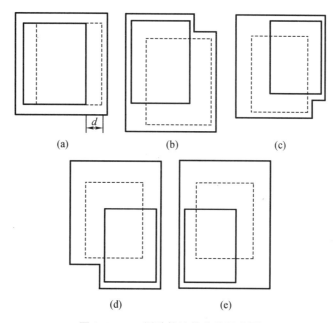

图 1-3-38　侧壁轮流修光法示意图

在使用手动侧壁修光法时必须注意:

①各方向侧壁的修整必须同时依次进行,不可先将一个侧壁完全修光后,再修光另一个侧壁,避免二次放电将已修好的侧壁损伤;

②在修光一个周期后,应仔细测量型腔尺寸,观察型腔表面粗糙度,然后决定是否更换电加工规准,进行下一个周期的修光。

这种加工方法的优点是可以采用单电极完成一个型腔的全部加工过程;缺点是操作烦琐,尤其在单面修光侧壁时,加工很难稳定,不易采取冲油措施,延长了中、精加工的周期,而且无法修整圆形轮廓的型腔。

2. 工具电极

(1)电极材料的选用。

电极一般选用耐腐蚀性能较好的材料,如纯铜、石墨等。纯铜和石墨的特点是在粗加工时能够实现低损耗,机械加工容易成型,放电加工时稳定性好。

(2)工具电极的设计。

工具电极的尺寸设计,一方面与模具大小、形状、复杂程度有关;另一方面与电极材料、加工电流、加工余量、单面放电间隙有关。若采用电极平动方法加工,还要考虑平动量大小。

工具电极的结构形式可根据型孔或型腔的尺寸大小、复杂程度及电极的加工工艺性等来确定。常用的电极形式主要有整体式、组合式、镶拼式三种基本类型。

①整体式电极。

整体式电极由一整块材料制成[图1-3-39(a)],若电极尺寸较大,则在内部设置减重孔及多个冲油孔[图1-3-39(b)]。对于较大体积的电极,可在其上端(非工作面)钻一些盲孔,以减轻质量,提高加工的稳定性,但孔不能开通,且孔口朝上。

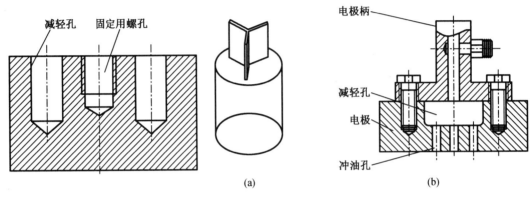

图1-3-39 整体式电极

②组合式电极。

组合式电极是将若干个小电极组装在电极固定板上,可一次性同时完成多个成形表面电火花加工的电极。图1-3-40所示的加工叶轮的工具电极由多个小电极组装而成。它将若干个小电极组装在电极固定板上,可一次性同时完成多个成形表面的电火花加工。特点是生产率高,各型孔间位置精度高;但对电极间的定位精度要求也高。

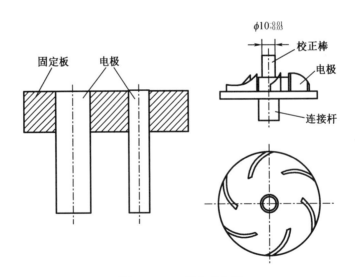

图1-3-40 组合式电极

③镶拼式电极。

镶拼式电极是将形状复杂而制造困难的电极分成几块来加工,然后再镶拼成整体的电极(图1-3-41)。这样既可保证电极的制造精度,又简化了电极的加工;但制造中要保证电极分块之间的位置准确,配合要紧密牢固。

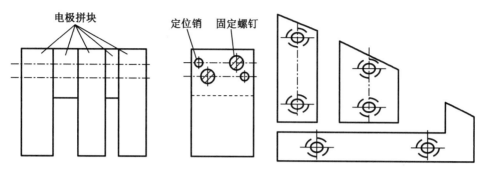

图1-3-41　镶拼式电极

(3)电极尺寸的设计。

加工型腔模时的工具电极尺寸,一方面与模具的大小、形状、复杂程度等因素有关;另一方面与电极材料、加工电流、深度、余量及间隙等因素有关。当采用平动法加工时,还应考虑所选用的平动量。

(4)排气孔和冲油孔的设计。

型腔加工一般均为盲孔加工,排气、排屑状况的恶化将直接影响加工速度、稳定性和表面质量。一般情况下,在不易排屑的拐角、窄缝处应开有冲油孔;而在蚀除面积较大以及电极端部有凹入的部位开有排气孔。冲油孔和排气孔的直径应小于工具的平动量,一般为$\phi 1 \sim 2$ mm。若孔径过大,则加工后残留物凸起太大,不易清除。孔的数目应以不产生蚀除物堆积为宜。孔距在20~40 mm,孔要适当错开。

(5)工具电极的制造。

工具电极的制造一般要经过普通机械加工,然后再进行成型磨削。

3.电规准的选择、转换与平动量的分配

一般来说,电规准分为粗、中、精加工规准。成型加工电规准转换可按照穿孔加工电规准转换的原则进行选择。其中,单电极法要注意平动量的选择。平动量的分配主要取决于被加工表面由粗到精的修光量,此外还和电极损耗、平动头原始偏心量、主轴进给运动的精度有关。一般粗、中规准加工的平动量为总平动量的75%~80%。中规准加工后,型腔基本形成,只留下少量的加工余量用于精规准修光。具体电规准的选择可参考相应的电火花加工工艺曲线图标。

4.合理选择电火花加工工艺

在电火花加工中,如何合理地选择电火花加工工艺呢? 如何用最快的速度加工出最佳质量的产品呢? 一般来说,主要采用两种方法来处理:第一,先主后次,如在用电火花加工去除断在工件中的钻头、丝锥时,应优先保证速度,因为此时工件的表面粗糙度、电极损耗不重要;第二,采用各种手段,兼顾各方面。常见的方法有:

(1)粗、中、精逐挡过渡式加工方法。

粗加工主要蚀除大部分加工余量,使型腔按预留量接近尺寸要求;中加工主要提高工件表面粗糙度等级,并使型腔基本达到要求,一般加工量不大;精加工主要保证最后加工出的工件达到要求的尺寸精度与表面粗糙度。

加工时,首先通过粗加工,高速去除大量金属,这是通过大功率、低损耗的粗加工规准解决的;其次,通过中、精加工保证加工的精度和表面质量。中、精加工虽然工具电极相对损耗大,但在一般情况下,中、精加工余量仅占全部加工量的极小部分,故工具电极的绝对损耗极小。在粗、中、精加工中,注意转换加工规准。

(2)先常规加工后电火花加工。

电火花成型加工的材料去除率还不能与机械加工相比,因此,在工件型腔电火花加工中,有必要先用机械加工方法去除大部分加工量,再用电火花加工保证加工精度和加工质量,使各部分余量均匀,从而大幅度提高工件的加工效率。

(3)采用多电极。

在加工中及时更换电极,当电极绝对损耗量达到一定程度时,及时更换,以保证良好的加工质量。

学习小结

〰〰〰〰〰〰〰〰〰〰〰〰〰〰〰〰〰〰〰〰〰〰

〰〰〰〰〰〰〰〰〰〰〰〰〰〰〰〰〰〰〰〰〰〰

〰〰〰〰〰〰〰〰〰〰〰〰〰〰〰〰〰〰〰〰〰〰

〰〰〰〰〰〰〰〰〰〰〰〰〰〰〰〰〰〰〰〰〰〰

〰〰〰〰〰〰〰〰〰〰〰〰〰〰〰〰〰〰〰〰〰〰

〰〰〰〰〰〰〰〰〰〰〰〰〰〰〰〰〰〰〰〰〰〰

【任务实施】

一、任务导入

在生产实践中,浮雕、硬币、校徽、纪念章等工艺美术品图案的塑料模具型腔加工,都有材料较硬、图案清晰、形状较复杂、尺寸精度要求不高等共同特点,采用传统加工方法均不适宜。图1-3-42是校徽图案的塑料模具型腔示意图,往往采用电火花加工校徽图案的型腔可获得事半功倍的效果。

图1-3-42 校徽图案的塑料模具型腔示意图

二、任务分析与准备

如图 1-3-43 所示,校徽的加工特征为深度浅,材料硬,图案清晰,形状复杂,尺寸精度要求低,表面粗糙度要求高,故采用单电极直接成型法加工。

图 1-3-43　校徽外形

1. 选择合适的电极材料

因为校徽要求表面光滑,因此选择综合性能较好的紫铜电极。

2. 设计电极

电极的尺寸应根据校徽尺寸确定,此外应增加一段高度用于装夹。

3. 电极的制作

(1)下料:刨、铣外形,留线切割夹持余量。

(2)线切割:编制数控程序,切割出圆形或椭圆外形。

(3)钳:雕刻花纹图案,并用焊锡在电极背面焊装电极柄。

(4)选择工件材料:可采用综合性能好、硬度高的硬质合金,如批量小,可采用45#钢。

(5)工件的准备工作。

①下料:刨、铣外形,上、下面留磨量;

②磨:上、下面磨削(采用 1 000 目以上的细砂纸进行打磨);

③防磁去锈。

(6)确定电规准:校徽要求表面光滑,图案清晰,因此可根据表 1-3-4 铜打钢—最小损耗型参数表选择加工条件。

表1-3-4 铜打钢—最小损耗型参数表

条件号	面积/cm²	安全间隙/mm	放电间隙/mm	加工速度/(mm³/min)	损耗/%	侧面Ra/μm	底面Ra/μm	极性	电容	高压管数	管数	脉冲间隔/μs	脉冲宽度/μs	模式	损耗类型	伺服基准/V	伺服速度/(μm/s)	极限值 脉冲间隔/μs	极限值 伺服基准/V
100	—	0.009	0.009	—	—	0.86	0.86	+	0	0	3	2	2	8	0	85	8	2	85
101	—	0.035	0.025	—	—	0.90	1.0	+	0	0	2	6	9	8	0	80	8	2	65
103	—	0.050	0.040	—	—	1.0	1.2	+	0	0	3	7	11	8	0	80	8	2	65
104	—	0.060	0.048	—	—	1.1	1.7	+	0	0	4	8	12	8	0	80	8	2	64
105	—	0.105	0.068	—	—	1.5	1.9	+	0	0	5	9	13	8	0	75	8	2	60
106	—	0.130	0.091	—	—	1.8	2.3	+	0	0	6	10	14	8	0	75	10	2	58
107	—	0.200	0.160	2.7	—	2.8	3.6	+	0	0	7	12	16	8	0	75	10	3	60
108	1	0.350	0.220	11.0	0.10	5.2	6.4	+	0	0	8	13	17	8	0	75	10	4	55
109	2	0.419	0.240	15.7	0.05	5.8	6.3	+	0	0	9	14	19	8	0	75	12	6	52
110	3	0.530	0.295	26.2	0.05	6.3	7.9	+	0	0	10	15	20	8	0	70	12	7	52
111	4	0.670	0.355	47.6	0.05	6.8	8.5	+	0	0	11	16	20	8	0	70	12	7	55
112	6	0.748	0.420	80.0	0.05	9.68	12.1	+	0	0	12	16	21	8	0	65	15	8	52
113	8	1.330	0.660	94.0	0.05	11.2	14.0	+	0	0	13	16	24	8	0	65	15	11	55
114	12	1.614	0.860	110.0	0.05	12.4	15.5	+	0	0	14	16	25	8	0	58	15	12	52
115	20	1.778	0.959	214.5	0.05	13.4	16.7	+	0	0	15	17	26	8	0	58	15	13	52

另外,可采用电脑控制的脉冲电源加工,这是电火花加工领域中较为先进的技术。电脑部分拥有典型工艺参数的数据库,脉冲参数可以调出使用。调用的方法是借助脉冲电源装置配备的显示器进行人机对话,由操作人员将加工工艺美术花纹的典型参数和加工程序调出,然后根据典型参数进行加工。NHP-NC-50A脉冲电源输出的加工规准和加工程序如表1-3-5所示。

表1-3-5　工艺美术花纹典型加工规准

脉冲宽度 /μs	脉冲间隔 /μs	功放管数		平均加工 电流/A	总进给 深度/m	表面粗糙 度/μm	极性
		高压	低压				
250	100	2	6	8	0.9	8	负
150	80	2	4	3	1.1	6	负
50	50	2	4	1.2	1.2	3.5~4	负
16	40	2	4	0.8	1.23	2~2.5	负
2	30	2	2	0.5	1.26	1.6	负

三、任务实施

1. 工具电极的装夹和校正

工具电极可采用钻夹头装夹,在老师的指导下,通过目测校正。

2. 工件的装夹和校正

工件采用磁性吸盘固定,本任务对工件位置要求不高,可用目测校正,确保工件固定好。

3. 电极的定位

移动工作台,使电极中心与工件的中心一致。该任务对工件位置度要求不高,可采用目测定位。

4. 选择加工条件

(1)根据电极待加工部分的投影面积的大小选择第一个加工条件。

经过计算,确定投影面积为 2.8 cm²。因此,第一个加工条件选择 C110,选用条件能获得 1.9 μm 的表面粗糙度。

(2)确定最后一个加工条件。

可以根据表面粗糙度来确定,为了保证加工出来的校徽图案清晰,表面光滑,表面粗糙度不宜低于 2.0 μm。因此选用 C105 加工条件。

(3)确定中间加工条件,全加工过程为 C110—C109—C108—C107—C106—C105。

5. 放电加工

开启工作液泵,加注工作液高出工件 40 mm 以上,保证工作液箱循环流动;按下"放电加工"按钮,实现加工。值得注意的是,在 C110 条件加工完成后,暂停加工,观察电极表面是否粗糙;如有必要,采用 1 000 目以上的砂纸打磨后,继续加工。

四、任务检测

加工成品通过目测,检测外观是否美观。

【徽章图案的电火花加工操作工作单】

计划单

学习情境一	型腔类零件的电火花加工	任务三	徽章图案的电火花加工
工作方式	组内讨论、团结协作共同制定计划:小组成员进行工作讨论,确定工作步骤	计划学时	1学时
完成人	1. 2. 3. 4. 5. 6.		

计划依据:1.零件图;2.电火花穿孔加工要求

序号	计划步骤	具体工作内容描述
1	准备工作(准备图纸、材料、机床、工具、量具,谁去做?)	
2	组织分工(成立小组,各成员具体完成什么?)	
3	制定加工工艺方案(先加工什么? 再加工什么? 最后加工什么?)	
4	零件加工过程(加工准备什么,安装电极、装夹零件和电极、调整设备参数、零件检测?)	
5	整理资料(谁负责? 整理什么?)	
制定计划说明	(写出制定计划中人员为完成任务的主要建议或可以借鉴的建议、需要解释的某一方面)	

决策单

学习情境一	型腔类零件的电火花加工	任务三	徽章图案的电火花加工
决策学时			0.5学时

决策目的:徽章图案的电火花加工方案对比分析,比较加工质量、加工时间、加工成本等

工艺方案对比	小组成员	方案的可行性 (加工质量)	加工的合理性 (加工时间)	加工的经济性 (加工成本)	综合评价
	1				
	2				
	3				
	4				
	5				
	6				

决策评价	(根据小组成员加工方案对比分析,对自己的工艺方案进行修改并说明修改原因,最后确定一个最佳方案)

检查单

学习情境一	型腔类零件的电火花加工	任务三	徽章图案的电火花加工
评价学时		课内 0.5 学时	第　组

检查目的及方式	教师检查小组的工作情况,如检查等级为不合格,小组需要整改,并给出整改说明

序号	检查项目	检查标准	检查结果分级 (在相应的分级框内画"√")				
			优秀	良好	中等	合格	不合格
1	准备工作	查找资源、材料准备完整					
2	分工情况	安排合理、全面,分工明确					
3	工作态度	小组成员工作积极主动、全员参与					
4	纪律出勤	按时完成负责的工作内容,遵守工作纪律					
5	团队合作	相互协作、互相帮助、成员听从指挥					
6	创新意识	任务完成不照搬照抄,看问题具有独到见解及创新思维					
7	完成效率	工作单记录完整,并按照计划完成任务					
8	完成质量	查找资源、材料准备完整					

检查评语		教师签字:

【任务评价】

小组产品加工评价单

学习情境一	型腔类零件的电火花加工				
任务三	徽章图案的电火花加工				
评价类别	评价项目	子项目	个人评价	组内互评	教师评价
专业知识与技能	加工准备(15%)	零件图分析(5%)			
		设备及电极准备(5%)			
		加工方法的选择以及电参数的确定(5%)			
	任务实施(30%)	工作步骤执行(5%)			
		功能实现(5%)			
		质量管理(5%)			
		安全保护(10%)			
		环境保护(5%)			
	工件检测(30%)	产品尺寸精度(15%)			
		产品表面质量(10%)			
		工件外观(5%)			
	工作过程(15%)	使用工具规范性(5%)			
		操作过程规范性(5%)			
		工艺路线正确性(5%)			
	工作效率(5%)	能够在要求的时间内完成(5%)			
	作业(5%)	作业质量(5%)			
评价评语					
班级		组别		学号		总评	
教师签字			组长签字		日期		

小组成员素质评价单

学习情境一	型腔类零件的电火花加工			任务三		徽章图案的电火花加工		
班级		第　组		成员姓名				

评分说明	每个小组成员评价分为自评和小组其他成员评价 2 部分,取平均值作为该小组成员的任务评价个人分数。评价项目共设计 5 个,依据评分标准给予合理量化打分。小组成员自评分后,要找小组其他成员以不记名方式打分							

评分项目	评分标准	自评分	成员 1 评分	成员 2 评分	成员 3 评分	成员 4 评分	成员 5 评分
核心价值观 (20 分)	是否体现社会主义核心价值观的思想及行动						
工作态度 (20 分)	是否按时完成负责的工作内容,是否遵守纪律,是否积极主动参与小组工作,是否全过程参与,是否吃苦耐劳,是否具有工匠精神						
交流沟通 (20 分)	是否能良好地表达自己的观点,是否能倾听他人的观点						
团队合作 (20 分)	是否与小组成员合作完成任务,做到相互协作、互相帮助						
创新意识 (20 分)	是否能独立思考,提出独到见解,是否具有创新思维						
小组成员 最终得分							

【课后反思】

学习情境一	型腔类零件的电火花加工	任务三	徽章图案的电火花加工
班级	第　　组	成员姓名	

情感反思	通过对本任务的学习和实训,你认为自己在社会主义核心价值观、职业素养、学习和工作态度等方面有哪些需要提高的部分?
知识反思	通过对本任务的学习,你掌握了哪些知识点?请画出思维导图。
技能反思	在完成本任务的学习和实训过程中,你主要掌握了哪些技能?
方法反思	在完成本任务的学习和实训过程中,你主要掌握了哪些分析和解决问题的方法?

【情境一　问题与思考】

1. 说明电火花穿孔成型加工机床的结构形式。

2. 说明电火花穿孔成型加工机床的组成和作用。

3. 什么是平动头,作用是什么?

4. 工作液系统的原理是什么,如何过滤?

5. 影响电蚀的主要因素是什么?

6. 何谓电火花加工中的极性效应? 产生极性效应的原因是什么?

7. 极性效应如何选择? 加工中如何利用极性效应来提高加工效率,降低工具损耗?

8. 影响电火花加工的生产率因素有哪些,如何提高?

9. 常用工作液有哪些,作用如何,怎样选择?

10. 影响电火花加工精度与表面质量的因素有哪些,如何控制?

11. 电蚀产物有哪些危害,如何消除?

12. 何谓二次放电,后果怎样,消除措施有哪些?

13. 如何控制电火花加工的工艺参数?

14. 什么是吸附效应,如何运用?

15. 何谓电规准? 试举例说明如何控制与转换电规准,以实现良好的加工效果。

16. 以冲裁模具的凹模为例,说明电火花穿孔加工的方法。

17. 试比较常用电极材料的优缺点及应用场合。

18. 举例说明电火花成型加工有哪些方法,各有什么不同。

19. 说明 CTE320ZK 机床的主要组成及主要操作规程。

20. 电火花加工中,电极怎样实现精确定位?

21. 说明电火花加工工具电极的主要找正方法与原理。

22. 通过实例任务说明电火花穿孔成型加工操作的规程与步骤。

学习情境二　平面类零件的线切割加工

【学习指南】

【情境导入】

电火花线切割加工(wire cut electrical discharge machining, WEDM),又称线切割。其基本工作原理是利用连续移动的细金属丝(称为电极丝)作电极,对工件进行脉冲火花放电蚀除金属、切割成型。电火花线切割技术属于特种加工的一种,它不同于传统加工技术需要用机械力和机械能来切除,主要利用电能来实现对材料的加工。所以,电火花线切割技术不受材料性能的限制,可以加工任何硬度、强度、脆性的材料,在现阶段的机械加工中占有重要的地位。

【学习目标】

知识目标:

1. 能够陈述线切割加工的原理及分类。
2. 能够说明线切割加工的基本规律。
3. 掌握线切割成型加工机床的基本结构。
4. 掌握线切割成型加工方法。
5. 掌握线切割成型加工工艺的制定。
6. 能够进行线切割成型加工实例的操作。

能力目标:

1. 掌握线切割机床的结构和加工原理。
2. 能够正确编制线切割程序。
3. 能够正确制定线切割加工工艺。
4. 能够根据零件加工要求,正确制定电参数。
5. 能够熟练操作线切割机床加工零件。

素质目标:

1. 培养学生遵守职业规范习惯。
2. 培养学生民族自豪感和荣誉感。
3. 培养学生精益求精的工匠精神。
4. 培养学生的团队合作意识、创新意识。
5. 培养学生的环保意识、质量意识。

【工作任务】

任务一　线切割加工机床的基本操作	参考学时:课内 4 学时(课外 4 学时)
任务二　数控线切割加工的程序编制	参考学时:课内 4 学时(课外 4 学时)
任务三　简单零件的线切割加工	参考学时:课内 4 学时(课外 4 学时)
任务四　手机外壳零件的线切割加工	参考学时:课内 4 学时(课外 4 学时)
任务五　角度样板的线切割加工	参考学时:课内 4 学时(课外 4 学时)

任务一　线切割加工机床的基本操作

【任务工单】

学习情境二	平面类零件的线切割加工	工作任务一	线切割加工机床的基本操作
任务学时		课内4学时(课外4学时)	
布置任务			
任务目标	1.根据平面零件结构特点,合理选择加工机床及附件; 2.根据平面零件结构特点,合理选择电极并能正确安装; 3.根据加工要求,选择正确的加工方法和加工参数; 4.根据加工要求,制定合理的加工路线并完成平面的加工		
任务描述	电火花线切割又称线切割,属电加工范畴,线切割机于1960年发明于苏联,其基本物理原理是自由正离子和电子在场中积累,很快形成一个被电离的导电通道。线切割是苏联拉扎连柯夫妇在研究开关触点受火花放电腐蚀损坏的现象和原因时,发现电火花的瞬时高温可以使局部的金属熔化、氧化而被腐蚀掉,从而开创和发明的电火花加工方法。 　　本任务主要讲述线切割机床的操作、电极和工件的装夹、电参数设置和程序编制、机床的维护保养和安全原则等内容 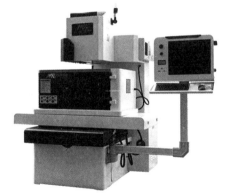		

学时安排	资讯 1学时	计划 1学时	决策 0.5学时	实施 4.5学时	检查 0.5学时	评价 0.5学时

提供资源	1.加工零件图纸; 2.课程标准、多媒体课件、教学演示视频及其他共享数字资源; 3.机床及附件; 4.游标卡尺等工具和量具

对学生学习及成果的要求	1. 能够正确识读和表述零件图； 2. 合理选择加工机床及附件； 3. 合理选择电极并正确安装； 4. 加工表面质量和精度符合要求； 5. 按照学习导图自主学习，并完成课前自学的问题训练和作业单； 6. 严格遵守课堂纪律，学习态度认真、端正，正确评价自己和同学在本任务中的素质表现； 7. 积极参与小组工作，承担零件图识读、零件加工设备选用、加工工艺路线、工艺参数制定等工作，积极主动不推诿，与小组成员合作完成工作任务； 8. 独立或在小组同学的帮助下完成任务工单、加工工艺文件、加工视频及动画等，并提请检查、签认，对教师提出的建议或错误处务必及时修改； 9. 每组必须完成任务工单，并提请教师进行小组评价，小组成员分享小组评价分数或等级； 10. 完成任务反思，以小组为单位提交

【课前自学】

电火花线切割加工是在电火花加工基础上，于 20 世纪 50 年代末最早在苏联发展起来的一种新的工艺形式。它利用移动的金属丝(钼丝、铜丝或合金丝)作为工具电极，靠电极丝和工件之间脉冲性火花放电，产生高温使金属熔化或气化，形成切缝，从而切割出需要的零件。其应用广泛，目前国内外的线切割机床已占电加工机床的 60% 以上。线切割加工如图 2-1-1 所示。

图 2-1-1　线切割加工

一、电火花线切割加工的原理

电火花线切割加工的基本原理是利用移动的细金属丝(铜丝或钼丝、钨丝)作为工具电极(接高频脉冲电源的负极)，对工件(接高频脉冲电源的正极)进行脉冲火花放电，实现切割成型。

当有一个电脉冲时，在电极丝和工件之间可能产生一次火花放电，在放电通道的中心瞬时温度可高达 5 000 ℃以上，高温使得工件局部金属熔化，甚至有少量气化，高温也使电极丝和工件之间的工作液部分产生汽化,这些汽化的工作液和金属蒸气瞬间迅速膨胀,并具有爆炸的特性。靠这种热膨胀和局部微爆炸,抛出熔化和气化的金属材料,实现工件材料的电蚀线切割。

根据电极丝的运行方向和速度,电火花线切割机床通常分为两大类:一类是往复高速走丝(或称快走丝)电火花线切割机床(WEDM-HS),一般走丝速度为 8~10 m/s,这是我国生产和使用的主要机种,也是我国独创的电火花线切割加工模式;另一类是单向低速走丝(或称慢走丝)电火花线切割机床(WEDM-IS),一般走丝速度低于 0.2 m/s,这是国外生产和使用的主要机种。

图 2-1-2 为线切割加工原理示意图。利用钼丝作为工具电极进行切割,储丝筒使钼丝做正反向交替移动,加工能源由脉冲电源供给。在电极丝和工件之间浇注工作液介质,工作台在水平面两个坐标方向各自按预定的控制程序,根据火花间隙状态做伺服进给移动,从而合成各种曲线轨迹,实现工件切割成型。

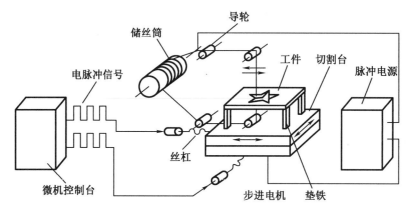

图 2-1-2　线切割加工原理示意图

二、线切割加工的特点

(1)线切割加工与传统的车、铣、钻加工方式相比,有其自身的特点。

①采用直径不等的细金属丝(铜丝或钼丝等)作为工具电极,切割用的刀具简单,大大缩短了生产准备工时,主要切割各种高硬度、高强度、高韧性和高脆性的导电材料,如淬火钢、硬质合金等;

②电极丝直径较细(ϕ0.025~0.3 mm),切缝很窄,这样不仅有利于材料的利用(切割时只对工件材料进行"套料"加工,余料还可以利用,电极丝的损耗也比较低),而且适合加工微细异形孔、窄缝和复杂形状的工件;

③电极丝在加工中是移动的,可以完全或短时间内不必考虑电极丝损耗对加工精度的影响;

④利用计算机辅助制图自动编程软件,可方便地加工复杂形状的直纹表面;

⑤依靠计算机对电极丝轨迹的控制和偏移轨迹的计算,可方便地调整凹凸模具的配合间隙,依靠锥度切割功能,有可能实现凹凸模一次加工成型,尺寸精度可达 0.02~0.01 mm,表面粗糙度 Ra 可达 1.6 μm;

⑥对于粗、中、精加工,只需调整电参数即可,操作方便、自动化程度高;

⑦电火花线切割在加工过程中的工作液一般为水基液或去离子水,因此不必担心发生火灾,可以实现安全无人加工;

⑧加工对象主要是平面形状,目前无法加工台阶盲孔型零件,但是当机床加上能使电极丝做相应倾斜运动的功能后,就可实现锥面加工;

⑨当零件无法从周边切入时,工件上需钻穿丝孔。

(2)线切割加工与电火花穿孔成型加工相比,其电压、电流波形等基本相似;加工机理、生产率、表面粗糙度等也大同小异,但线切割加工亦有其自身的特色。

①电极工具是直径较小的细丝,故加工工艺参数,如脉冲宽度、平均电流等较小,一般为中、精正极性电火花加工,工件常接脉冲电源正极;

②采用水或水基工作液,不会引燃起火,容易实现安全无人运转且价格低廉;

③电极与工件之间存在疏松接触式轻压放电现象,加工时,电极丝和工件之间存在某种电化学产生的绝缘薄膜介质,只有电极丝被顶弯所造成的压力和电极丝相对工件的移动摩擦使这种介质减薄到可被击穿的程度,才发生火花放电,放电发生之后产生的爆炸力可能使电极丝局部振动而脱离接触,但宏观上仍是轻压放电;

④节省了成型的工具电极,大大降低了成型工具电极的设计和制造费用,实现了大批量生产的快速性和柔性;

⑤电极丝比较细,可以实现"套料"加工,对微细异形孔、窄缝和复杂形状的工件有利,同时,金属去除量少,材料利用率高;

⑥电极丝单位长度内损耗少,对加工精度的影响比较小,特别在低速走丝线切割加工时,电极丝一次性使用,电极丝损耗对加工精度的影响更小。

综上所述,线切割加工有着自己独特的优势,因此在国内外发展较快,已获得了广泛的应用。

三、数控电火花线切割加工机床的结构认识

1. 线切割机床的型号

根据机械行业标准 JB/T 7445.2—2012《特种加工机床 第2部分:型号编制方法》规定,电火花线切割机床型号的编制方法见表2-1-1。

表 2-1-1   电火花线切割机床型号的编制方法

第一部分(字母)	第二部分(字母)	第三部分(数字)	第四部分(数字)	第五部分(两位数字)
D 电火花穿孔成型加工机床	K 数控 F 仿形 M 精密 QT 其他	7 电火花成型穿孔线切割类	7 快速往复走丝 6 慢速单向走丝	横向行程,如 DK7725 为横向行程 250 mm 的数控电火花线切割机床
			1 电火花成型 0 电火花穿孔	
标准行程 160×200 200×250 250×320 320×400 400×500 500×630 630×800 800×1 000				

机床型号由汉语拼音字母和阿拉伯数字组成,表示机床的类别、特性和基本参数。现以型号为 DK7732 的数控电火花机床为例,对其型号中各字母与数字的含义解释如下。

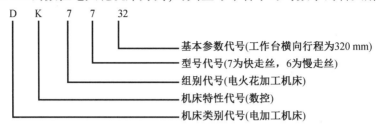

D K 7 7 32

基本参数代号(工作台横向行程为320 mm)
型号代号(7为快走丝,6为慢走丝)
组别代号(电火花加工机床)
机床特性代号(数控)
机床类别代号(电加工机床)

2. 数控电火花线切割加工机床的分类

(1)快走丝线切割加工机床。

高速走丝线切割加工机床,也就是快走丝线切割加工机床,是我国独创的数控机床,在模具制造业中发挥着重要的作用。由于高速走丝有利于改善排屑条件,适合于大厚度和大电流高速切割,加工性能良好,价格低廉。高速走丝线切割加工机床的电极丝通常采用 $\phi 0.1 \sim 0.28$ mm 的钼丝,其他电极丝还有钨钼丝等,其走丝速度一般为 $7 \sim 13$ m/s,运丝电动机的额定转速通常不变,工作液采用乳化液或水基工作液等。随着技术的发展和加工的需求,快走丝数控线切割加工机床的工艺水平不断提升,锥度切削范围超过 $60°$,最大切割速度达到 $100 \sim 150$ mm²/min,加工精度控制在 $0.01 \sim 0.02$ mm,加工零件的表面粗糙度 Ra 在 $1.25 \sim 2.5$ μm。

(2)慢走丝线切割加工机床。

一般把走丝速度低于 15 m/min(0.25 m/s)的线切割加工称为低速走丝线切割加工,也叫作慢走丝线切割加工,实现这种加工的机床就是慢走丝线切割加工机床。慢走丝线切割加工机床的电极丝做单向运动,走丝平稳,常用的电极丝有 $\phi 0.10 \sim 0.36$ mm 的黄铜或渗锌铜丝、合金丝等,有多种规格的电极丝以备灵活选用。慢走丝的工作液常选用去离子水,有的也用煤油。

国内的慢走丝线切割加工机床 99% 以上是进口设备,大多数为瑞士和日本公司的产品,价格昂贵。这些慢走丝线切割加工机床在生产中承担着精密凹凸模具及一些精密零件的加工任务,其最佳加工精度可稳定达到 2 μm,在特定的条件下甚至可以加工出 1 μm 精度的模具。

3. 数控快走丝电火花线切割加工机床的组成

数控快走丝电火花线切割加工机床由机床本体、脉冲电源、工作液循环过滤系统和数控系统四大部分组成,也可以说由机械和电气两大部分组成,机械部分是基础,其精度直接影响机床的工作精度,同时影响电气性能的充分发挥。

(1)机床本体。

机床本体主要由床身、工作台、运丝机构和丝架等组成。

①床身是支撑和固定工作台、运丝机构等的基体。因此,要求床身应有一定的刚度和强度,一般采用箱体式结构。床身里面装有机床电气系统、脉冲电源、工作液循环过滤系统等元器件。

②工作台。目前在电火花线切割机加工床上采用的坐标工作台,大多做 X 轴、Y 轴方向线性运动。无论是哪种控制方式,电火花线切割加工机床最终都是通过坐标工作台与丝架

的相对运动来完成零件加工,坐标工作台应具有较高的坐标精度和运动精度,而且要求运动灵敏、轻巧,一般采用"十"字滑板、滚珠导轨,传动丝杠和螺母之间必须消除间隙,以保证滑板的运动精度和灵敏度。

③运丝机构。在快走丝线切割加工时,电极丝需要不断地往复运动,并保持一定的张力和运丝速度,这个任务由运丝机构来完成。最常见的运丝机构是单滚筒式,电极丝绕在储丝筒上,并由储丝筒做周期性的正反旋转使电极丝高速往返运动。储丝筒轴向往复运动的换向及行程长短由无触点接近开关及其撞杆控制调整撞杆的位置,即可调节行程的长短。这种形式的运丝机构的优点是结构简单、维护方便,因而应用广泛。缺点是绕丝长度小,电动机正反转动频繁,电极丝张力不可调。

④丝架。运丝机构除了上面所叙述的内容外,还包括丝架。丝架的主要作用是在电极丝快速移动时,对电极丝起支撑作用,并使电极丝工作部分与工作台平面垂直。为获得良好的工艺效果,上、下丝架之间的距离应尽可能小。为了实现锥度加工,最常用的方法是在上丝架的导轮上加两个小步进电动机,使上丝架上的导轮做微量坐标移动(又称 U、V 轴移动),其运动轨迹由计算机控制。

(2)脉冲电源。

电火花线切割加工的脉冲电源与电火花成型加工作用的脉冲电源的原理相同,不过受加工表面粗糙度和电极丝允许承载电流的限制,线切割加工脉冲电源的脉冲宽度较窄(2~60 μs),单个脉冲能量、平均电流(1~5 A)一般较小,所以,线切割通常采用正极性加工。

(3)数控系统。

数控系统在电火花线切割加工中起着重要作用,具体表现在 2 个方面。

①轨迹控制作用。能够精确地控制电极丝相对于工件的运动轨迹,使零件获得所需的形状和尺寸。

②加工控制。能够根据放电间隙大小与放电状态控制进给速度,使之与工件材料的蚀除速度相平衡,保持正常的稳定切割加工。

目前绝大部分机床采用数字程序控制,并且普遍采用绘图式编程技术,操作人员首先在计算机屏幕上画出要加工的零件图形,线切割专用软件(如 TCAD、北航海尔的 CAXA)会自动将图形转化为 ISO 代码或 3B 代码等线切割程序。

(4)工作液循环过滤系统。

工作液循环与过滤装置是电火花线切割加工机床必不可少的一部分,主要包括工作液箱、工作液泵、流量控制阀、进液管、回液管和过滤网罩等。工作液的作用是及时地从加工区域中排除电蚀产物,并连续充分供给清洁的工作液,以保证脉冲放电过程稳定而顺利地进行。

目前,绝大部分快走丝机床的工作液是专用乳化液。乳化液的种类繁多,大家可根据相关资料正确选用。

4. CTW320TA 数控电火花线切割加工机床的结构认识

CTW 系列数控快走丝线切割加工机床是一种加工尺寸规格较大、加工性能较强、可加工不同锥度范围的线切割加工机床,具有生产效率高、加工精度高、工作稳定可靠等特点。其主要适用于切割较大尺寸的淬火钢、硬质合金或其他特殊金属材料制作的通孔模具(如冲模),也适用于切割样板、量规以及形状复杂的精密零件或一般机械加工无法完成的特殊形状的零件,如带窄缝加工的零件等,以及对锥度在 0°~60°范围内进行不同锥度加工的各种零件。可根据需要加工锥度大小的不同,选用不同锥度范围的机床。

CTW320TA 是 CTW 系列的一个型号,从机床侧面的规格牌上可以看到:型号 CTW320TA,工作台尺寸(长×宽)630 mm×440 mm,工作台的最大行程量(纵×横)400 mm×320 mm,最大切割锥度 20°,最大切割厚度 300 mm。外观示意图如图 2-1-3 和图 2-1-4 所示。

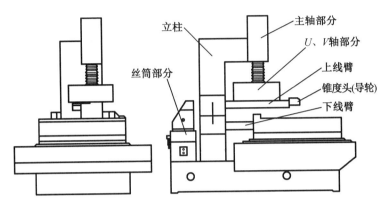

图 2-1-3　有锥度机床外观示意图

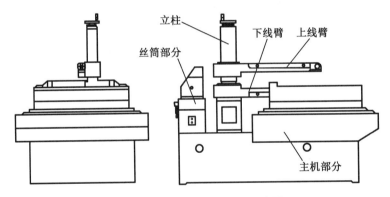

图 2-1-4　无锥度机床外观示意图

(1)机械部分。

①床身采用 T 型床身,长轴在下,短轴在上,使机床更稳定可靠,承重更大。床身四周由钣金全包,外形美观,又可防止工作液外溅,使机床更好地保持清洁,延长使用寿命。

②工作台纵横向移动采用滚动直线导轨副,用混合式步进电机带动精密滚珠丝杠转动,滚珠采用内循环双螺母,内预紧间隙型,既有利于提高数控系统的响应速度和灵敏度,又能实现高定位精度和重复定位精度,有效地保证了工件的加工精度。

③立柱固定在床身上,与床身的结合面有较强的接触刚度,在立柱的前端面固定主轴箱。立柱中间有钼丝穿过,和上、下丝架相连。线架上、下臂都装有高频电源进电块和断丝保护装置,靠近主导轮的是前者,远离主导轮的是后者。如有烧丝现象应仔细观察钼丝是否与进电块和断丝保护块相接触,使用太久的硬质合金出现深沟槽时,应该更换新的导电块。线架上、下臂应保持清洁,以免切下来的金属碎屑与架臂接触发生短路现象,影响切割

效率。

对于锥度机床，其与非锥度机床的区别在于它的丝架部分不同。锥度机床在立柱的升降装置部位有一个十字滑板，即 U 轴（与 X 轴平行，$+U$ 与 $+X$ 同向）、V 轴（与 Y 轴平行，$+V$ 与 $+Y$ 同向），它根据锥度的不同，行程也不同。U、V 轴由上、中、下拖板组成，三相六拍步进电机与丝杠通过电极齿轮和消除齿轮连接，消除了可能产生的间隙，保证良好的重复定位精度。

下拖板直接带上丝架，上丝架与下丝架之间通过四连杆机构完成上、下导轮的同步偏转，既可保证切制锥度时的精度和表面粗糙度，又减少了锥度切割时的断丝现象。立柱上的定轮、过轮装置及上、下线架和连杆上的过轮装置，使切锥度时钼丝规则地排列在卷丝筒上，保证不叠丝，起到良好的导丝作用。连杆上的过轮，随着上、下导轮的偏转一起偏转，始终保证与导轮在一个平面内，克服了锥度加工时钼丝跳槽的难题。

导轮是线架部分的关键精密零件，要精心维护和保养，导轮安装在导轮套中，可以通过调整上、下导轮套保证钼丝与工作台完全垂直。导轮套由有机玻璃绝缘材料加工而成，保证导轮与线架绝缘。导轮的日常维护非常重要，一般每天结束使用前需用黄油枪从轴承压盖注油孔打入 4 号精密机床主轴油，把原有润滑油挤干净，可以延长导轮使用寿命。另外锥度切割完毕，在切割下一工件前要重新调整导轮和运丝机构，看导轮和连杆是否回零，用方尺靠上下锥度头，看其侧面是否在同一平面上，如果不在同一平面上，要移动 U、V 轴托板调整。当锥度头两个方向均在同一平面内时，说明 U、V 轴拖板已居中（即回到零点），在钼丝校正时，前后微动 U 轴，左右移动导轮，不能再移动 V 轴，否则锥度切割行程会发生变化，可能达不到机床原定的切割度数，而且会影响切割精度。U、V 轴调整完毕，再用校正块打火找钼丝垂直，由于手控盒微调 U 轴，在 Y 轴方向只能靠移动导轮来调整钼丝垂直，松开导轮套锁螺母，松开顶丝，轻轻移动导轮使上、下导轮在一条线上，且垂直于工作台（即钼丝垂直），上好顶丝，轻轻移动导轮后观察丝的运行是否平稳、无抖动，否则重新调整导轮套。如果导轮因使用时间过长出现抖动精度不够时，应及时更换导轮或导轮轴承。

④储丝筒的往复运动通过电动机正反转实现。直流电机经联轴器带动储丝筒，再经同步带带动丝杠转动，拖板便做往复运动，拖板移动的行程可由调整换向左右撞块的距离达到。储丝筒采用铝合金材料制作，装在绝缘法兰盘上，并紧固于储丝筒轴上，装配时已测好动平衡，因此请勿随意将储丝筒拆下，以免失去动平衡，影响加工精度。

电动机正、反向旋转变换由走丝行程控制器进行检测控制，如图 2-1-5 所示。在走丝拖板上装有一对行程限位挡块，在基座上装有行程开关。当走丝拖板向右移动时，换向行程撞钉逐渐靠拢行程开关，压下行程开关，电动机反转，储丝筒也反转，走丝拖板开始往左移动；换向行程撞钉又向行程开关靠拢，行程开关被压下时，电动机再次改变旋转方向，储丝筒跟着换向，走丝拖板又往右移动，如此循环往复。

两个行程限位挡块的位置和距离根据储丝筒上电极丝的位置和多少来调节。调节时先松开锁紧螺钉，移动行程限位挡块移动到适当位置，再旋紧螺钉。

⑤工作液系统加工时的工作液采用线切割专用乳化液，乳化液与水按 1∶10 调配均匀。工作液箱放置于机床右后侧，工作液箱由水泵通过管道传达到线架上下臂，用过的乳化液经回水管流回工作液箱。为了保证工作稳定可靠，工作液应经常换新，一般 7 个工作日更换一次，更换时要把工作液箱清洗干净。另外，为确保加工稳定，工作液推荐采用线切割专用

乳化液。

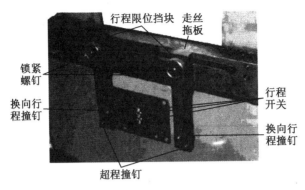

图 2-1-5　行程控制

(2)控制电柜部分。

数控电火花线切割加工机床的控制电柜结构如图 2-1-6 所示。

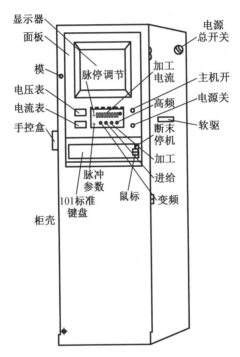

图 2-1-6　控制电柜部分

①控制面板介绍。

a.主机开(绿色)。

b.电源关(红色蘑菇头)。

c.脉冲参数选取的正确与否,直接影响工件的加工质量和加工状态的稳定。矩形脉冲主要由脉冲幅值、脉冲宽度、脉冲间隔和脉冲频率等参数组成,当脉冲幅值确定后,工件质量和加工效率主要取决于脉冲宽度和峰值电流,简述如下。

脉冲宽度及脉冲间隔。本高频脉冲电源设有 11 种脉冲宽度供用户选择调节。调节面板 S1 旋钮可改变脉冲宽度,顺时针转,脉冲宽度加大,同时脉冲间隔也成一定比例加大。为了使加工过程稳定,可调节面板 S3 旋钮,改变脉冲间隔,顺时针转,脉冲间隔加大。在加工非淬火材料和厚工件时,尽可能将脉冲间隔加大,这样有利于加工状态的稳定。

峰值电流。本高频脉冲电源设有 9 挡加工电流供用户选择,各挡电流大小相等,如何正确选用加工电流直接影响加工工件表面粗糙度和电极丝的损耗。若加工电流过小,将导致加工状态不稳定或无法加工。若加工电流过大,将导致电极丝损耗过大,增大断丝频率。高频脉冲电源参数见表 2-1-2。

表 2-1-2 高频脉冲电源参数

序号	脉冲宽度/μs	脉冲间隔(最小)/μs	脉冲间隔(最大)/μs
1	2	8	18
2	4	12	24

脉冲参数选取。根据加工工件厚度选择脉冲宽度,当加工工件较薄时选择小脉冲宽度,当加工工件较厚时选择大脉冲宽度。由于加工的工件厚度不同,材质不同,以及表面粗糙度要求不同,脉冲参数应根据实际情况灵活选取。

注意:在加工工件的过程中,应尽可能将 S3 旋钮顺时针方向旋转。

d. 进给调节。用于切割时调节进给速度。

e. 脉冲调节。用于调节脉冲间隔大小。

f. 变频键。按下此键,压频转换电路向计算机输出脉冲信号。加工中必须将此键按下。

g. 进给键。按下此键,驱动机床拖板的步进电机处于工作状态。切割时必须将此键按下。

h. 加工键。按下此键,压频转换电路以高频取样信号作为输入信号,跟踪频率受放电间隙影响;不按此键,压频转换电路自激振荡产生变频信号。切割时必须将此键按下。

i. 高频键。按下此键,高频电源处于工作状态。

j. 加工电流键。用于调节加工峰值电流。六挡电流大小相等。

②键盘操作区。

键盘用来把数值输入到系统中。

③手控盒。

手控盒主要用于移动机床,另外还可以开启开水。

④屏幕显示区。

15 寸彩色显示器显示加工菜单及加工中的各种信息。

四、数控电火花线切割加工机床安全操作注意事项

在使用数控高速走丝电火花线切割加工机床进行加工的过程中,应该从操作人员安全和设备安全两个方面制定机床的安全操作规程。

1. 安全文明操作基本注意事项

(1)工作时要穿合身的工作服,戴好工作帽;衬衫要系入裤内,衣袖要扎紧;必须把长发纳入帽内;禁止穿高跟鞋、拖鞋、凉鞋、裙子、短裤及戴围巾。不允许戴手套操作机床。

（2）不要移动或损坏安装在机床上的警示标牌。

（3）禁止多人同时操作一台机床,以免发生意外事故。某一项工作必须多人共同完成时,要相互配合、协调一致。

（4）操作人员必须熟悉数控高速走丝电火花线切割加工机床的操作技术,按照规定操作步骤操作机床,不能随便动用设备。

（5）操作人员必须熟悉数控高速走丝电火花线切割加工工艺,根据加工要求恰当地选取加工参数。

（6）禁止用湿手按动开关或接触电器部分,不能用手或手持导电工具同时接触工件与床身(脉冲电源的正极与地线),防止触电。

（7）在对机床电器、脉冲电源、控制系统、机械系统等部分进行维修前,必须切断电源,防止损坏电器元件以及发生触电事故。

（8）机床附近不得放置易燃、易爆物品,防止因工作液一时供应不足产生放电火花而引起火灾事故。

（9）防止工作液等导电物进入机床电器部分。当机床因电器短路造成火灾时,首先应切断电源,并立即用四氯化碳灭火器灭火,禁止用水灭火。

（10）在切割加工过程中会产生一些有害物质(如废弃的工作液、气体和烟雾),还会产生电磁波辐射,为避免以上因素对操作人员造成伤害,必须对有害物质进行必要的处理,不得随意丢弃。

2. 工作前准备过程的安全操作注意事项

（1）开机前应按照设备润滑要求,对机床的相关部位注油润滑。

（2）检查各按键、仪表、手柄以及运动部件是否灵活正常。检查工作台纵、横向行程是否灵活。

（3）认真检查运丝机构。储丝筒托板往复移动应灵活,行程开关应位于两个行程挡块的中间。行程挡块要调节在需要的范围内。

（4）开机前检查工作液系统。工作液量是否充足,管道畅通无泄漏。定期更换工作液,配制工作液浓度要适当,以提高加工效率及表面质量。

（5）检查高频电源工作是否正常,调整好参数。

（6）在手动安装电极丝时,应保持电极丝不打折,以免电极丝断丝。电极丝安装完成后,及时将摇柄取出,以免摇柄甩出伤人。

（7）在安装电极丝时,应将储丝筒护罩、导轮护罩等安装好,以免在电极丝运转的过程中将物体(如工具、棉纱等)卷入,以及断丝时发生缠绕和飞射伤人等事故。

（8）装卸电极丝时,注意防止电极丝扎手,用过的废丝要放在规定的容器内,防止混入系统中引起短路、触电等事故。

（9）在切割加工之前,要对工件进行必要的热处理,尽量消除工件的残余,防止切割过程中工件爆炸伤人。

（10）工件安装要正确,防止碰撞丝架和因超程撞坏丝杠、螺母等传动部件。安装完毕后要校正并卡紧,保证工件与夹具电气接触良好;要注意螺钉的长短,如果太长,在加工过程中和上、下锥度头会有冲突,造成上、下锥度头的损坏。

（11）选择对中心和靠边功能时，钼丝一定要张紧，保证钼丝干净，工件装夹不倾斜，否则加工出来的中心精度达不到要求。

（12）加工之前，应进行无切削轨迹仿真运行，并安装好防护罩。

（13）手动或自动移动工作台时，必须注意电极丝的位置，避免电极丝与工件或工装产生干涉造成断丝。

3. 线切割加工过程的安全操作注意事项

（1）切割工件时，先启动储丝筒，再启动工作液电机；停机时，必须先关变频，切断高频电源，再关工作液泵，待导轮上工作液甩掉后，再关掉储丝筒电机。

（2）切割时，要控制好工作液喷嘴流量，以防飞溅。

（3）在放电加工时，工作台架内不允许放置任何杂物。

（4）在加工过程中禁止用手或其他导电体接触导电块、电极丝、运丝机构和工件。

（5）操作机床时，操作人员必须站在绝缘板上穿绝缘鞋。

（6）要保护好工作台面，在装卸工件时，工作台上必须垫上木板或橡胶板，以防工件掉下来砸伤工作台。

（7）机床不允许超负荷运转，X、Y 轴不允许超出限制尺寸。

（8）在机床运行过程中，不得随意离开岗位，随时观察运行情况，如有异常要及时做出相应处理。

（9）在机床运行过程中，不要将身体靠在机床上，不要将工具、量具放在移动的工件或部位上。

（10）在机床运行过程中，发生紧急情况时，应立即按红色按钮停止机床运行。

4. 工作完成后的安全操作注意事项

（1）停机时，要在储丝筒刚换向后尽快按下停止按钮，以防止储丝筒启动时冲出行程而引起断丝。

（2）依次按下急停按钮、关掉机床操作面板上的电源和总电源。

（3）清理好工具和量具，堆放好工件。

（4）加工完成后应及时清理工作台、工装等表面的工作液，并涂上适量的润滑油，防止工作台、工装等部位的锈蚀。

（5）检查润滑油、冷却液状态，及时添加或更换。

（6）做好相关记录。

五、数控电火花线切割加工机床的维护和保养

机床维护和保养的目的是保证机床能够正常可靠地运行，保持机床良好的工作状态，提高机床的加工精度，延长机床的使用寿命。

1. 数控电火花线切割加工机床的维护

（1）整机应保持清洁，停机 8 h 以上应擦拭干净并涂油防锈。

（2）应每周用干净的煤油清洗丝架上的导电块、排丝轮、导轮周围以及储丝筒两端，清洗后的脏油不应流回工作台的回液槽内，每次要加注润滑油，务必使残留工作液挤出。

（3）钼丝电极与工件间的绝缘由工件夹具保证，应经常将导电块、工件夹具的绝缘物擦拭干净，保证绝缘要求。

（4）导轮、排丝轮及轴承一般使用 6~8 个月应成套更换。

（5）定期检查储丝筒电机的电刷、转子,发现电刷磨损严重或转子有污垢,应更换电刷或清洁转子。

（6）储丝筒丝杠部位,一定要在注油盒内注 20# 机油,保证丝杠运转灵活,否则丝杠的磨损会加大,发出刺耳的噪声,降低丝筒丝杠的寿命,严重地影响了加工工艺指标。

（7）工作液循环系统如有堵塞应及时畅通,特别要防止工作液渗入机床内部造成电器故障。工作液箱和管道在每周更换工作液时要清洗,去除电蚀产物。

（8）在使用一段时间后,必须检查校正钼丝与工作台的垂直度,更换导轮后应重新调整钼丝与工作台的垂直度。

（9）更换行程限位后,需要重新调节撞块的撞头,调节的原则是:保证 0.5~1 mm 的超行程。超行程过小则动作不够牢靠,超行程过大则损耗行程开关。

（10）机床应与外界震源隔绝,避免附近有强烈的电磁场,整个工作区应保持清洁。

（11）当供电电压超过额定电压 10% 时,建议用稳压电源。

2. 数控电火花线切割加工机床的保养

（1）定期润滑。

机床各运动部件采用定期润滑方式进行润滑。上、下拖板的丝杠,传动齿轮,轴承,导轨,储丝筒的丝杠,轴承,导轮应每天用油枪加油脂润滑。加油时要摇动手柄或用手轮转动储丝筒,使丝杠、导轨全程移动。对导轮、排丝轮轴承进行加油前,应用煤油将导轮排丝轮清洗干净后再上油。轴承和滚珠丝杠之间如果是保护套的形式,可以经半年或一年后拆开注油。

（2）定期调整。

对于丝杠螺母、导轨以及电极丝挡块和进电块等,要根据使用时间、间隙大小或沟槽深浅进行调整。部分线切割加工机机床采用锥形开槽式的调节螺母,则需要适当拧紧一些,凭经验和手感确定间隙,保持其转动灵活。滚动导轨的调整方法为:松开工作台一边的导轨固定螺钉,调节螺钉,观察百分表的反应,使其紧靠另一边。挡丝棒和进电块如使用较长时间,已摩擦出痕迹,需转动或移动一下,改变接触位置。

（3）定期更换。

线切割加工机床上的导轮、导轮轴承和挡丝棒等均为易损件,磨损后应及时更换,且使用正确的更换方法。电火花线切割加工机床的工作液太脏会影响切割加工,所以工作液也要定期更换。定期检查上、下喷嘴的损伤和脏污程度,应及时清洗和更换。定期更换控制电柜上的空气过滤器,以免过滤器太脏引起电柜过热损坏电器元件。

（4）定期检查。

定期检查机床的电源线、行程开关、换向开关等是否安全可靠,注意各部位是否漏电,在电路中尽量采用防触电开关。另外,每次使用前要检查工作液是否足够,管路是否通畅。

六、CTW320TA 数控电火花线切割加工机床的开关机操作

1. 数控电火花线切割加工机床开机前准备

（1）将工作台移动到中间位置。

（2）摇动储丝筒,检验托板往复运动是否灵活,调整左、右撞块,控制托板行程。

（3）开启总电源,启动走丝电机,检验运转是否正常,托板换向动作是否可靠。换向时高频电源是否自行切断,并检查限位开关是否起到停止走丝电机的作用。

（4）工作台做纵、横向移动,检查输入信号与移动动作是否一致。

2.开机及操作练习

先将控制电柜右侧的电源总开关置于"1"位置,然后旋出控制电柜正面的红色开关,再按下绿色开关,控制系统被启动,手控盒也被启动。系统提示:"C:\>",此时由键盘输入"enc2";后按回车(即 Enter 键),系统立刻显示画面。要求操作人员在"加工状态""进入自动编程""从断点处开始加工""自动对中心""靠边定位""磁盘文件拷贝""磁盘文件格式化""磁盘文件列目录"中进行选择。后面的三个选项基本不用,前面的几个选项操作人员可在"↑""↓"光标键选择其中一项。当选中某一项后,按回车键即可。

（1）选择第一项进入"加工状态",系统即刻显示画面,要求操作人员选择"有锥度加工"或"无锥度加工"。若选择"无锥度加工",操作人员可进行无锥度工件切割前的准备工作,即通过键盘上方的 F1~F8 功能键进行必要的参数输入和操作。

①F1—X、Y 移动。按下 F1 键,手控盒上的+X、-X、+Y、-Y 键即可实现工作台快速移动。操作完毕按 Esc 键退出。

②F2—加工方式。对加工顺序、旋转角度、缩放比例进行选择。加工方式中,正走表示钼丝运动轨迹与源程序加工方向一致,倒走表示钼丝运行轨迹和源程序加工方向相反。旋转是对编制好的程序进行绕加工原点旋转。

③F3—文件名控制系统。将每一个完整的加工程序视为一个文件,要求操作人员在编制加工程序前,先给加工程序起一个文件名。文件名的格式控制系统所要求的文件名由字母和数字表示,不许出现其他符号。当按下 F3 键后,操作人员可以为要编写的文件命名,也可调出已有的 nc 格式文件。

④F4—编程。此键主要用于校验已输入的加工程序,按下 F4 键后,屏幕显示程序编辑窗口。屏幕的中央显示编制好的程序清单,操作人员可以对其进行修改。另外增加了块操作,按 F3 键,系统将光标所在行定义为块,连续按 F3 键,系统则将多行定义为块,然后按 F4 键将已定义的块整体复制。

⑤F5—图形显示。用于对已编制完毕的加工程序进行校验,以检查加工的图形是否与图纸相符。按 Esc 键图形消失。

⑥F6—间隙补偿。用于输入间隙补偿量。当钼丝的运动轨迹大于编程尺寸时,补偿值为正,反之补偿值为负。该控制系统不是任意图形都能加间隙补偿,需要注意:

a.在使用此键输入补偿值时,编制的加工程序各拐角处,必须加过渡圆弧,否则将会出错;

b.刃切段应垂直切入加工图形。

⑦F7—加工预演。对已编制好的加工程序进行模拟加工,系统不输出任何控制信号。

⑧F8—开始加工。配合其他键一起使用。

若选择"有锥度加工",操作人员可进行锥度工件切制前的准备工作,即通过键盘上方的 F1~F8 功能键进行必要的参数输入和操作,许多定义和无锥度加工时相同,不再赘述。

（2）选择第二项"进入自动编程",EI 系列控制系统配备自动编程语言、APT 语言式和CAD/CAM 绘图式,可根据机床配备的自动编程系统,进行必要的操作。

（3）选择第三项"从断点处开始加工"，EI系列控制系统具有掉电记忆功能。当加工过程中某时刻掉电，待上电开机后，选中"从断点处开始加工"，这时将存有该加工文件的磁盘插入驱动器中，然后按任意键，即在断点处继续进行切割加工。所以，如使用这个功能，所编制的加工程序必须提前存入磁盘，否则该功能不起作用。断电后，待上电开机，若使用"从断点处开始加工"功能，直接选择该功能，请勿进行其他事项操作，否则出错时加工的程序不从断点处执行。

（4）选择第四项"自动对中心"。用于有穿丝孔时，钼丝找到孔的中心的操作。

（5）选择第五项"靠边定位"。用于钼丝找到起切点的操作。

（6）选择第六项"磁盘文件拷贝"。在主菜单中选择文件拷贝后，再在其子菜单中选择单文件拷贝或者整盘文件拷贝。单文件拷贝需要输入被拷贝文件的文件名，然后根据屏幕提示将目的盘插入软盘驱动器中，这样就可以实现将被拷贝文件拷贝到目的盘中以备份。整盘文件拷贝的目的盘必须是空盘或没有格式化的磁盘，否则目的盘的文件将会丢失。

（7）选择第七项"磁盘文件格式化"。此功能用于将新买的磁盘进行格式化。对于一张新买的磁盘，程序是不能存储上去的，必须事先将其格式化。

（8）选择第八项"磁盘文件列目录"。此功能是将已存有多个文件的磁盘进行文件名搜索，如只知道加工程序的文件名，但不知道存在哪张磁盘内，这时可以将磁盘插入驱动器中，然后选中该功能按回车键，屏幕就显示出磁盘存入的所有文件名，以供查询。

注意：在进行切割之前，先开走丝电机，待导轮转动后，再打开工作液开关，切忌在导轮转动前，打开工作液开关，否则工作液会因为没有导轮转动离心力作用而进入轴承内，从而损伤轴承。同样原因，停止时先关工作液开关或按工作液停止按钮，稍候片刻再关掉走丝电机，关储丝筒电机时最好在换向位置，可以减少断丝造成的钼丝浪费。

开动走丝电机及工作液开关后，再接通高频电源，如需中途关机或工作完毕时，应先切断高频电源，关掉变频，再关掉工作液泵及走丝电机。

学习小结

【任务实施】

一、数控电火花线切割加工电极丝的准备操作

1. 电极丝的上丝操作

（1）电极丝上丝操作的注意事项。

上丝的过程是将电极丝从丝盘绕到快走丝线切割加工机床储丝筒上的过程，不同的机床，操作略有不同。安装电极丝是电火花线切割加工最基础的操作，必须熟练掌握。需要注意：

①上丝以前，要先移开左、右行程开关，再启动储丝筒，将其移到行程左端或右端极限位置（目的是将电极丝上满，如果不需要上满，则需与极限位置保持一段距离）。

②上丝过程中要打开上丝电机启停开关，并旋转上丝电机电压调节按钮以调节上丝电机的反向力矩（目的是保证上丝过程中电极丝有均匀的张力，避免电极丝打折）。

③按照机床的操作说明书中上丝示意图的提示，将电极丝从丝盘绕到储丝筒上。

（2）CTW320TA 线切割加工机床上丝步骤。

CTW320TA 线切割加工机床上丝步骤如图 2-1-7~图 2-1-11 所示。

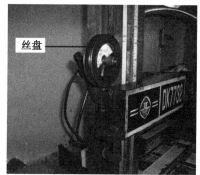

丝盘

图 2-1-7　线切割上丝步骤一　装上丝盘

储丝筒一端
与导轮对齐

图 2-1-8　线切割上丝步骤二　储丝筒摇向一端

图 2-1-9　线切割上丝步骤三　上好丝头

图 2-1-10　线切割上丝步骤四　将丝头固定在储丝筒上

图 2-1-11　上好丝的储丝筒

①将钼丝盘套在绕丝轴上,并用螺母锁紧。

②松开储丝筒拖板行程撞块,开动走丝电机,将储丝筒移至左一端后停止,将钼丝一端紧固在储丝筒右边固定螺钉上。

③利用绕丝轴上的弹簧使钼丝张紧,可调整绕丝轴上螺母改变张力大小。

④先用手盘动储丝筒,使钼丝卷到储丝筒上,再开动走丝电机(低速),使钼丝均匀地卷在储丝筒表面,待卷到另一端时,停止走丝电机,折断钼丝(或钼丝终了时),将钼丝端头暂时紧固在储丝筒上。

⑤开动走丝电机,调整拖板行程撞块,使拖板在往复运动走丝电机时两端钼丝存留余量(5 mm 左右),停止走丝电机,使拖板停在钼丝端头处于丝架中心的位置。

2. 数控电火花线切割加工机床的穿丝操作

穿丝就是把电极丝依次穿过丝架上的上、下导轮,各个过轮,导电块,工件穿丝孔,做好走丝准备,路径示意图如图 2-1-12 所示。操作步骤如下:

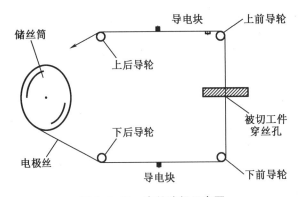

图 2-1-12　穿丝路径示意图

(1)用摇把转动储丝筒,使储丝筒上电极丝的一端与导轮对齐;

(2)取下储丝筒相应端的丝头,进行穿丝。

穿丝顺序:

(1)如果取下的是靠近摇把一端的丝头,则从下丝臂穿到上丝臂;

(2)如果取下的是靠近储丝电动机一端的丝头,则从上丝臂穿到下丝臂;

(3)将电极丝从丝架上下导轮、各个过轮及导电块穿过后,仍然把丝头固定在储丝筒紧固螺钉处,剪掉多余丝头,用摇把将储丝筒反摇几圈。

注意事项:

(1)要将电极丝装入导轮的槽内,并与导电块接触良好,同时防止电极丝滑入导轮或导电块旁边的缝隙内;

(2)操作过程中,要沿绕丝方向拉紧电极丝,避免电极丝松脱造成乱丝;

(3)摇把使用后必须立即取下,以免误操作使摇把甩出,造成人身伤害或设备损坏。

3.走丝行程调节及紧丝

上丝和穿丝完毕后,就要根据储丝筒上电极丝的长度和位置来确定储丝筒的行程,并调整电极丝的松紧。

(1)调整储丝筒行程。

①用摇把将储丝筒摇向一端,至电极丝在该端缠绕宽度剩下8 mm左右的位置停止。

②松开相应的限位块上的紧固螺钉,移动限位块,当限位块上的换向行程撞块移至接近行程开关的中心位置后固定限位块。

③用同样方法调整另一端。两行程挡块之间的距离,就是储丝筒的行程,储丝筒拖板将在此范围来回移动。

④经过以上调整后,可以开启自动走丝,观察走丝行程,再做进一步细调。为防止机械性断丝,储丝筒在换向时,两端还应留有一定的储丝余量。

(2)紧丝。

新装上去的电极丝,往往要经过几次紧丝操作,才能投入工作。

①开启自动走丝,储丝筒自动往返运行。

②待储丝筒上的丝走到左边,刚好反转时,手持紧丝轮靠在电极丝上,加适当张力,如图2-1-13所示。注意:储丝筒旋转时,电极丝必须是"放出"的方向,才能把紧丝轮靠在电极丝上。

③在自动走丝的过程中,如果电极丝不紧,丝就会被拉长。待储丝筒上的丝从一端走到另一端,刚好转向时,立即按下停止钮,停止走丝。手动旋转储丝筒,使剩余的部分电极丝走到尽头,取下丝头,收紧后装回储丝筒螺钉上,剪掉多余的丝,再反转几圈。

④反复几次,直到电极丝运行平稳,松紧适度。

图2-1-13 紧丝

4.电极丝的校正

加工前必须校正电极丝垂直度,即校正电极丝。电极丝垂直度校正的常见方法如下。

(1)利用校正块进行火花法校正,如图2-1-14所示。

如图2-1-15(a)所示,校正块是一个六方体或类似六方体。在校正电极丝垂直度时,首先目测电极丝的垂直度,若明显不垂直,则调节 U、V 轴,使电极丝大致垂直工作台;然后将校正块放在工作台上,在弱加工条件下,将电极丝沿 X 轴方向缓缓移向校正块。

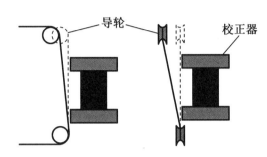

图2-1-14 火花法校正电极丝

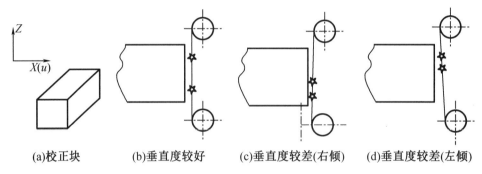

(a)校正块　　(b)垂直度较好　　(c)垂直度较差(右倾)　　(d)垂直度较差(左倾)

图2-1-15 火花法校正电极丝垂直度

当电极丝快碰到校正块时,电极丝与校正块之间产生火花放电,然后肉眼观察产生的火花:若火花上、下均匀[图2-1-15(b)],则说明在该方向上电极丝垂直度良好;若下面火花多[图2-1-15(c)],则说明电极丝右倾,故将 U 轴的值调小,直至火花上、下均匀;若上面火花多[图2-1-15(d)],则说明电极丝左倾,故将 U 轴的值调大,直至火花上、下均匀。同理,调节 V 轴的值,使电极丝在 V 轴垂直度良好。

注意:

①保证工作台面和校正器各面干净无损坏;

②将校正器底面靠实工作台面;

③调小脉冲电源的电压和电流,可使后面步骤中电极丝与工件接近时只产生微弱的放电,启动走丝,打开高频;

④在手动方式下,移动 X 轴和 Y 轴拖板,使电极丝接近校正器,当它们之间的间隙足够小时,会产生放电火花;

⑤手动调节上丝臂小拖板上的调节钮,移动小拖板,当校正器上、下放电火花均匀一致时,电极丝即校正,上丝臂手动调节钮如图2-1-16所示;

⑥校正应分别在 X、Y 轴两个方向进行,如图2-1-17所示,重复2~3次,以减少垂直误差。

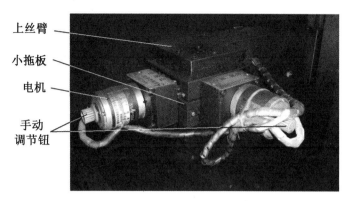

图 2-1-16 *U* 轴和 *V* 轴的小拖板

（2）利用校正器或电子校正器进行火花法校正。

使用电子校正器,操作方法与校正块相似,但不能开高频,不需要放电。将电子校正器固定在基准水平面,手动移动工作台,配合调节上丝臂小拖板调节钮,使电极丝能同时接触电子校正器的上、下测量头,电子校正器的上、下指示灯同时点亮。再换一个方向操作,重复几次。如果在两个方向都能使上、下指示灯同时点亮,就说明电极丝已垂直。图 2-1-17 所示为电子校正器示意图。

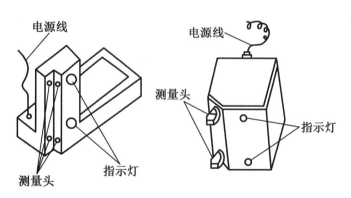

图 2-1-17 电子校正器示意图

二、数控电火花线切割加工的工件准备

1. 工件的准备

为保证工件的加工质量,使线切割加工顺利进行,必须进行工件的准备。工件的准备包括工件材料的选择、工件基准的选择、穿丝孔的确定及切割路线的确定等。下面主要介绍穿丝孔。

（1）加工穿丝孔的目的。

穿丝孔作为工件加工的工艺孔,是电极丝相对于工件运动的起点,同时也是程序执行的起点位置,应选在容易校正和便于编程计算的位置。

①凹类零件为保证零件的完整性,在切削前必须加工穿丝孔。

②凸类零件一般情况下不需加工穿丝孔,但若零件的厚度较大或切割的边数较多时,

为减小零件在切割中的变形,在切割前必须加工穿丝孔。

通过图2-1-18的比较,可以发现切割凸形零件有无穿丝孔加工完全不同。

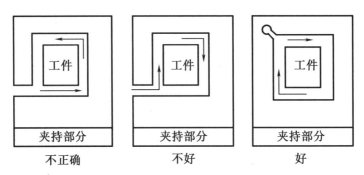

图2-1-18 切割凸形零件有无穿丝孔比较

(2)穿丝孔的大小与位置的选择。

①切割尺寸较小的凹形零件时,穿丝孔设在凹形的中心。

②切割凸形零件或大尺寸凹形零件时,穿丝孔设在切割的起点附近。

③大尺寸零件在切割前应沿加工轨迹设置多个穿丝孔,以便发生断丝时能就近重新穿丝,切入断丝点。

④穿丝孔要大小适中。

(3)穿丝孔的加工方式。

可以采用钻孔、镗孔或穿孔机进行穿孔。

2. 工件的装夹

线切割加工机床的工作台比较简单,一般在通用夹具上采用压板固定工件。为了适应各种形状的工件加工,机床还可以使用旋转夹具和专用夹具。工件装夹的形式与精度对机床的加工质量及加工范围有着明显的影响。

(1)工件装夹的一般要求。

①待装夹的工件的基准部位应清洁无毛刺,符合图样要求。对经淬火的模件在穿丝孔或凹模类工件扩孔的台阶处,要清除淬火时的渣物及工件淬火时产生的氧化膜表面,否则会影响其与电极丝之间的正常放电,甚至卡断电极丝。

②夹具精度要高,装夹前先将夹具固定在工作台面上,并校正。

③保证装夹位置在加工中能满足加工行程需要,工作台移动时不得与丝架臂相碰,否则无法进行加工。

④装夹位置应有利于工件的校正。

⑤夹具对固定工件的作用力应均匀,不得使工件变形或翘起,以免影响加工精度。

⑥成批零件加工时,最好采用专用夹具,以提高工作效率。

⑦细小、精密、壁薄的工件需要固定在不易变形的辅助小夹具上才能进行装夹,否则无法加工。

(2)工件的装夹方式。

①悬臂支撑方式。

悬臂支撑通用性强,装夹方便,如图2-1-19所示。但由于工件单端固定,另一端呈悬梁状,因而工件平面易出现上仰或下斜,致使切割表面与其上、下平面不垂直或不能达到预定的精度。另外,加工中工件受力时,位置容易变化。因此只有在工件的技术要求不高或悬臂部分较少的情况下才能使用此种方式。

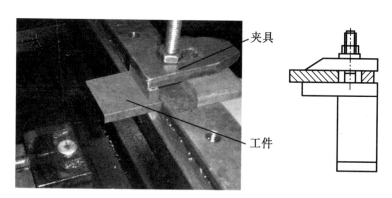

图 2-1-19　悬臂支撑方式

②垂直刃口支撑方式。

如图 2-1-20 所示,工件装在具有垂直刃口的夹具上,即垂直刃口支撑方式。利用此种方法装夹后工件能悬伸出一角便于加工,装夹精度和稳定性较悬臂式支撑好,便于校正。

③双端支撑方式。

采用双端支撑方式的工件两端固定在夹具上,装夹方便,支撑稳定,平面定位精度高,如图 2-1-21 所示,但不利于小零件的装夹。

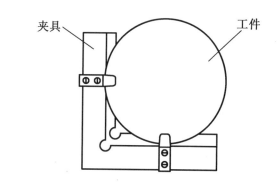

图 2-1-20　垂直刃口支撑方式

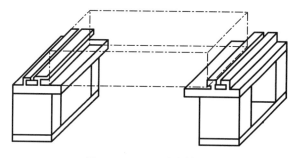

图 2-1-21　双端支撑方式

④桥式支撑方式。

桥式支撑方式采用两支撑垫铁架在双端支撑夹具上,如图2-1-22所示,特点是通用性强,装夹方便,对大、中、小工件都可方便地装夹。

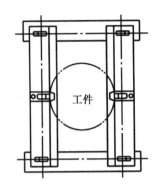

图2-1-22 桥式支撑方式

⑤板式支撑方式。

板式支撑夹具可以根据工件的常规加工尺寸制造,呈矩形或圆形孔,并增加 X、Y 轴方向的定位基准。装夹精度易于保证,适于常规生产中使用,如图2-1-23所示。

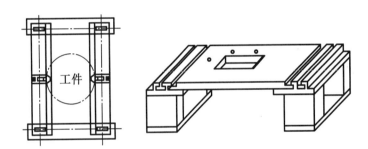

图2-1-23 板式支撑方式

⑥复式支撑方式。

复式支撑夹具是在桥式支撑夹具上再固定专用夹具而成。这种夹具可以很方便地实现工件的成批加工,并且能快速装夹工件,可以节省装夹工件过程中的辅助时间,特别是节省工件校正及对丝耗费的时间,既提高了生产效率,又保证了工件加工的一致性,其结构如图2-1-24所示。

⑦V形夹具支撑方式。

如图2-1-25所示,V形夹具支撑方式适于圆形工件的装夹。装夹时,工作母线要求与端面垂直。在切割薄壁零件时,注意装夹力要小,以免工件变形。

⑧弱磁力夹具。

弱磁力夹具装夹工件迅速简便,通用性强,应用范围广,如图2-1-26(a)所示,对于加工成批的工件尤其有效。

当永久磁铁的位置如图2-1-26(b)所示时,磁力线经过磁靴左右两部分闭合,对外不显示磁性。再把永久磁铁旋转90°,如图2-1-26(e)所示,此时,磁力线被磁靴的铜焊层隔开,没有闭合的通道,对外显示磁性。工件被固定在夹具上,工件和磁靴组成闭合回路,于是工件被夹紧。

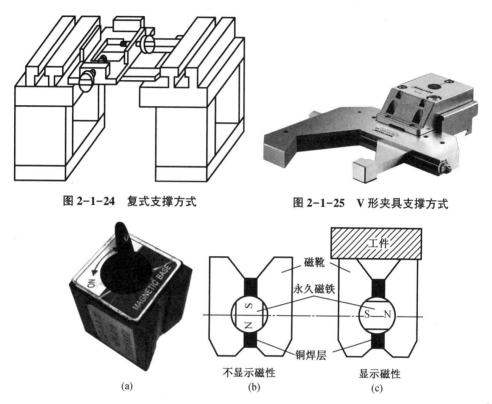

图 2-1-24　复式支撑方式　　　　图 2-1-25　V 形夹具支撑方式

图 2-1-26　弱磁力夹具原理图

加工完毕后,将永久磁铁再旋转 90°,夹具对外不显示磁性,即可将工件取下。

3. 工件的校正

工件安装到机床工作台上后,还应对工件进行平行度校正。根据实际需要,平行度校正可在水平、左右、前后三个方向进行。一般为工件的侧面与机床运动的坐标轴平行。工件位置校正的方法有以下几种。

(1)靠定法校正工件。

利用通用或专用夹具纵横方向的基准面,先将夹具校正,然后具有相同加工基准面的工件可以直接靠定,尤其适用于多件加工,如图 2-1-27 所示。

(2)电极丝法校正工件。

在要求不高时,可利用电极丝进行工件校正(图 2-1-28)。将电极丝靠近工件,然后移动一个拖板,使电极丝沿着工件某侧边移动,观察电极丝与工件侧边的距离,如果距离发生变化,说明工件不正,需要调整,如果距离保持不变,说明这个侧边与移动的轴向已平行。

(3)量块法校正工件。

将一个具有确定角度的测量块,靠在工件和夹具上,观察量块跟工件和夹具的接触缝,这种检测工件是否校正的方法,称为量块法(图 2-1-29)。根据实际需要,量块的测量角可以是直角(90°),也可以是其他角度。使用这种方法前,必须保证夹具是校正的。

图 2-1-27　靠定法校正工件

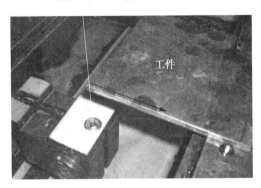

图 2-1-28　电极丝法校正工件

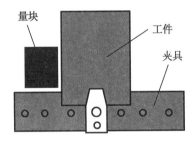

图 2-1-29　量块法校正工件

（4）划线法校正工件。

在工件的切割图形与定位基准相对位置精度要求不高时，可利用划线法进行工件校正。将划针固定在丝架上，划针尖指向工件图形的基准线或基准面往复移动工作台，目测划针、基准纹的偏离情况，将工件调整到正确位置，如图 2-1-30 所示。

（5）百分表法（拉表法）校正工件。

百分表是机械加工中应用非常广泛的一种计量仪表。百分表法是利用磁力表座，将百分表固定在丝架或者其他固定位置上，百分表头与工件基面进行接触，往复移动 X 或 Y 坐标工作台，按百分表指示数值调整工件。必要时校正可在三个方向进行，如图 2-1-31 所示。

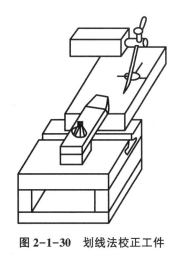

图 2-1-30　划线法校正工件

图 2-1-31　百分表法校正工件

三、数控电火花线切割加工中的对丝

装夹完工件,穿好电极丝,在加工零件前,像数控车床要对刀一样,线切割还必须进行对丝。对丝的目的是确定电极丝与工件的相对位置,最终把电极丝放到加工起点上,这个点叫作起丝点。对丝操作时,可以给电极丝加上比实际加工时大 30%~50% 的张力,并且在启动走丝的情况下进行操作。

1. 对边

对边也称找边,即让电极丝刚好停靠在工件的一个边上,如图 2-1-32 所示。找边操作既可以手动,也可以利用控制器自动找边功能找边。

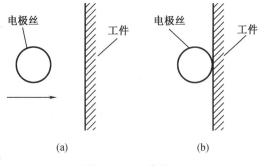

图 2-1-32　找边

（1）手动找边操作。

将脉冲电源电压调到最小挡,电流调小,使电极丝与工件接触时,只产生微弱的放电。开启走丝,打开高频。根据找边的方向,摇动相应手轮,使电极丝靠近工件端面(即靠近要找的边)。电极丝离工件远时,可摇快一些,快接近时一定要减速慢慢靠拢,直到刚好产生电火花,停止摇动手轮,找边结束。注意此时电极丝的“中心”与工件的“边线”之间相差一个电极丝半径的距离。手动找边是利用电极丝接触工件产生电火花来进行判断的,这种方法存在两个弱点,一是手工操作存在许多人为因素,误差较大;二是电火花会烧伤工件表面。克服这些缺点的办法就是采用自动找边。

（2）自动找边操作。

自动找边是利用电极丝与工件接触短路的检测功能来进行判断的。

第一步，开启走丝，但保持高频为关闭状态。

第二步，摇动手轮，使电极丝接近工件，留出2~3 mm的距离。

第三步，操作数控系统，进入自动对边对中菜单，其中上、下、左、右指控制电极丝的移动方向，操作中应根据实际情况来选择。

点击相应的对边按钮，拖板自动移动，电极丝向工件端面慢慢靠拢。电极丝接触工件后，自动回退，减速，再靠拢；再次接触工件后，自动回退一个放电间隙的距离，然后停下，完成找边。如果发现电极丝离工件端面越来越远，说明对边按钮选择错误，需停下来重新操作相反方向的按钮。

通过找边操作，能够确定电极丝与工件一个端面的位置关系，如果在X、Y轴两个方向进行找边操作，能够确定电极丝与工件的位置关系，也就能把电极丝移到起丝点，从而完成对丝。

2. 对边示例——起丝点在端面的对丝

假设起丝点在工件的端面，如图2-1-33（a）所示。注意到，此时起丝点与另一边的距离为15 mm。下面重点看这个"15 mm"是如何保证的。

第一步，在上方找边，找到边后，松开Y轴手轮上的锁紧螺钉，保持手轮手柄不动，转动刻度盘，使刻线0对准基线，锁紧刻度盘，这时刻度盘就从0刻度值开始计数，这步操作叫作对零，与普通车床对刀时的对零类似。

第二步，摇动X轴手轮，使电极丝离开工件。

第三步，摇动Y轴手轮。这一步要使电极丝位置满足"15 mm"的距离要求，必须考虑电极丝的半径补偿，电极丝半径可用千分尺测量其直径得到。假设电极丝半径为0.09 mm，那么实际要摇15.09 mm，即多摇一个电极丝半径的距离，如图2-1-33（b）所示。

提示：手轮摇一小格是1丝，一圈是4 mm（400丝）。通过计算得出，Y轴手轮应往起丝点方向摇3圈（12 mm）加309（3.09 mm）小格，即可满足距离要求。

第四步，利用X轴托板，向起丝点找边定位，即可到达起丝点，完成对丝操作。提示：在数控线切割加工机床中，也可以通过电脑显示屏的坐标来控制移动的距离。

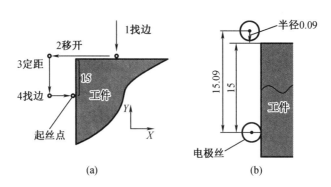

图2-1-33　起丝点在工件端面的对丝

3. 对中（定中心）

对于有穿丝孔的工件，常把起丝点设在圆孔的圆心，穿丝加工时，必须把丝移到圆心处

（即定中心）。定中心是通过四次找边操作来完成的，如图2-1-34所示。

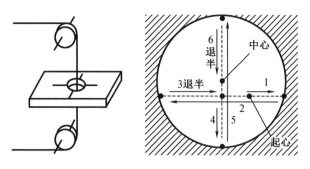

图2-1-34　定中心

手动操作时，首先让电极丝在X轴（或Y轴）方向与孔壁接触，找到第一个边，记下手轮刻度值，然后返回，向相反的对面孔壁接触，找到第二个边，观察手轮刻度值，计算距离，再返回到两壁距离一半的位置，接着在另一轴的方向进行上述过程，电极丝就到达孔的中心。可以把上述过程总结为"左右碰壁回一半，前后碰壁退一半"。

定中心通常使用数控系统"自动定中心"功能来完成。与自动找边类似，关闭高频，启动走丝，把"加工/定中心"开关置于"定中心"位置，点击菜单的"中心"按钮，开始自动找中心。拖板的运动过程与手动操作类似，但是找边后，其自动反向，自动计算，自动回退一半的距离，找到中心后自动结束。

对丝完成，电极丝即可位于起丝点上，如果其他工作也准备就绪，调好加工参数，打开走丝和工作液，就可以启动加工。

4. 分析断丝原因

线切割加工过程中会不可避免地出现乱丝，甚至断丝，这会严重影响加工进度和加工质量，究其原因，若在加工开始阶段断丝，则可能是因为加工电流过大；钼丝抖动严重；工件表面有毛刺或氧化皮。若在加工中间阶段断丝，则可能是因为电参数选择不当，电流过大；进给调节不当，开路短路频繁；工作液过脏、长时间不更换等。另外，也可能是因为导电块未与钼丝接触或被拉出凹痕；切割厚件时，脉冲过小；储丝筒转速太慢等。若在加工最后阶段出现断丝，则可能是因为工件材料变形；夹断钼丝和工件跌落；撞落钼丝。

【线切割加工机床的基本操作工作单】

计划单

学习情境二	平面类零件的线切割加工		任务一	线切割加工机床的基本操作
工作方式	组内讨论、团结协作共同制定计划：小组成员进行工作讨论，确定工作步骤		计划学时	1 学时
完成人	1. 2. 3. 4. 5. 6.			

计划依据：1.零件图；2.电火花线切割加工要求

序号	计划步骤	具体工作内容描述
1	准备工作（准备图纸、材料、机床、工具、量具，谁去做？）	
2	组织分工（成立小组，各成员具体完成什么？）	
3	制定加工工艺方案（先加工什么？再加工什么？最后加工什么？）	
4	零件加工过程（加工准备什么，安装电极、装夹零件和电极、调整设备参数、零件检测？）	
5	整理资料（谁负责？整理什么？）	
制定计划说明	(写出制定计划中人员为完成任务的主要建议或可以借鉴的建议、需要解释的某一方面)	

决策单

学习情境二	平面类零件的线切割加工	任务一	线切割加工机床的基本操作
决策学时			0.5 学时

决策目的:线切割加工机床的基本操作方案对比分析,比较加工质量、加工时间、加工成本等

	小组成员	方案的可行性 (加工质量)	加工的合理性 (加工时间)	加工的经济性 (加工成本)	综合评价
工艺方案 对比	1				
	2				
	3				
	4				
	5				
	6				
决策评价	(根据小组成员加工方案对比分析,对自己的工艺方案进行修改并说明修改原因,最后确定一个最佳方案)				

检查单

学习情境二	平面类零件的线切割加工	任务一	线切割加工机床的基本操作
评价学时	课内 0.5 学时		第　　　组

检查目的及方式　教师检查小组的工作情况,如检查等级为不合格,小组需要整改,并给出整改说明

序号	检查项目	检查标准	检查结果分级 (在相应的分级框内画"√")				
			优秀	良好	中等	合格	不合格
1	准备工作	查找资源、材料准备完整					
2	分工情况	安排合理、全面,分工明确					
3	工作态度	小组成员工作积极主动、全员参与					
4	纪律出勤	按时完成负责的工作内容,遵守工作纪律					
5	团队合作	相互协作、互相帮助、成员听从指挥					
6	创新意识	任务完成不照搬照抄,看问题具有独到见解及创新思维					
7	完成效率	工作单记录完整,并按照计划完成任务					
8	完成质量	查找资源、材料准备完整					

检查 评语		教师签字:

【任务评价】

小组产品加工评价单

学习情境二	平面类零件的线切割加工				
任务一	线切割加工机床的基本操作				
评价类别	评价项目	子项目	个人评价	组内互评	教师评价
专业知识与技能	加工准备(15%)	零件图分析(5%)			
		设备及电极准备(5%)			
		加工方法的选择以及电参数的确定(5%)			
	任务实施(30%)	工作步骤执行(5%)			
		功能实现(5%)			
		质量管理(5%)			
		安全保护(10%)			
		环境保护(5%)			
	工件检测(30%)	产品尺寸精度(15%)			
		产品表面质量(10%)			
		工件外观(5%)			
	工作过程(15%)	使用工具规范性(5%)			
		操作过程规范性(5%)			
		工艺路线正确性(5%)			
	工作效率(5%)	能够在要求的时间内完成(5%)			
	作业(5%)	作业质量(5%)			
评价评语					

班级		组别		学号		总评	
教师签字			组长签字		日期		

小组成员素质评价单

学习情境二	平面类零件的线切割加工	任务一	线切割加工机床的基本操作
班级	第　　组	成员姓名	

评分说明	每个小组成员评价分为自评和小组其他成员评价 2 部分,取平均值作为该小组成员的任务评价个人分数。评价项目共设计 5 个,依据评分标准给予合理量化打分。小组成员自评分后,要找小组其他成员以不记名方式打分

评分项目	评分标准	自评分	成员 1 评分	成员 2 评分	成员 3 评分	成员 4 评分	成员 5 评分
核心价值观 (20分)	是否体现社会主义核心价值观的思想及行动						
工作态度 (20分)	是否按时完成负责的工作内容,是否遵守纪律,是否积极主动参与小组工作,是否全过程参与,是否吃苦耐劳,是否具有工匠精神						
交流沟通 (20分)	是否能良好地表达自己的观点,是否能倾听他人的观点						
团队合作 (20分)	是否与小组成员合作完成任务,做到相互协作、互相帮助						
创新意识 (20分)	是否能独立思考,提出独到见解,是否具有创新思维						
小组成员最终得分							

【课后反思】

学习情境二	平面类零件的线切割加工	任务一	线切割加工机床的基本操作
班级	第　　组	成员姓名	
情感反思	通过对本任务的学习和实训,你认为自己在社会主义核心价值观、职业素养、学习和工作态度等方面有哪些需要提高的部分?		
知识反思	通过对本任务的学习,你掌握了哪些知识点?请画出思维导图。		
技能反思	在完成本任务的学习和实训过程中,你主要掌握了哪些技能?		
方法反思	在完成本任务的学习和实训过程中,你主要掌握了哪些分析和解决问题的方法?		

任务二 数控线切割加工的程序编制

【任务工单】

学习情境二	平面类零件的线切割加工		工作任务二	数控线切割加工的程序编制	
	任务学时			课内 4 学时(课外 4 学时)	
	布置任务				
任务目标	1. 根据平面零件结构特点,合理选择加工机床及附件; 2. 根据平面零件结构特点,合理选择电极并能正确安装; 3. 根据加工要求,选择正确的加工方法和加工参数; 4. 根据加工要求,制定合理的加工路线并完成平面的加工				
任务描述	电火花线切割又称线切割,属电加工范畴,线切割机于 1960 年发明于苏联,其基本物理原理是自由正离子和电子在场中积累,很快形成一个被电离的导电通道。线切割是苏联拉扎连柯夫妇在研究开关触点受火花放电腐蚀损坏的现象和原因时,发现电火花的瞬时高温可以使局部的金属熔化、氧化而被腐蚀掉,从而开创和发明的电火花加工方法。 　　本任务主要讲述线切割机床的操作、电极和工件的装夹、电参数设置和程序编制、机床的维护保养和安全原则等内容				
学时安排	资讯 1 学时	计划 1 学时	决策 0.5 学时	实施 4.5 学时	检查 0.5 学时	评价 0.5 学时
提供资源	1. 加工零件图纸; 2. 课程标准、多媒体课件、教学演示视频及其他共享数字资源; 3. 机床及附件; 4. 游标卡尺等工具和量具					

	1.能够正确识读和表述零件图;
对学生学习 及成果的 要求	2.合理选择加工机床及附件; 3.合理选择电极并正确安装; 4.加工表面质量和精度符合要求; 5.按照学习导图自主学习,并完成课前自学的问题训练和作业单; 6.严格遵守课堂纪律,学习态度认真、端正,正确评价自己和同学在本任务中的素质表现; 7.积极参与小组工作,承担零件图识读、零件加工设备选用、加工工艺路线、工艺参数制定等工作,积极主动不推诿,与小组成员合作完成工作任务; 8.独立或在小组同学的帮助下完成任务工单、加工工艺文件、加工视频及动画等,并提请检查、签认,对教室提出的建议或错误处务必及时修改; 9.每组必须完成任务工单,并提请教师进行小组评价,小组成员分享小组评价分数或等级; 10.完成任务反思,以小组为单位提交

【课前自学】

一、线切割的分类

(1)按控制方式分,有靠模仿形控制、光电跟踪控制、数字程控及微机控制等,前两种方法现已很少采用。

(2)按脉冲电源形式分,有 RC 电源、晶体管电源、分组脉冲电源及自适应控制电源等,RC 电源现已不采用。

(3)按加工特点分,有大、中、小型,以及普通直壁切割型与锥度切割型等。

(4)按走丝速度分,有低速走丝方式和高速走丝方式。我国广泛采用高速走丝线切割加工机床。国外则采用低速走丝线切割加工机床,低速走丝线切割加工机床价格昂贵,但切割精度较高。

二、电火花线切割加工的应用范围

1.加工模具

适用于各种形状的冲模。调整不同的间隙补偿量,只需一次编程就可以切割凸模、凸模固定板、凹模及卸料板等。还可以用于加工挤压模、粉末冶金模、弯曲模和塑胶模等通常带锥度的模具。

2.电火花加工用的电极

一般穿孔加工用的电极和带锥度型腔加工用的电极,以及铜钨、银钨合金之类的电极材料,都可以用线切割机来加工。另外,也适用于加工微细复杂形状的电极。

3.加工零件

图 2-2-1 为二、三维及零件示例,试制新产品时,直接用线切割在坯料上切割零件,不需要另行制造模具,可大幅缩短生产周期,降低成本。另外,修改设计、变更加工程序比较方便,多片薄件零件可叠加在一起加工。可用于加工品种多、数量少的零件,特殊难加工材料的零件,材料试验样件,各种型孔、特殊齿轮凸轮、样板和成型刀具。同时还可进行微细

加工,异形槽和标准缺陷的加工等。

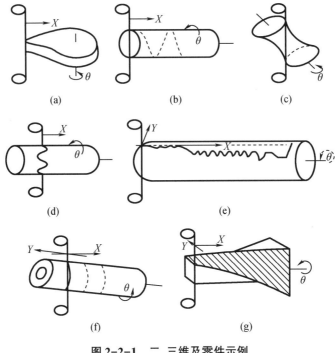

图 2-2-1 二、三维及零件示例

三、线切割加工的主要工艺指标

1. 切割速度

线切割加工中的切割速度是指在保证一定的表面粗糙度的切割过程中,单位时间内电极丝中心线在工件上切过的面积的总和,单位为 mm²/min。最高切割速度是指在不计切割方向和表面粗糙度等条件下,所能达到的最大切割速度。通常快走丝线切割加工的切割速度为 40~80 mm²/min,它与加工电流大小有关,为了在不同脉冲电源、不同加工电流下比较切割效果,将每安培电流的切割速度称为切割效率,切割效率一般为 20 mm²/(min·A)。

2. 表面粗糙度

在我国和欧洲一些国家,表面粗糙度常用轮廓算术平均偏差 $Ra(\mu m)$ 来表示,在日本常用 R_{max} 来表示。高速走丝线切割加工的表面粗糙度可达 Ra 2.5~5.0 μm。最佳可达 Ra 1.0 μm 左右;低速走丝线切割一般可达 Ra 1.25 μm,最佳可达 Ra 0.2 μm。采用线切割加工时,工件表面粗糙度的要求可以较机械加工法降低半级到一级,此外,如果线切割加工的表面粗糙度等级提高一级,则切割速度将大幅度下降,所以,图纸中要合理地给定表面粗糙度。线切割加工所能达到的最佳粗糙度是有限的,若无特殊需要,对表面粗糙度的要求不能太高。同样,加工精度的给定也要合理,目前,绝大多数数控线切割加工机床的脉冲当量一般为每步 0.001 mm,由于受到工作台传动精度的限制,加上走丝系统和其他方面的影响,切割加工精度一般为 6 级左右,如果加工精度要求很高,将很难实现。

3. 加工精度

加工精度是所加工工件的尺寸精度、形状精度和位置精度的总称。它包括切割轨迹的控制精度、机械传动精度、工件装夹定位精度以及脉冲电源参数的波动、电极丝的直径误差、损耗与抖动、工作液脏污程度的变化、加工操作人员的熟练程度等对加工精度的影响，是一项综合指标。高速走丝线切割加工精度可达 0.01~0.02 mm，低速走丝线切割加工精度可达 0.002~0.005 mm。

学习小结

〜〜〜〜〜〜〜〜〜〜〜〜〜〜〜〜〜〜〜〜〜〜〜〜〜〜〜〜〜〜〜〜〜

〜〜〜〜〜〜〜〜〜〜〜〜〜〜〜〜〜〜〜〜〜〜〜〜〜〜〜〜〜〜〜〜〜

〜〜〜〜〜〜〜〜〜〜〜〜〜〜〜〜〜〜〜〜〜〜〜〜〜〜〜〜〜〜〜〜〜

〜〜〜〜〜〜〜〜〜〜〜〜〜〜〜〜〜〜〜〜〜〜〜〜〜〜〜〜〜〜〜〜〜

〜〜〜〜〜〜〜〜〜〜〜〜〜〜〜〜〜〜〜〜〜〜〜〜〜〜〜〜〜〜〜〜〜

〜〜〜〜〜〜〜〜〜〜〜〜〜〜〜〜〜〜〜〜〜〜〜〜〜〜〜〜〜〜〜〜〜

〜〜〜〜〜〜〜〜〜〜〜〜〜〜〜〜〜〜〜〜〜〜〜〜〜〜〜〜〜〜〜〜〜

【任务实施】

一、数控电火花线切割加工的手工编程

线切割加工的手工编程通常是根据图样把图形分解成直线段和圆弧段，并逐一确定每段的起点、终点、中心线的交点、切点坐标等，且按照这些坐标进行编程。下面介绍两种编程方法。

1.3B 代码编码

线切割加工轨迹图形是由直线和圆弧组成的，它们的 3B 程序指令格式见表 2-2-1。

表 2-2-1　3B 程序指令格式

B	X	B	Y	B	J	G	Z
分隔符	X 坐标值	分隔符	Y 坐标值	分隔符	计数长度	计数方向	加工指令

注：B 为分隔符，作用是区分 X、Y、J 数码；X、Y 为增量（相对）坐标值；J 为加工线段的计数长度；G 为加工线段的计数方向；Z 为加工指令。

（1）直线的 3B 代码编程。

① x、y 值的确定。

a. 以直线的起点为原点，建立正常的直角坐标系，x、y 表示直线终点的坐标绝对值，单位为 μm。

b. 在直线 3B 代码中，x、y 值主要是确定该直线的斜率，所以可将直线终点坐标的绝对值除以它们的最大公约数作为 x、y 的值，以简化数值。

c. 若直线与 X 或 Y 轴重合，为区别一般直线，x、y 值均可以写作 0，也可以不写。

如图 2-2-2(a) 所示的轨迹形状，请试着写出其 x、y 值（注：在本章图形所标注的尺寸

中若无说明,单位均为 mm。)。

②G 的确定。

G 用来确定加工线段的计数方向,分为 G_X 和 G_Y。直线编程计数方向的选取方法:以要加工的直线的起点为原点,建立直角坐标系,取该直线终点坐标绝对值大的坐标轴为计数方向。具体确定方法:若终点坐标(x_e, y_e),令 $x=|x_e|$,$y=|y_e|$,若 $y<x$,则 $G=G_X$[图 2-2-3 (a)];若 $y>x$,则 $G=G_Y$[图 2-2-3(b)];若 $y=x$,则在一、三象限取 $G=G_Y$,在二、四象限取 $G=G_X$。

由上可见,计数方向的确定以 45°线为界,取与终点处走向较平行的轴作为计数方向,具体可参考图 2-2-3(c)。

③J 的确定。

J 为计数长度,以 μm 为单位。以前编程应写满六位数,不足六位前面补零,现在的机床基本上可以不用补零。

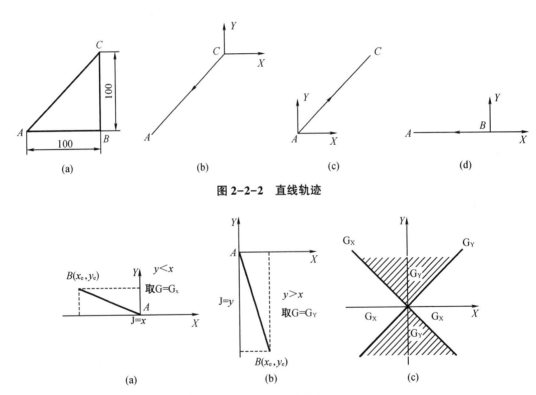

图 2-2-2 直线轨迹

图 2-2-3 G 的确定

J 的取值方法:由计数方向 G 确定投影方向,若 $G=G_X$,则直线向 X 轴投影得到长度的绝对值即为 J 的值;若 $G=G_Y$,则直线向 Y 轴投影得到长度的绝对值即为 J 的值。

④Z 的确定。

加工指令 Z 按照直线走向和终点的坐标不同,可分为 L_1、L_2、L_3、L_4,其中与+X 轴重合的直线算作 L_1,与-X 轴重合的直线算作 L_3,与+Y 轴重合的直线算作 L_2,与-Y 轴重合的直线算作 L_4,具体可参考图 2-2-4。

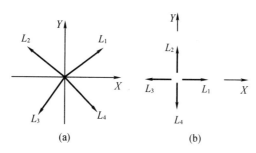

图 2-2-4 Z 的确定

综上所述,图 2-2-2(b)、(c)、(d)中线段的3B代码见表2-2-2。

表 2-2-2 3B 代码

直线	B	X	B	Y	B	J	G	Z
CA	B	1	B	1	B	100000	G_Y	L_3
AC	B	1	B	1	B	100000	G_Y	L_1
BA	B	0	B	0	B	100000	G_X	L_3

(2)圆弧的3B代码编程。

①x、y 值的确定。

以圆弧的圆心为原点,建立正常的直角坐标系,x、y 表示圆弧起点坐标的绝对值,单位为 μm。如在图 2-2-5(a)中,$x = 30\ 000$,$y = 40\ 000$;在图 2-2-5(b)中,$x = 40\ 000$,$y = 30\ 000$。

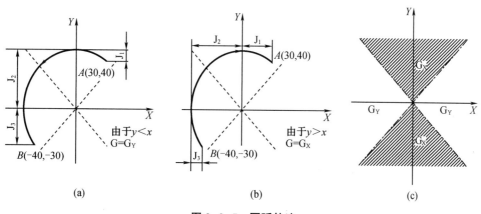

图 2-2-5 圆弧轨迹

②G 的确定。

G 用来确定加工线段的计数方向,分为 G_X 和 G_Y。圆弧编程计数方向的选取方法:以某圆心为原点建立直角坐标系,取终点坐标绝对值小的坐标轴为计数方向。具体确定方法:若终点坐标为 (x_e, y_e),令 $x = |x_e|$,$y = |y_e|$,若 $y < x$,则 $G = G_Y$[图 2-2-5(a)];若 $y > x$,则 $G = G_X$[图 2-2-5(b)];若 $y = x$,则 G_X、G_Y 均可。

由上可见,圆弧计数方向由圆弧终点的坐标绝对值大小决定,其确定方法与直线刚好相反,即取与圆弧终点处走向较远离的轴作为计数方向,具体可参考图 2-2-5(c)。

③J 的确定。

圆弧编程中 J 的取值方法:由计数方向 G 确定投影方向,若 $G=G_X$,则将圆弧向 X 轴投影;若 $G=G_Y$,则将圆弧向 Y 轴投影。J 值为各个象限圆弧投影长度绝对值的和。如在图 3-51(a)(b)中,J_1、J_2、J_3 大小分别如图中所示,$J=|J_1|+|J_2|+|J_3|$。

④Z 的确定。

加工指令 Z 按第一步进入的象限可分为 R_1、R_2、R_3、R_4;按切割的走向可分为顺圆 S 和逆圆 N,于是共有 8 种指令:SR_1、SR_2、SR_3、SR_4、NR_1、NR_2、NR_3、NR_4,具体可参考图 2-2-6。

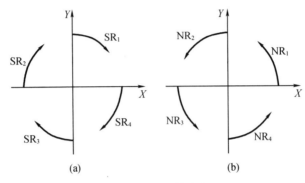

图 2-2-6　Z 的确定

例 2-1　请写出图 2-2-7 所示轨迹的 3B 程序。

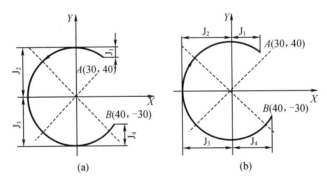

图 2-2-7　编程图形

解　对于图 2-2-7(a),起点为 A,终点为 B,

$$J=J_1+J_2+J_3+J_4=10\,000+50\,000+50\,000+20\,000=130\,000$$

故其 3B 程序为:

B30000 B40000 B130000 G_Y NR_1

对于图 2-2-7(b),起点为 B,终点为 A,

$$J=J_1+J_2+J_3+J_4=40\,000+50\,000+50\,000+30\,000=170\,000$$

故其 3B 程序为:

B40000 B30000 B170000 G_X SR_4

例 2-2　用 3B 代码编制加工如图 2-2-8 所示零件的线切割加工程序。图中 A 点为穿丝孔,加工方向沿 $A{\rightarrow}B{\rightarrow}C{\rightarrow}D{\rightarrow}\cdots{\rightarrow}G{\rightarrow}B{\rightarrow}A$ 进行。

解

(1)分别计算各段曲线的坐标值。

(2)按 3B 格式编写程序清单(表 2-2-3)。

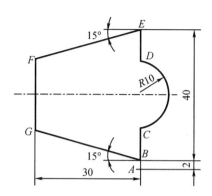

图 2-2-8　线切割加工零件图形

表 2-2-3　线切割加工零件 3B 程序单

序号	加工段	B	X	B	Y	B	J	G	Z	注释
1	A—B	B	0	B	2000	B	2000	C_Y	L_2	加工程序
2	B—C	B	0	B	10000	B	10000	G_Y	L_2	可与上句合并
3	C—D	B	0	B	10000	B	20000	G_X	NR_4	
4	D—E	B	0	B	10000	B	10000	G_Y	L_2	
5	E—F	B	30000	B	8040	B	30000	G_X	L_3	
6	F—G	B	0	B	23920	B	23920	G_Y	L_4	
7	G—B	B	30000	B	8040	B	30000	G_X	L_4	
8	B—A	B	0	B	2000	B	2000	G_Y	L_4	
9		MJ								结束语句

例 2-3　加工轮廓如图 2-2-9 所示,编写 3B 格式的线切割加工程序。

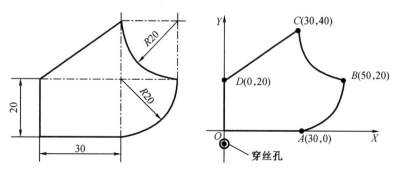

图 2-2-9　线切割零件加工图样与数据

（1）计算相关数据。

（2）加工方向，按轮廓线逆时针方向切割。

（3）设左下角为原点，穿丝孔在原点下 5 mm。

（4）不考虑电极丝补偿，编写程序（表 2-2-4）。

表 2-2-4　线切割加工零件 3B 程序单

N0001 B	0	B	5000	B	5000	G_Y	L_2	：穿丝孔到原点
N0002 B	30000	B	0	B	30000	G_X	L_1	：加工 OA 线段
N0003 B	0	B	20000	B	20000	G_Y	NR_4	：加工 AB 逆圆弧
N0004 B	0	B	20000	B	20000	G_Y	SR_3	：加工 BC 顺圆弧
N0005 B	30000	B	20000	B	30000	G_X	L_3	：加工 CD 线段
N0006 B	0	B	20000	B	20000	G_Y	L_4	：加工 DO 线段
N0007 B	0	B	5000	B	5000	G_Y	L_4	：由原点回到穿丝孔
N0008 DD								：停止

例 2-4　用 3B 代码编制加工图 2-2-10(a)所示的线切割加工程序。已知线切割加工用的电极丝直径为 0.18 mm，单边放电间隙为 0.01 mm，图中 A 点为穿丝孔，加工方向沿 $A \rightarrow B \rightarrow C \rightarrow D \rightarrow E \rightarrow F \rightarrow G \rightarrow H \rightarrow A$ 进行。

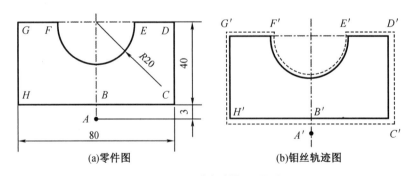

(a)零件图　　　　(b)钼丝轨迹图

图 2-2-10　线切割加工图形

（1）分析。

实际加工中由于钼丝半径和放电间隙的影响，钼丝中心运行的轨迹形状如图 2-2-10(b)中虚线所示，即加工轨迹与零件图相差一个补偿量，补偿量的大小为 0.01 mm，在加工中需要注意的是 $E'F'$ 圆弧的编程，圆弧 EF[图 3-57(a)]与圆弧 $E'F'$ 有较多不同点，它们的特点比较见表 2-2-5。

表 2-2-5　圆弧 *EF* 和 *E′F′* 特点比较

	起点	起点所在象限	圆弧首先进行象限	圆弧经历象限
圆弧 *EF*	*E*	*X* 轴上	第四象限	第三、四象限
圆弧 *E′F′*	*E′*	第一象限	第一象限	第一、二、三、四象限

（2）计算并编制圆弧 *E′F′* 的 3B 代码。

在图 2-2-10(b)中,最难编制的是圆弧 *E′F′*,其具体计算过程如下:

以圆弧 *E′F′* 的圆心为坐标原点,建立直角坐标系,则 *E′* 点的坐标为:

$$YE′=0.1′,XE′=19.900$$

根据对称原理可得 *F′* 的坐标为(-19.900,0.1)

根据上述计算可知圆弧 *E′F′* 的终点坐标的 *Y* 的绝对值小,所以计数方向为 *Y*。

圆弧 *E′F′* 在第一、二、三、四象限分别向 *Y* 轴投影得到长度的绝对值分别为 0.1 mm、19.9 mm、19.9 mm、0.1 mm,故 J=40 000。

圆弧 *E′F′* 首先在第一象限顺时针切割,故加工指令为 SR′。

由上可知,圆弧 *E′F′* 的 3B 代码为:

E′F′	B	19900	B	100	B	40000	G	Y	SR	1

（3）经过上述分析计算,可得切割轨迹的 3B 程序(表 2-2-6)。

表 2-2-6　切割轨迹的 3B 程序

A′B′	B	0	B	0	B	2900	G	Y	*L*	2
B′C′	B	40100	B	0	B	40100	G	X	*L*	1
C′D′	B	0	B	40200	B	40200	G	Y	*L*	2
D′E′	B	0	B	0	B	20200	G	X	*L*	3

例 2-5　用 3B 代码编制加工图 2-2-11 所示的凸模线切割加工程序,已知电极丝直径为 0.18 mm,单边放电间隙为 0.01 mm,图中为穿丝孔拟采用的加工路线 *O→E→D→C→B→A→E→O*。

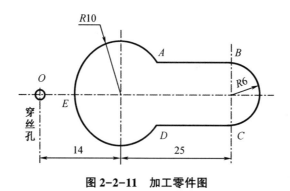

图 2-2-11　加工零件图

解 经过分析,得到具体程序(表2-2-7)。

表2-2-7 切割轨迹3B程序

OE	B	3900	B	0	B	3900	G	X	L	1
ED	B	10100	B	0	B	14100	G	Y	NR	3
DC	B	16950	B	0	B	16950	G	X	L	1
CB	B	0	B	6100	B	12200	G	X	NR	4
BA	B	16950	B	0	B	16950	G	X	L	3
AE	B	8050	B	6100	B	14100	G	Y	NR	1
EO	B	3900	B	0	B	3900	G	X	L	3

2.线切割ISO代码程序编制

(1)ISO代码简介。

同前文介绍过的电火花加工用的ISO代码类似,线切割代码主要有G指令(即准备功能指令)、M指令和T指令(即辅助功能指令),具体见表2-2-8。

表2-2-8 线切割ISO主要代码

代码	功能	代码	功能
G00	快速移动,定位指令	G84	自动取电极垂直
G01	直线插补	G90	绝对坐标指令
G02	顺时针圆弧插补指令	G91	增量坐标指令
G03	逆时针圆弧插补指令	G92	制定坐标原点
G04	暂停指令	M00	暂停指令
G17	XOY平面选择	M02	程序结束指令
G18	XOZ平面选择	M05	忽略接触感知
G19	YOZ平面选择	M98	子程序调用
G20	英制	M99	子程序结束
G21	公制	T82	加工液保持OFF
G40	取消电极丝补偿	T83	加工液保持ON
G41	电极丝半径左补偿	T84	打开喷液指令
G42	电极丝半径右补偿	T85	关闭喷液指令
G50	取消锥度补偿	T86	送电极丝(阿奇公司)
G51	锥度左倾斜(沿电极丝行进方向,向左倾斜)	T87	停止送丝(阿奇公司)
G52	锥度右倾斜(沿电极丝行进方向,向右倾斜)	T80	送电极丝(沙迪克公司)
G54	选择工作坐标系1	T81	停止送丝(沙迪克公司)
G55	选择工作坐标系2	T90	AWTI,剪断电极丝

表 2-2-8(续)

代码	功能	代码	功能
G56	选择工作坐标系3	T91	AWTII,使剪断后的电极丝用管子通过下部的导轮送到接线处
G80	移动轴直到接触感知	T96	送液 ON,向加工槽中加液体
G81	移动到机床的极限	197	送液 OFF,停止向加工槽中加液体
G82	回到当前位置与零点的一半处		

对于以上代码,部分与数控铣床、车床的代码相同,下面通过实例来学习线切割加工中常用的 ISO 代码。

以例 2-3 为例说明程序的编制(表 2-2-9)。

表 2-2-9 例 2-3 中绝对编程与相对编程的比较

绝对编程示例:	相对编程示例:
%0001	%0001:
N10 T84 T86 G90 G92 X0 Y-5.0;	N10 T84 T86 G91 G92 X0 Y-5.0;
N20 G01 Y0;	N20 G01 Y5.0;
N30 X30.0;	N30 X30.0;
N40 G03 X50.0 Y20.0 R20.0;	N40 G03 X20.0 Y20.0 I0 J20.0;
N50 G02 X30.0 Y40.0 R20.0;	N50 G02 X-20.0 Y20.0 I0 J20.0;
N60 G01 X0.0 Y20.0;	N60 G01 X-30.0 Y-20.0;
N70 Y-5.0	N70 Y-25.0;
N80 M02	N80 M02

(2)电极丝半径补偿 G40,G41,G42。

电极丝有粗细之分,如果不进行补偿,让电极丝"骑"在工件轮廓在线加工,加工出的零件尺寸则不符合要求,如图 2-2-12(a)所示。为了使加工出的零件符合要求,电极丝要向工件轮廓线外偏移一个电极丝半径的距离(实际还要加放电间隙),这就要用到电极丝半径补偿指令。

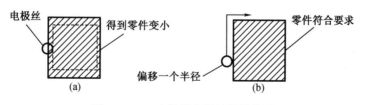

图 2-2-12 电极丝半径补偿零件图

格式:

G40 取消电极丝补偿;

G41 D _____电极丝左补偿;

G42 D _____电极丝右补偿。

编程参数说明:

①G41(左补偿),以工件轮廓加工前进方向看,加工轨迹向左侧偏移一个电极丝半径的距离进行加工,如图2-2-13所示;

②G42(右补偿),以工件轮廓加工前进方向看,加工轨迹向右侧偏移一个电极丝半径的距离进行加工,如图2-2-13所示;

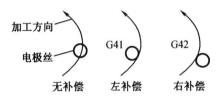

图2-2-13　电极丝半径补偿方式

③G40(取消补偿),指关闭左右补偿方式;

④D表示偏移量,例如,D100表示偏移量为0.1 mm。

注意:电极丝半径是在数控系统相关参数中设置,不包含在指令中。编程时,要根据运丝方向和补偿方向来选择指令,如图2-2-14所示。

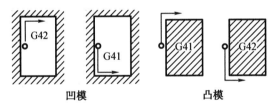

图2-2-14　电极丝补偿方向的选择

二、电火花线切割加工编程软件图形绘制及自动编程

数控编程分为手工编程与自动编程,当加工的零件形状过于复杂或者具有非圆曲线时,利用手工编程工作量大,较易出错,为简化编程,必须利用计算机进行自动编程。

目前我国高速走丝线切割加工的自动编程系统有三类。

(1)语言式自动编程。根据编程语言进行编程,程序简练,但事先需记忆大量的编程语言、语句,适合于专业编程人员使用。

(2)人机对话式自动编程。根据菜单采用人机对话来编程,简单易学、烦琐。

(3)图形交互式自动编程。图形交互式自动编程使用专用的数控语言,采取各种输入手段,向计算机传输零件的形状和尺寸数据,利用专用软件求出各类数据。具体地说,技术人员只需根据待加工的零件图形,按照机械作图的步骤,在计算机荧幕上绘出零件图形,计算机内部的软件即可自动转换成3B或ISO代码线切割程序。

目前,线切割的图形绘制软件很多,如CAXA、TurboCAD、YH等,下面介绍CAXA软件的图形绘制界面与自动编程。

1. CAXA XP 线切割软件的图形绘制功能介绍

CAXA 是国产的 CAD/CAM 软件,除了可以进行绘图外,还可以自动生成 3B 格式程序、4B 格式程序以及 ISO 标准 G 代码程序,采用全中文界面,符合人们的操作习惯。CAXA XP 线切割软件界面如图 2-2-15 所示。

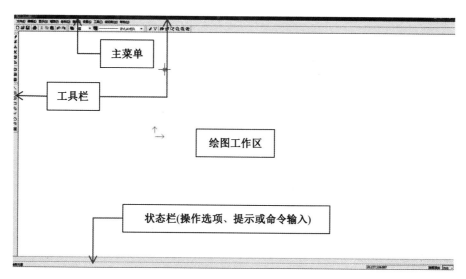

图 2-2-15　CAXA XP 线切割软件界面

CAXA XP 线切割软件菜单主要功能如下:

(1)"文件"菜单进行文件的建立、打开、保存等操作,其中数据界面包括各种格式图形读入和输出,方便在不同绘图软件间进行数据共享,如图 2-2-16 所示。

(2)"编辑"菜单进行常规的复制、粘贴、删除、修改等操作,如图 2-2-16 所示。

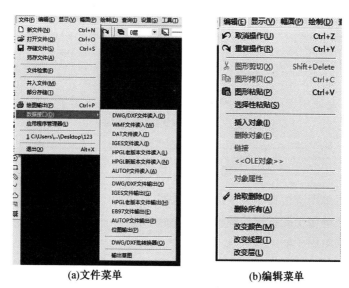

(a)文件菜单　　　　　　(b)编辑菜单

图 2-2-16　文件与编辑菜单

（3）"显示"菜单用于对窗口进行缩放、移动等操作，以使图形显示便于观察或操作，如图 2-2-17 所示。

（4）"幅面"菜单用于设置图纸的大小、方向、图框、标题栏等。该菜单中多数都有子菜单，如图 2-2-17 所示。

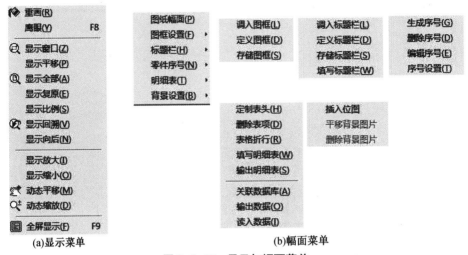

(a)显示菜单　　　　　　　　　　　　　　　(b)幅面菜单

图 2-2-17　显示与幅面菜单

（5）"绘制"是绘图中最重要的菜单，包括各种形状绘制和编辑，图 2-2-18 是其下拉菜单和子菜单。

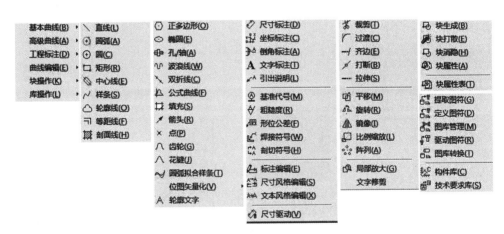

图 2-2-18　绘制菜单

（6）"查询"菜单用于检查某图素的几何数据。

（7）"设置"菜单用于配置操作环境、绘图参数等。

（8）"工具"菜单用于辅助操作。

（9）"线切割"菜单是该软件的重要菜单，包含了线切割所需功能。在绘图等操作中，对某项操作既可以通过菜单来找到相应的项目进行操作，也可以直接使用工具栏上的快捷图示，图示操作是大多数人常用的操作方法，其更直观方便。还可以使用快捷键，这是专业人员常用的操作方法，它需要记忆快捷键，但操作更方便快速。

2.“多功能角度样板凹模”的 CAXA XP 线切割软件绘图实践

“多功能角度样板凹模”的 CAXA XP 线切割软件绘图实践(图 2-2-19)具体操作步骤如下。

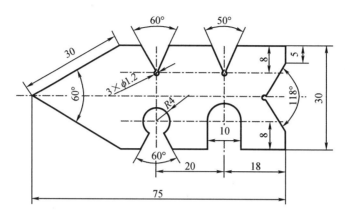

图 2-2-19　“多功能角度样板凹模”零件的电火花线切割加工

(1)绘制样板凹模的中心线。

①单击[选择当前层]下三角按钮,在弹出当前层下拉列表中选择[中心线层]。

②单击主菜单[绘制]→[基本曲线]→[直线]。

③此时系统弹出立即菜单: 两点线 ▾ 单个 ▾ 非正交 ▾ ,在立即菜单[1:]中选择[两点线],[2:]中选择[单个],[3:]中选择[非正交]。

④输入第一点坐标(-5,0),按回车。

⑤输入第二点坐标(80,0),按回车,中心线绘制完毕。

(2)绘制样板凹模外形。

①单击[选择当前层]下三角按钮,在弹出当前层下拉列表中选择[0层]。

②单击[直线]图示按钮,弹出直线绘制立即菜单: 角度线 ▾ X轴夹角 ▾ 到点 ▾ 度=30 分=0 秒=0 在立即菜单[1:]中选择[角度线],[2:]中选择[X 轴夹角],[3:]中选择[到点],[4:角度=]文本框,将角度改为30°。

③输入第一点坐标(0,0),按回车。

④拖动游标使要绘制的角度位于中心线的上方。

⑤输入长度值30,按回车。

⑥将立即菜单修改为: 两点线 ▾ 连续 ▾ 正交 ▾ 点方式 ▾ 。

⑦按空格键,系统弹出工具点捕捉菜单,选择[端点]。

⑧将游标移到刚绘制完成的角度线靠右上端点处,单击,系统自动捕捉到该端点。

⑨输入第二点坐标(75,15),按回车。

⑩修改[直线]立即菜单为: 两点线 ▾ 连续 ▾ 正交 ▾ 长度方式 ▾ 长度=5 。

⑪将游标移到下方,使要绘制的直线垂直向下,然后单击。

⑫将[直线]立即菜单设置为: 角度线 ▾ X轴夹角 ▾ 到线上 ▾ 度=59 分=0 秒=0 。

⑬按空格键,将弹出点捕捉方式菜单,按 E 选择端点捕捉方式,然后拾取竖直线的端点

（75，10）。

⑭系统提示拾取曲线，单击中心线，完成59°角度线的绘制。

⑮单击主菜单［绘制］→［曲线编辑］→［镜像］。

⑯将［镜像］立即菜单设置为：┆1:选择轴线▾┆2:拷贝▾┆。

⑰用窗口选择方式拾取要镜像的元素（不包括中心线），被选择的元素变成红色的虚线，右击结束元素的拾取。

⑱选择中心线作为镜像轴线，完成外形轮廓的镜像，如图2-2-20所示。

（3）绘制60°、50°角。

①单击［选择当前层］下三角按钮，在弹出当前层下拉列表中选择［中心线层］。

②单击［显示全部］图示按钮 ❻。

③单击主菜单［绘制］→［基本曲线］→［等距线］。

④将［等距线］立即菜单设置为：┆单个拾取▾┆2:指定距离▾┆3:单向▾┆4:空心▾┆5:距离18┆6:份数1┆。

⑤系统提示拾取曲线，选择L直线，此时系统在所选直线上出现一对反向的绿色箭头，同时在状态栏提示［请拾取所需的方向］，如图2-2-21所示。

⑥单击左侧的箭头，荧幕上出现一条红色的等距线。

⑦右击，结束等距线命令。

⑧单击刚生成的等距线。

⑨将十字游标移到该等距线下端点，此时等距线的上端点、中点和下端点变成绿色的亮点。

⑩单击绿色的下端点，系统便执行拉伸命令。移动十字游标，将该直线拉伸到下端水平线所在位置。

⑪单击［等距线］图示按钮，系统弹出立即菜单。

⑫单击立即菜单［4:］，将距离值修改为20，按回车。

⑬拾取刚拉伸的辅助线L，系统在直线的法向方向出现一对反向的绿色箭头。

⑭选择左侧的箭头，完成L5直线的绘制。

⑮在无命令状态下，按L，按回车，系统执行直线绘制命令。

⑯将［直线］立即菜单设置为：┆1:平行线▾┆2:偏移方式▾┆3:单向▾┆。

⑰拾取L1曲线，被选择的直线变成红色的虚线，将十字游标移到该直线下方任意位置，然后输入距离8，按回车。

⑱右击，L3直线绘制完成。

⑲单击L2直线，被选择的直线变成了红色虚线，将十字游标移到该直线上方任意位置，然后输入距离8，按回车。至此，4根辅助线绘制完毕，它们相互交叉形成了4个交点，分别是P1、P2、P3、P4，如图2-2-22所示。

⑳［选择当前层］为［0层］。

㉑单击［直线］图示，系统弹出绘制直线立即菜单。

㉒将［直线］立即菜单设置为：┆1:角度线▾┆2:T轴夹角▾┆3:到线上▾┆4:度=30┆5:分=0┆6:秒=0┆。

㉓系统提示输入第一点，按I，系统将捕捉状态设置为交点捕捉方式，选择直线L3和L5，系统会自动捕捉到P1点。

㉔系统提示拾取曲线,选择 L1,完成 60°左侧角度线的绘制。

㉕修改立即菜单[4:角度=]中的角度值为-30°。

㉖系统提示输入第一点,按 I,然后拖动,将 P1 置于拾取盒中单击,系统自动拾取 P1 点。

㉗单击 L1 直线,60°绘制完成。

㉘在无命令状态下,按 L,按回车。

㉙修改[直线]立即菜单为: 1:角度线 ▼ 2:Y轴夹角 ▼ 3:到线上 ▼ 4:度=25 5:分=0 6:秒=0 。

㉚按 I,系统设置当前捕捉方式为交点捕捉,然后拾取 P2 点。

㉛单击 L1 直线,一条与 Y 轴成 25°角的角度线绘制完毕。

㉜单击主菜单[绘制]→[曲线编辑]→[镜像]。

㉝设置[镜像]立即菜单为: 1:选择轴线 ▼ 2:拷贝 ▼ 。

㉞拾取刚生成的 25°角度线,然后右击结束曲线的拾取。

㉟选择 L6 作为镜像轴线,系统完成 25°角度线的镜像,如图 2-2-23 所示。

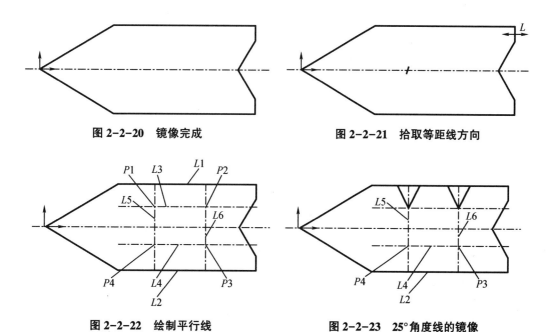

图 2-2-20　镜像完成　　　　　　　　图 2-2-21　拾取等距线方向

图 2-2-22　绘制平行线　　　　　　　图 2-2-23　25°角度线的镜像

(4)绘制 2 个圆弧轮廓。

①单击[圆弧]图示,系统弹出立即菜单。

②将[圆弧]立即菜单设置为: 1:圆心_半径_起终角 ▼ 2:半径=5 3:起始角=0 4:终止角=180 。

③按 I,设置当前捕捉方式为交点捕捉,然后单击 L4 和 L6,系统自动拾取 P3 点,完成 R5 圆弧的绘制。

④在无命令状态下,按 L,按回车,系统执行直线命令。

⑤将[直线]立即菜单设置为: 1:两点线 ▼ 2:连续 ▼ 3:正交 ▼ 4:点方式 ▼ 。

⑥系统提示输入第一点,按 E。

⑦捕捉刚生成圆弧的左端点。

⑧系统提示输入第二点,按 P,设置当前捕捉方式为垂直点捕捉,然后单击 *L1* 直线,圆弧左端点的垂直线绘制完成。

⑨用同样的方法生成右端点的垂直线。

⑩单击[圆]按钮,系统弹出立即菜单。

⑪设置[圆]立即菜单为: [1:圆心_半径 ▼]2:直径 ▼]。

⑫系统提示输入圆心点,利用工具点捕捉菜单中的[交点]捕捉 *P4* 点。

⑬输入直径 8,按回车,按 Esc 键退出绘圆命令。

⑭单击主菜单[绘制]→[曲线编辑]→[镜像]。

⑮设置[镜像]立即菜单为: [1:选择轴线 ▼]2:拷贝 ▼]。

⑯拾取 *L2* 和 *L3*,右击结束元素的拾取。

⑰拾取 *L4* 作为镜像轴线,按回车,2 个圆弧轮廓绘制完成,如图 2-2-24 所示。

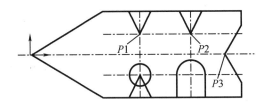

图 2-2-24 2 个圆弧轮廓绘制完成

(5)绘制 $\phi 1.2$ 的圆。

①在无命令状态下,按 C,按回车,系统执行圆命令。

②将[圆]立即菜单设置为: [1:圆心_半径 ▼]2:直径 ▼]。

③用工具点捕捉菜单捕捉 *P1* 点。

④输入直径 1.2,按回车,完成 *P1* 点上 $\phi 1.2$ 圆的绘制。

⑤单击主菜单[绘制]→[曲线编辑]→[平移]。

⑥将[平移]菜单设置为: [1:给定偏移 ▼]2:粘贴为块 ▼]3:非正交 ▼]4:旋转角 0   5:比例 1   6:份数 1   ]。

⑦用窗口选择的方法取 *P1* 点 $\phi 1.2$ 的圆,右击结束元素的拾取。

⑧用工具捕捉点菜单分别捕捉 *P2* 点与 *P3* 点,完成 *P2* 和 *P3* 点 $\phi 1.2$ 圆的绘制。

(6)裁掉多余曲线。

①单击[层控制]图示,系统弹出[层控制]对话框,双击中心线层的层状态[打开]字样,使层状态处于[关闭]状态。

②单击[确定]按钮,此时编辑区的红色中心线均消失。

③单击[绘制]→[曲线编辑]→[裁剪]。

④选择立即菜单[1:]为[快速裁剪],剪掉多余的曲线。完成裁剪的图形如图 2-2-25 所示。

(7)存盘。

将绘制好的图形存盘,命名为"多功能角度样板凹模. exb"。

3."文字轮廓零件"的 CAXA XP 线切割软件绘图实践

按照表 2-2-10 提供的文字参数,绘制文字轮廓"G",并保存为"ge. exb"。

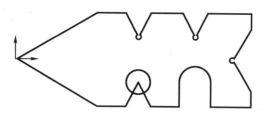

图 2-2-25 完成裁剪的图形

表 2-2-10 "王"字参数表

项目	参数
文字	G
字体	宋体
字高	40
旋转角	0
倾斜角	0
中文宽度系数	0.6

操作步骤:

(1)单击主菜单[绘制]→[高级曲线]→[轮廓文字]。

(2)在弹出的立即菜单中选择立即菜单[1:]为指定两点方式。

(3)输入标注文字区域的第一角点坐标(0,0),按回车。

(4)输入矩形区域的第二角点坐标(50,40),按回车。

(5)系统弹出[文字标注与编辑]对话框,如图 2-2-26 所示。

①单击[设置]按钮,弹出[文字标注参数设置]对话框,如图 2-2-27 所示。在该对话框中选择[中文字体]为[宋体]。在[字高]编辑框中输入 40。修改[中文宽度系数]为0.6。在[旋转角度(°)]文本框中输入旋转角度值0。在[倾斜角度(°)]文本框中输入倾斜角度值0。

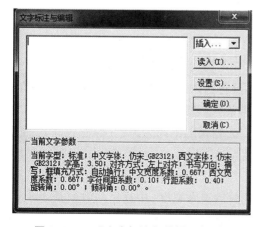

图 2-2-26 [文字标注与编辑]对话框

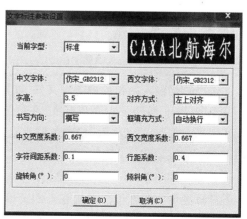

图 2-2-27 [文字标注参数设置]对话框

②设定文字参数后,单击[确定]按钮,返回到[文字标注与编辑]对话框。

③启动汉字输入法,在编辑区输入"G"。

④单击[确定]按钮,文字轮廓绘制完成。

⑤单击主菜单[文件]→[存储文件]。

⑥输入文件名"ge.exb"。

⑦单击[保存]按钮。

4. "长颈鹿图像零件"的CAXA XP线切割软件矢量化绘图实践

长颈鹿图像外形如图2-2-28所示。

(1)扫描输入图像。

如果不具备扫描仪,则可跳过本步骤,长颈鹿的图像文件已有。具体操作步骤如下:

①将长颈鹿的图片放入扫描仪中。

②调整扫描仪的精度为300 dpi。

③运行扫描程序,开始扫描。

④将扫描所得到的图像文件保存为"ejl.bmp"。

(2)长颈鹿图像的矢量化。

操作步骤:

①单击主菜单[绘制]→[高级曲线]→[位图矢量化]→[矢量化],系统弹出[选择图像文件]对话框,如图2-2-29所示。

图2-2-28　长颈鹿图像　　　　图2-2-29　[选择图像文件]对话框

②选择扫描输入的长颈鹿图像文件,如果不具备扫描条件,则直接从练习盘中选择。

③单击[打开]按钮,此时荧幕上弹出矢量化立即菜单:[1:描离色域边界▼][2:直线拟合▼][3:指定宽度▼][4:正常▼]。

④选择立即菜单[1:]为[描暗色域边界],因为蝴蝶的图像为黑色(颜色较深),而背景为白色(颜色较浅)。

⑤选择立即菜单[2:]为[圆弧拟合]。

⑥计算图像实际宽度。系统在立即菜单[3:图像实际宽度]中显示的数值是268,表示图像的宽度是由268个像素点组成,则图像实际宽度=像素点总数×25.4/分辨率=500×25.4/300=42.33 mm。在立即菜单[3:图像实际宽度]中输入图像实际宽度42.33 mm。

⑦选择立即菜单[4:]为[正常]。

⑧右击,系统对长颈鹿的图像进行矢量化处理,生成图像的外形轮廓。

⑨通过 PageUp(方法)、PageDown(缩小)、←(图像左移)、→(图像右移)、↑(图像上移)、↓(图像下移)键,可将生成的长颈鹿外形轮廓线放大,参照长颈鹿的图像来调整不符合要求的轮廓线。

⑩单击主菜单[绘制]→[高级曲线]→[位图矢量化]→[隐藏位图],长颈鹿的图像被隐藏,如图 2-2-30 所示。

⑪将文件保存为"ejl. exb"。

5. 利用 CAXA XP 线切割软件生成加工轨迹与仿真

(1)生成加工轨迹。

①绘制或导入零件图。

②选择[线切割]→[生成轨迹]弹出参数对话框,设置切割参数和偏移补偿值,如图 2-2-31 所示。

图 2-2-30　矢量化后的长颈鹿图形

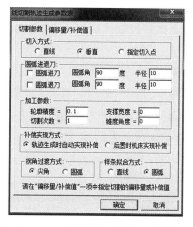

图 2-2-31　切割参数和偏移补偿值

a. 切入方式。

直线电极丝直接从穿丝点切割加工到起始段的起始点。

垂直电极丝垂直切入起始段上,若起始段上找不到垂足点,就自动用"直线"切入。指定切入点操作者在起始段上选一点,电极丝从穿丝点直线切割到所选点。

b. 圆弧进退刀。

电极切入或退出零件加工起始点的方式采用圆弧过渡。

c. 加工参数。

轮廓精度用样条拟合曲线时的精度,数值越小,精度越高。

切割次数对需要粗加工、半精加工、精加工时,设定切割次数。快走丝线切割加工一般多采用一次成型。

d. 补偿实现方式。

选[轨迹生成时自动实现补偿]时,计算机计算加入偏移量后的加工轨迹,由此生成加工程序,通常选这种方式;选[后置时机床实现补偿]时,计算机按零件轮廓轨迹编程,在程序中加入 G41、G42 等补偿指令,程序运行时,由机床进行补偿。

e. 拐角过渡方式。

尖角与圆角过渡方式如图 2-2-32 所示。

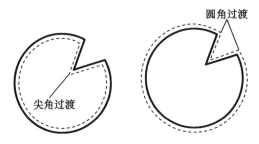

图 2-2-32 尖角与圆角过渡方式

f. 样条拟合方式。

加工曲线时,用直线或圆弧来拟合曲线。

g. 偏移量设置。

根据加工次数设置每次加工的偏移量,最后一次的偏移量为电极丝半径和放电间隙补偿量之和。

③拾取轮廓。

设置好参数,点击[确定],提示[拾取轮廓]。用鼠标选择加工轮廓的第一段线,轮廓在线出现两个箭头,提示[请选择链拾取方向],如图 2-2-33 所示。用鼠标点选其中一个箭头,计算机自动从这个方向搜索轮廓链,直到遇到断点或形成闭合回路。链拾取方向也是切割方向。

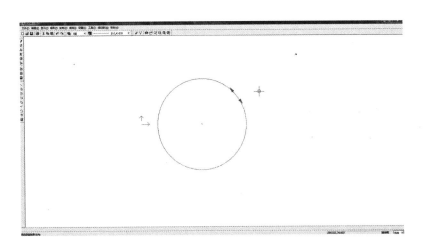

图 2-2-33 拾取轮廓

④选择补偿方向。

选择链拾取方向后,又出现图 2-2-34 所示的箭头,提示[选择加工的侧边或补偿方向],同样用鼠标点选补偿方向。

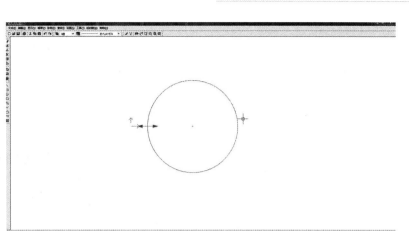

图 2-2-34 轮廓补偿

⑤选择穿丝点(起丝点)与结束点。

穿丝点可以用鼠标指定,也可以用键盘输入,选择穿丝点后,系统提示选择退出点,这时直接按回车退出点与穿丝点重合,加工轨迹自动生成,如图 2-2-35 所示。

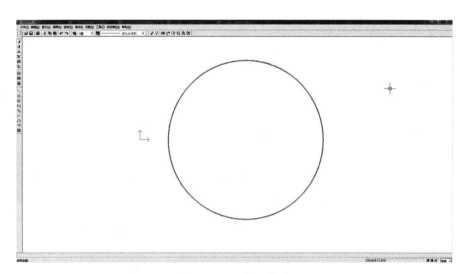

图 2-2-35 加工轨迹

(2)生成跳步轨迹。

当工件由多个不连续轮廓线组成时,通常不能一次切割完成,每当加工完一个轮廓后,就要停下来,重新穿丝,再加工下一个轮廓。也就是说多个轮廓是分多步完成的,这就要跳步。

生成跳步轨迹,就是把多个轮廓的加工轨迹连接成一个跳步轨迹,进而生成一个加工程序。跳步轨迹在自动生成加工程序时,会在两个轮廓交接处生成暂停指令和跳步指令。

生成跳步轨迹的方法:

①生成加工轨迹。

分别生成各个加工轮廓的加工轨迹,如图 2-2-36 所示。

②生成跳步轨迹。

选择[线切割]→[轨迹跳步],提示[拾取加工轨迹]。根据工艺要求的顺序,依次选取加工轨迹,拾取完后再按回车,即生成跳步轨迹,如图 2-2-37 所示。

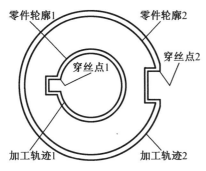

图 2-2-36　生成加工轨迹

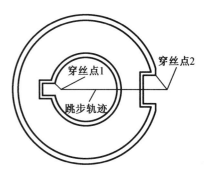

图 2-2-37　生成跳步轨迹

③跳步轨迹加工过程。

为了进一步理解[跳步轨迹],我们来看一下跳步轨迹加工过程。以图 2-2-37 为例,加工时,先把电极丝穿入"穿丝点 1",并[对中心],然后启动加工,当轨迹 1 加工完后,电极丝回到"穿丝点 1"处自动暂停;这时需要手工取下电极丝,再运行程序[空走],执行跳步,电极丝自动移动到下一个穿丝点停下,即"穿丝点 2";然后重新穿丝,再次运行程序,接着沿下一个轨迹加工。如果有更多的跳步,重复上述过程,直到加工完成。跳步加工中,电极丝的定位(对丝)只在第一个穿丝点上进行,以后的穿丝点由程序定位,既能简化对丝操作,又能保证零件各个轮廓之间的形位公差。如果要取消跳步轨迹,可以选择[线切割]→[取消跳步],拾取跳步轨迹,按回车,即可取消跳步。

(3)利用 CAXA XP 线切割软件进行轨迹仿真。

选择[线切割]→[轨迹仿真],操作选项可选[连续]和[静态]两种。其中,在连续方式下,系统将完整地模拟从起丝点到结束的全过程。步长可以改变仿真的速度。设置好选项后,点击要仿真的轨迹线,开始仿真,如图 2-2-38 所示。

(4)生成加工程序。

生成加工程序功能是把加工轨迹转化为 3B 格式程序,或 4B 格式程序,或 ISO 格式 G 代码程序,以便输入到数控线切割加工机床进行加工。为了生成能用于不同机床的加工程序,CAXA 线切割软件可以针对不同的机床设置相应参数和特定的数控代码程序格式。

首先根据画好的零件轮廓图生成加工轨迹,然后选择[线切割]→[生成 3B 加工代码],弹出[生成 3B 加工代码]对话框,输入所生成 3B 代码的程序文件名,选择程序保存路径,输入程序文件名,保存。

输入文件名确认后,系统提示[拾取加工轨迹]。此时还可以进行操作选项设置,如图 2-2-39 所示,当拾取到加工轨迹后,该轨迹变为红色虚线。拾取完成后按回车,系统即生成数控程序。如果选择[显示代码],生成数控程序后系统会自动调用记事本打开程序,如图 2-2-40 所示。

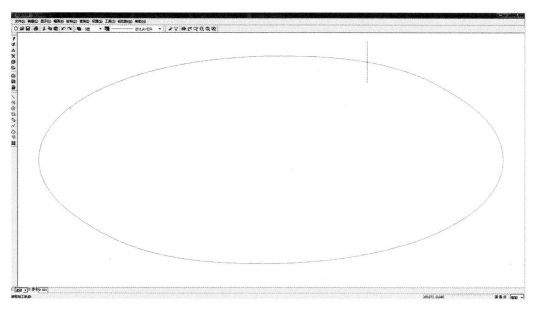

图 2-2-38　线切割轨迹仿真

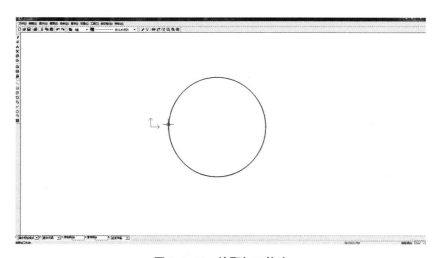

图 2-2-39　拾取加工轨迹

图 2-2-40　加工程序生成

可以一次拾取多个加工轨迹。当拾取多个加工轨迹同时生成加工代码时,各轨迹之间按拾取的先后顺序自动实现跳步,与先生成跳步轨迹再生成加工代码相比,该种方法各轨

迹保持相互独立,生成跳步轨迹后,各轨迹连成一个轨迹,但最后加工代码是相同的。

6."多功能角度样板零件"CAXA XP 线切割软件生成加工轨迹及代码步骤

(1)"多功能角度样板"生成加工轨迹。

①打开练习盘中的图形文件"多功能角度样板.exb"。

②单击[轨迹生成]图形按钮,系统弹出[线切割轨迹生成参数表]对话框。

③按图 2-2-41 和图 2-2-42 所示填写各个参数。

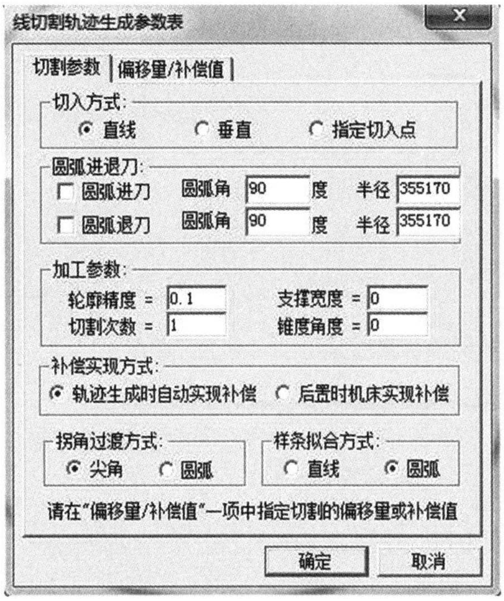

<table>
<tr>
<td>

图 2-2-41 [切削参数]选项卡
</td>
<td>

图 2-2-42 [偏移量/补偿量]选项卡
</td>
</tr>
</table>

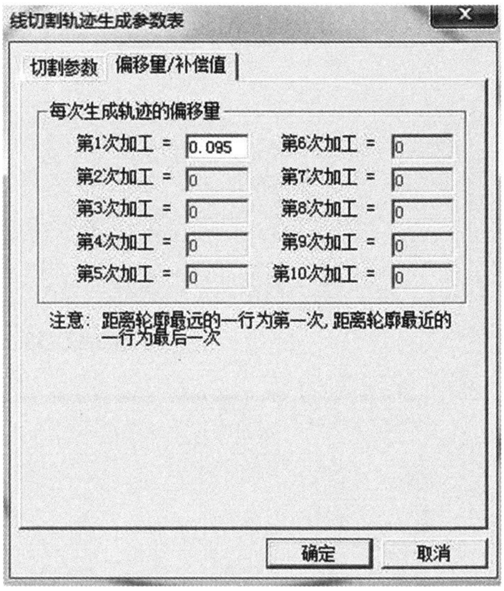

角度样板凹模补偿量参数见表 2-2-11。

表 2-2-11 角度样板凹模补偿量参数表

项目	机床类别				
	高速走丝机床	中低速走丝机床			
切割次数	一次切割成型	第 1 次	第 2 次	第 3 次	第 4 次
电极丝半径	0.07	0.1	0.1	0.1	0.1
单边放电间隙	0.025	0.025	0.02	0.018	0.016
加工预留量	0	0.08	0.027	0.01	0
补偿值	0.095	0.205	0.147	0.128	0.116
补偿量公式	补偿量=电极丝半径+单边放电间隙+加工预留量				

这些参数仅作参考,可根据具体情况进行修改。

在[切入方式]选项中单击[直线]选项。在[加工参数]一栏中因为角度样板轮廓中不存在样条曲线,也没有锥度加工,所以[轮廓精度]可以是任意的,[锥度角度]为零。由于在高速走丝机床上切削角度样板无须进行多次切割,所以在[切割次数]文本框中填1,[支撑宽度]选项失效。在[补偿实现方式]选项中单击[轨迹生成时自动实现补偿]选项。[拐角过渡方式]可任意定。因为轮廓无样条线,所以[样条拟合方式]可忽略。在[偏移量/补偿量]选项卡中输入1次补偿值0.095。选定各参数后,单击[确定]按钮,系统提示拾取轮廓。

④按空格键,在弹出的拾取工具菜单中选择[链拾取],然后单击 $L1$ 直线,此时 $L1$ 直线方向上出现一对反向的绿色箭头。

⑤单击顺时针方向的箭头,选择搜索方向后,在轮廓的法线方向上出现一对反向的绿色箭头,如图2-2-43所示,并在状态栏显示[选择切割的侧边或补偿方向]。

⑥选择轮廓内侧的箭头,表示补偿的方向指向轮廓内侧,如图2-2-44所示。

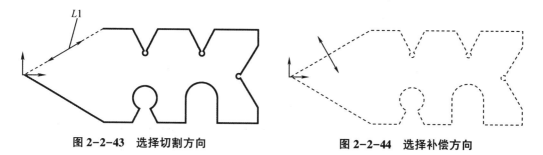

图2-2-43　选择切割方向　　　　　图2-2-44　选择补偿方向

⑦输入穿丝点坐标(5,0),按回车。

⑧右击,使穿丝点与退回点重合,系统自动生成加工轨迹,如图2-2-45所示。

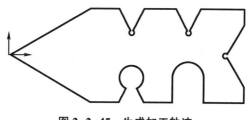

图2-2-45　生成加工轨迹

⑨单击主菜单[文件]→[另存文件]。

⑩输入文件名"多功能角度样板轨迹.exb"。

⑪单击[保存]按钮。

注意:在能多次切割的中低速线切割加工机床生成加工轨迹时,[线切割轨迹生成参数表]应参照图2-2-46填写。

生成的轨迹保存为"多功能角度样板轨迹1.exb"。

(2)多功能角度样板轨迹仿真。

①打开文件"多功能角度样板轨迹.exb"

②单击荧幕左侧的[轨迹仿真]图示按钮,弹出仿真立即菜单。

③选择立即菜单[1:]为[静态]。

④选择高速走丝机床的加工轨迹,系统生成静态仿真图,各轨迹线段的顺序及阿拉伯数字标出,如图2-2-47所示。

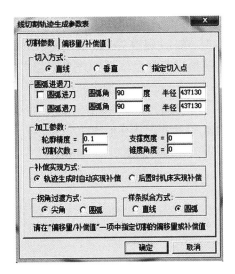 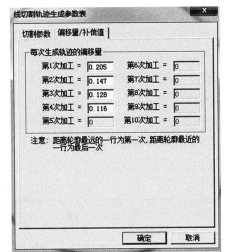

图 2-2-46　多次切割时线切割轨迹生成参数表

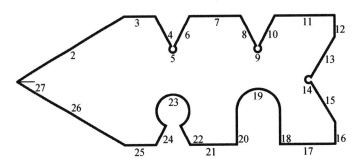

图 2-2-47　高速走丝机床静态仿真图

在中低速走丝机床多次切割加工轨迹仿真时,具体步骤:

①打开轨迹文件"多功能角度样板轨迹 1. exb"。

②单击主菜单[线切割]→[轨迹仿真]。

③选择立即菜单[1:]为[连续],在立即菜单[2:]中输入步长值 0.01,按回车。

④拾取加工轨迹,系统动态模拟线切割的过程,如图 2-2-48 所示。

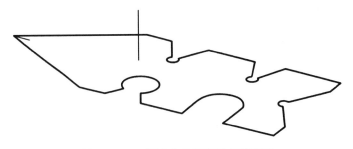

图 2-2-48　低速走丝机床动态仿真图

(3)多功能角度样板加工代码生成。

①打开轨迹文件"多功能角度样板轨迹"。

②单击主菜单[线切割]→[生成 3B 代码],系统弹出[生成 3B 加工代码]对话框。

③输入文件名"多功能角度样板轨迹 3B"。

④系统弹出[生成 3B 代码]立即菜单,填写立即菜单为:[1:详细校验格式 ▼][2:显示代码 ▼][3:停机码:00][4:暂停码:00][5:应答传输 ▼]。

⑤拾取加工轨迹,然后右击结束拾取,系统自动生成 3B 代码。拾取加工轨迹后,系统也能自动生成 G 代码。代码的格式除了详细校验格式外,还有紧凑格式。

【数控线切割加工的程序编制操作工作单】

计划单

学习情境二	平面类零件的线切割加工	任务二	数控线切割加工的程序编制	
工作方式	组内讨论、团结协作共同制定计划:小组成员进行工作讨论,确定工作步骤	计划学时	1 学时	
完成人	1.　　2.　　3.　　4.　　5.　　6.			

计划依据:1.零件图;2.电火花线切割加工要求

序号	计划步骤	具体工作内容描述
1	准备工作(准备图纸、材料、机床、工具、量具,谁去做?)	
2	组织分工(成立小组,各成员具体完成什么?)	
3	制定加工工艺方案(先加工什么? 再加工什么? 最后加工什么?)	
4	零件加工过程(加工准备什么,安装电极、装夹零件和电极、调整设备参数、零件检测?)	
5	整理资料(谁负责? 整理什么?)	
制定计划说明	(写出制定计划中人员为完成任务的主要建议或可以借鉴的建议、需要解释的某一方面)	

决策单

学习情境二	平面类零件的线切割加工	任务二	数控线切割加工的程序编制
决策学时			0.5学时

决策目的:数控线切割加工的程序编制方案对比分析,比较加工质量、加工时间、加工成本等

	小组成员	方案的可行性 (加工质量)	加工的合理性 (加工时间)	加工的经济性 (加工成本)	综合评价
工艺方案 对比	1				
	2				
	3				
	4				
	5				
	6				
决策评价	(根据小组成员加工方案对比分析,对自己的工艺方案进行修改并说明修改原因,最后确定一个最佳方案)

检查单

学习情境二	平面类零件的线切割加工	任务二	数控线切割加工的程序编制
评价学时		课内 0.5 学时	第　　组

检查目的及方式	教师检查小组的工作情况,如检查等级为不合格,小组需要整改,并给出整改说明

序号	检查项目	检查标准	检查结果分级（在相应的分级框内画"√"）				
			优秀	良好	中等	合格	不合格
1	准备工作	查找资源、材料准备完整					
2	分工情况	安排合理、全面,分工明确					
3	工作态度	小组成员工作积极主动、全员参与					
4	纪律出勤	按时完成负责的工作内容,遵守工作纪律					
5	团队合作	相互协作、互相帮助、成员听从指挥					
6	创新意识	任务完成不照搬照抄,看问题具有独到见解及创新思维					
7	完成效率	工作单记录完整,并按照计划完成任务					
8	完成质量	查找资源、材料准备完整					

检查评语		教师签字:

【任务评价】

小组产品加工评价单

学习情境二	平面类零件的线切割加工				
任务二	数控线切割加工的程序编制				
评价类别	评价项目	子项目	个人评价	组内互评	教师评价
专业知识 与技能	加工准备(15%)	零件图分析(5%)			
		设备及电极准备(5%)			
		加工方法的选择以及电参数的确定(5%)			
	任务实施(30%)	工作步骤执行(5%)			
		功能实现(5%)			
		质量管理(5%)			
		安全保护(10%)			
		环境保护(5%)			
	工件检测(30%)	产品尺寸精度(15%)			
		产品表面质量(10%)			
		工件外观(5%)			
	工作过程(15%)	使用工具规范性(5%)			
		操作过程规范性(5%)			
		工艺路线正确性(5%)			
	工作效率(5%)	能够在要求的时间内完成(5%)			
	作业(5%)	作业质量(5%)			
评价 评语					
班级		组别		学号		总评	
教师签字		组长签字		日期			

小组成员素质评价单

学习情境二	平面类零件的线切割加工		任务二		数控线切割加工的程序编制		
班级		第　　组		成员姓名			
评分说明	每个小组成员评价分为自评和小组其他成员评价 2 部分,取平均值作为该小组成员的任务评价个人分数。评价项目共设计 5 个,依据评分标准给予合理量化打分。小组成员自评分后,要找小组其他成员以不记名方式打分						
评分项目	评分标准	自评分	成员 1 评分	成员 2 评分	成员 3 评分	成员 4 评分	成员 5 评分
核心价值观 (20分)	是否体现社会主义核心价值观的思想及行动						
工作态度 (20分)	是否按时完成负责的工作内容,是否遵守纪律,是否积极主动参与小组工作,是否全过程参与,是否吃苦耐劳,是否具有工匠精神						
交流沟通 (20分)	是否能良好地表达自己的观点,是否能倾听他人的观点						
团队合作 (20分)	是否与小组成员合作完成任务,做到相互协作、互相帮助						
创新意识 (20分)	是否能独立思考,提出独到见解,是否具有创新思维						
小组成员 最终得分							

【课后反思】

学习情境二	平面类零件的线切割加工	任务二	数控线切割加工的程序编制
班级	第 组	成员姓名	
情感反思	通过对本任务的学习和实训,你认为自己在社会主义核心价值观、职业素养、学习和工作态度等方面有哪些需要提高的部分?		
知识反思	通过对本任务的学习,你掌握了哪些知识点?请画出思维导图。		
技能反思	在完成本任务的学习和实训过程中,你主要掌握了哪些技能?		
方法反思	在完成本任务的学习和实训过程中,你主要掌握了哪些分析和解决问题的方法?		

任务三   简单零件的线切割加工

【任务工单】

学习情境二	平面类零件的线切割加工	工作任务三	简单零件的线切割加工
任务学时		课内 4 学时(课外 4 学时)	
布置任务			
任务目标	1. 根据平面零件结构特点,合理选择加工机床及附件; 2. 根据平面零件结构特点,合理选择电极并能正确安装; 3. 根据加工要求,选择正确的加工方法和加工参数; 4. 根据加工要求,制定合理的加工路线并完成平面的加工		
任务描述	电火花线切割又称线切割,属电加工范畴,线切割机于 1960 年发明于苏联,其基本物理原理是自由正离子和电子在场中积累,很快形成一个被电离的导电通道。线切割是苏联拉扎连柯夫妇在研究开关触点受电火花放电腐蚀损坏的现象和原因时,发现电火花的瞬时高温可以使局部的金属熔化、氧化而被腐蚀掉,从而开创和发明的电火花加工方法。 　　本任务主要讲述线切割机床的操作、电极和工件的装夹、电参数设置和程序编制、机床的维护保养和安全原则等内容 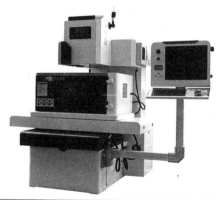		

学时安排	资讯 1 学时	计划 1 学时	决策 0.5 学时	实施 4.5 学时	检查 0.5 学时	评价 0.5 学时
提供资源	1. 加工零件图纸; 2. 课程标准、多媒体课件、教学演示视频及其他共享数字资源; 3. 机床及附件; 4. 游标卡尺等工具和量具					

对学生学习及成果的要求	1. 能够正确识读和表述零件图； 2. 合理选择加工机床及附件； 3. 合理选择电极并正确安装； 4. 加工表面质量和精度符合要求； 5. 按照学习导图自主学习，并完成课前自学的问题训练和作业单； 6. 严格遵守课堂纪律，学习态度认真、端正，正确评价自己和同学在本任务中的素质表现； 7. 积极参与小组工作，承担零件图识读、零件加工设备选用、加工工艺路线、工艺参数制定等工作，积极主动不推诿，与小组成员合作完成工作任务； 8. 独立或在小组同学的帮助下完成任务工单、加工工艺文件、加工视频及动画等，并提请检查、签认，对教室提出的建议或错误处务必及时修改； 9. 每组必须完成任务工单，并提请教师进行小组评价，小组成员分享小组评价分数或等级； 10. 完成任务反思，以小组为单位提交

【课前自学】

一、电参数对加工的影响

脉冲电源的波形和参数对材料的电腐蚀过程影响极大，它们决定着加工效率、表面粗糙度、切缝宽度和钼丝的损耗率，进而影响加工的工艺指标。

1. 放电峰值电流对工艺指标的影响

放电峰值电流增大，单个脉冲能量增多，工件放电痕迹增大，导致切割速度迅速提高，表面粗糙度数值增大，电极丝损耗增大，加工精度下降。因此，第一次切割加工及加工较厚工件时应取较大的放电峰值电流。但放电峰值电流不能无限制增大，当其达到一定临界值后，若再继续增大峰值电流，则加工的稳定性变差，加工速度明显下降，甚至断丝。

2. 脉冲宽度对工艺指标的影响

在其他条件不变的情况下，增大脉冲宽度，导致线切割加工的速度提高，表面粗糙度变差。这是因为当脉冲宽度增加时，单个脉冲放电能量增大，放电痕迹变大。同时，随着脉冲宽度的增加，正离子对电极丝的轰击加强，使得接负极的电极丝损耗变大。当脉冲宽度增大到临界值后，线切割加工速度将随脉冲宽度的增大而明显降低，因为当脉冲宽度达到临界值后，加工稳定性变差，从而影响加工速度。线切割加工中脉冲宽度一般选择 $2 \sim 60~\mu s$，光整加工时小于或等于 $0.5~\mu s$。

3. 脉冲间隔对工艺指标的影响

在其他条件不变的情况下，减小脉冲间隔，脉冲频率将提高，单位时间内放电次数增多，平均电流增大，从而提高了切割速度。脉冲间隔在电火花加工中的主要作用是消电离和恢复液体介质的绝缘。脉冲间隔不能过小，否则会影响电蚀产物的排除和火花通道的消电离，导致加工稳定性变差和加工速度降低，甚至断丝。

当然，并不是说脉冲间隔越大，加工就越稳定。脉冲间隔过大会使加工速度明显降低，严重时不能连续进给，加工变得不稳定。

在电火花成型加工中,脉冲间隔的变化对加工表面粗糙度影响不大。在线切割加工中,其余参数不变的情况下,脉冲间隔减小,线切割工件的表面粗糙度数值稍有增大,这是因为一般电火花线切割加工用的电极丝直径都在 $\phi 0.25$ mm 以下,放电面积很小,脉冲间隔的减小导致平均加工电流增大,由于面积效应的作用,致使加工表面粗糙度数值增大。

脉冲间隔的合理选取与电参数、走丝速度、电极丝直径、工件材料及厚度有关。因此,在选取脉冲间隔时必须根据具体情况而定。当走丝速度较快、电极丝直径较大、工件较薄时,因排屑条件好,可以适当减小脉冲间隔,反之,则可适当增大脉冲间隔。

综上所述,电参数对线切割电火花加工的工艺指标的影响有如下规律:

加工速度随着加工峰值电流、脉冲宽度的增大和脉冲间隔的减小而提高,即加工速度随着加工平均电流的增加而提高,实验证明,增大峰值电流对切割速度的影响比增大脉冲宽度显著;

加工表面粗糙度数值随着加工峰值电流、脉冲宽度的增大及脉冲间隔的减小而增大,不过脉冲间隔对表面粗糙度影响较小。

在实际加工中,必须根据具体的加工对象和要求,综合考虑各因素及其相互影响关系选取合适的电参数,既要优先满足主要加工要求,又要注意提高各项加工指标。例如,加工精密小零件时,尺寸精度和表面粗糙度是主要指标,加工速度是次要指标,这时选择的电参数主要满足尺寸精度高、表面粗糙度好的要求。又如,加工中、大型零件时,对尺寸的精度和表面粗糙度要求不高,故可选择较大的加工峰值电流、脉冲宽度,尽量获得较高的加工速度。此外,不管加工对象和要求如何,都要选择适当的脉冲间隔,以保证加工稳定进行,提高脉冲利用率。

慢走丝线切割加工机床及部分快走丝线切割加工机床的生产厂家(如北京阿奇公司)在操作说明书中给出了较为科学的加工参数表。在操作这类机床中,一般只需要按照操作说明书正确地选用参数表即可。而对于绝大部分快走丝加工机床而言,初学者可以根据操作说明书中的经验值大致选取,然后根据电参数对加工工艺指标的影响具体调整。

4. 极性

实践表明:脉冲宽度在 $60 \sim 100$ μs 以下采用正极性接法(即工件接脉冲电源的输出正极),电极丝损耗较小,而加工速度提高,电火花线切割脉冲宽度一般小于 100 μs,所以一般选择正极性接法。线切割加工因脉冲宽度较窄,所以都用正极性加工,否则切割速度将变低,电极丝损耗将增大。

二、电极丝对加工的影响

1. 常用的电极丝

(1)电极丝的材料。

目前电火花线切割加工使用的电极丝材料有钼丝、钨丝、钨钼合金丝、黄铜丝、铜钨丝等。

采用钨丝加工时,可获得较高的加工速度,但放电后丝质易变脆,容易断丝,故应用较少,只在慢走丝弱规准加工中尚有使用。

钼丝比钨丝熔点低,抗拉强度低,但韧性好,在频繁的急热、急冷变化过程中,丝质不易变脆、断丝。

钨钼合金丝(钨、钼各占 50% 的合金)加工效果比前两种都好,它具有钨、钼两者的特性,使用寿命和加工速度都比钼丝高。

铜钨丝有较好的加工效果,但抗拉强度差,价格昂贵,来源较少,故应用较少。

采用黄铜丝作电极丝时,加工速度较高,加工稳定性好,但抗拉强度差,损耗大。

高速走丝机床的电极丝,主要有钼丝、钨丝和钨钼丝。常用的钼丝直径为 $\phi0.10 \sim$ 0.18 mm,当需要切割较小的圆弧或缝槽时用更小直径的钼丝。钨丝的优点是耐腐蚀,抗拉强度高;缺点是脆而不耐弯曲,且价格昂贵,仅在特殊情况下使用。

(2)电极丝的直径。

电极丝直径对切割速度影响较大。若电极丝直径过小,则承受电流变小,切缝变窄,不利于排屑和稳定加工,切割速度低。加大电极丝的直径,有利于提高切割速度,但电极丝的直径过大,会造成切缝变宽,电蚀量增大,切割效率和切割速度降低。

电极丝的直径要根据加工要求和工艺条件选取。在加工要求允许的情况下,可选用直径大些的电极丝。直径大,抗拉强度大,承受电流大,可采用较强的电规准进行加工,能够提高输出的脉冲能量,提高加工速度。同时,电极丝粗,切缝宽,放电产物排除条件好,加工过程稳定,能提高脉冲利用率和加工速度。若电极丝过粗,则难加工出内尖角工件,降低了加工精度,同时切缝过宽使材料的蚀除量变大,加工速度也有所降低;若电极丝直径过细,则抗拉强度低,易断丝,而且切缝较窄,放电产物排除条件差,加工经常出现不稳定现象,导致加工速度降低。细电极丝的优点是可以得到较小半径的内尖角,加工精度相应提高。快走丝一般采用 $\phi0.10 \sim 0.25$ mm 的钼丝。

2.电极丝的张力对切割过程的影响

若上丝过紧,电极丝超出弹性变形的范围,由于频繁地往复弯曲、摩擦,加上放电时遭受急热、急冷变化的影响,容易发生疲劳而造成断丝。高速走丝时,上丝过紧造成的断丝,往往发生在换向的瞬间,严重时即使空走也会断丝。但若上丝过松,会使电极丝在切割过程中振动幅度增大,同时产生弯曲变形,导致电极丝切割轨迹落后并偏离工件轮廓,出现加工滞后现象(图 2-3-1),从而造成形状与尺寸误差,影响工件的加工精度。如切割较厚的圆柱体,会出现腰鼓形状,严重时电极丝快速运转,容易跳出导轮槽或限位槽,导致电极丝被卡断或拉断。所以电极丝的张力,对运行时电极丝的振幅和加工稳定性有很大影响,故而在上电极丝时,应采取张紧电极丝的措施。

在慢走丝加工中,设备操作说明书一般都有详细的张紧力设置说明,初学者可以按照说明书设置,有经验者可以自行设定。如对于多次切割,可以在第一次切割时稍微减小张紧力,以避免断丝。在快走丝加工中,一部分机床有自动紧丝装置,操作人员完全可以按相关说明书进行操作;另一部分机床需要手动紧丝,这种操作需要实践经验,一般在开始上丝时紧三次,在随后的加工中根据具体情况具体分析。

3.电极丝垂直度对工艺指标的影响

电极丝运动的位置由导轮决定,若导轮有径向跳动和轴向窜动,电极丝就会发生振动,振动幅度取决于导轮跳动或窜动值。假定下导轮是精确的,上导轮在水平方向上有径向跳动,这时切割出的圆柱体工件必然出现圆柱度偏差。如果上、下导轮都不精确,两导轮的跳动方向不可能相同。因此,在工件加工部位,各空间位置上的精度均可能降低。

导轮 V 形槽的圆角半径超过电极丝半径时,将不能保持电极丝的精确位置。两只导轮的轴线不平行,或者两导轮轴线虽平行,但 V 形槽不在同一平面内,导轮的圆角半径会较快地磨损,使电极丝正反向运动时不靠在同一侧面上,加工表面产生正反向条纹,直接影响到加工精度和表面粗糙度。同时由于电极丝的抖动,电极丝与工件间瞬间开路次数增多,脉冲利用率降低,切缝变宽。对于同样长度的切缝,工件的电蚀量增大,切割效率降低。因此,应提高电极丝的位置精度,以提高各项加工工艺指标。

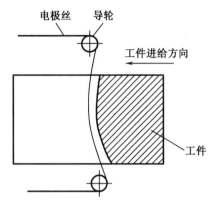

图 2-3-1　电极丝加工滞后现象

4. 电极丝走丝速度对工艺指标的影响

电极丝的走丝速度影响电极丝在加工区的逗留时间和承受的放电次数。一般应使走丝速度尽量快些,有利于冷却、排屑和减少电极损耗,提高加工精度(尤其是厚的工件)。走丝速度应根据工件厚度和切割速度选择,慢走丝线切割加工机床的走丝速度常在 3 ~ 12 m/min 之间选取。

对于快走丝线切割加工机床,在一定的范围内,走丝速度的提高,有利于脉冲结束时放电通道迅速消电离。同时,高速运动的电极丝能把工作液带入厚度较大工件的放电间隙中,有利于排屑和放电加工稳定进行。故在一定加工条件下,随着走丝速度的增大,加工速度提高。

实践证明,走丝速度对切割速度的影响非常明显。若再继续增大走丝速度,切割速度不仅不增大,反而开始下降,这是因为走丝速度再增大,排屑条件虽然仍在改善,蚀除作用基本不变,但是储丝筒一次排丝的运转时间减少,使其在一定时间内的正反向换向次数增多,非加工时间增多,从而使加工速度降低。对应最大加工速度的最佳走丝速度与工艺条件、加工对象有关,特别是与工件材料厚度有较大关系。当其他工艺条件相同时,工件材料厚一些,对应最大加工速度的走丝速度就快些。

在国产的快走丝机床中,有相当一部分机床的走丝速度可调节,比如深圳福斯特数控机床有限公司生产的线切割加工机床的走丝速度有 3 m/s、6 m/s、9 m/s、12 m/s,可根据不同的加工工件厚度选用最佳的加工速度;还有一些机床只有一种走丝速度,如北京阿奇公司的 FW 系列快走丝机床的走丝速度为 8.7 m/s。

对于慢走丝线切割加工机床,同样也是走丝速度越快,加工速度越快。因为慢走丝机床的电极丝的线速度范围约为每秒零点几毫米到几百毫米。这种走丝方式比较平稳均匀,电极丝抖动小,故加工出的零件表面粗糙度好、加工精度高;但走丝速度慢导致放电产物不能及时被带出放电间隙,易出现短路及不稳定放电现象。提高电极丝走丝速度,工作液容易被带入放电间隙,放电产物也容易排出间隙之外,故改善了间隙状态,进而提高加工速度。但在一定的工艺条件下,当走丝速度达到某一数值后,加工速度就趋向稳定。慢走丝线切割加工机床的最佳走丝速度与加工对象、电极丝材料、直径等有关。目前慢走丝机床的操作说明书中都会推荐相应的走丝速度值。

5. 电极丝往复运动对工艺指标的影响

快走丝线切割加工时,加工工件表面往往会出现黑白交错相间的条纹(图 2-3-2),电极丝进口处呈黑色,出口处呈白色。条纹的出现与电极丝的运动有关,这是由于排屑和冷却条件不同造成的。电极丝从上向下运动时,工作液由电极丝从上部带入工件内,放电产物由电极丝从下部带出。这时,上部工作液充分,冷却条件好,下部工作液少,冷却条件差,但排屑条件比上部好。工作液在放电间隙内受高温热裂分解,形成高压气体,急剧向外扩电极丝运动方向工件加工表面扩散,对上部蚀除物的排除造成困难。

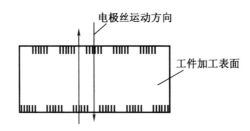

图 2-3-2 与电极丝运动方向有关的条纹

这时,放电产生的炭黑等物质将凝聚附着在上部加工表面,使之呈黑色;在下部,排屑条件好,工作液少,放电产物中炭黑较少,而且放电常常在气体中发生,因此加工表面呈白色。同理,当电极丝从下向上运动时,下部呈黑色,上部呈白色。经过电火花线切割加工的表面形成黑白交错相间的条纹,这是往复走丝工艺的特性之一。

由于加工表面两端出现黑白交错相间的条纹,使工件加工表面两端的粗糙度比中部稍有下降。当电极丝较短、储丝筒换向周期较短或者切割较厚工件时,如果进给速度和脉冲间隔调整不当,尽管加工结果看上去似乎没有条纹,实际上条纹很密且互相重叠。电极丝往复运动还会造成斜度(图 2-3-3),电极丝上下运动时,电极丝进口处与出口处的切缝宽窄不同,宽口是电极丝的入口处,窄口是电极丝的出口处,故当电极丝往复运动时,在同一切割表面中电极丝进口与出口的高低不同,对加工精度和表面粗糙度有影响。图 2-3-4 是切缝剖面示意图,由图可知,电极丝的切缝不是直壁缝,而是两端小、中间大的鼓形缝,这也是往复走丝工艺的特性之一。

对于慢走丝线切割加工,上述不利于加工表面粗糙度的因素可以克服。一般慢速走丝线切割加工无须换向,加之便于维持放电间隙中的工作液和蚀除产物的大致均匀,所以可以避免黑白交错相间的条纹。同时,由于慢走丝系统电极丝运动速度低、走丝运动稳定,因此不易产生较大的机械振动,从而避免了加工面的波纹。

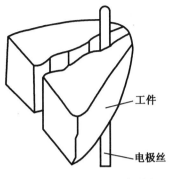

图 2-3-3　电极丝运动引起的斜度

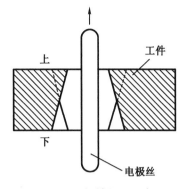

图 2-3-4　切缝剖面示意图

学习小结

〰〰〰〰〰〰〰〰〰〰〰〰〰〰〰〰〰〰〰〰〰〰〰〰〰〰〰〰〰〰〰

〰〰〰〰〰〰〰〰〰〰〰〰〰〰〰〰〰〰〰〰〰〰〰〰〰〰〰〰〰〰〰

〰〰〰〰〰〰〰〰〰〰〰〰〰〰〰〰〰〰〰〰〰〰〰〰〰〰〰〰〰〰〰

〰〰〰〰〰〰〰〰〰〰〰〰〰〰〰〰〰〰〰〰〰〰〰〰〰〰〰〰〰〰〰

〰〰〰〰〰〰〰〰〰〰〰〰〰〰〰〰〰〰〰〰〰〰〰〰〰〰〰〰〰〰〰

〰〰〰〰〰〰〰〰〰〰〰〰〰〰〰〰〰〰〰〰〰〰〰〰〰〰〰〰〰〰〰

〰〰〰〰〰〰〰〰〰〰〰〰〰〰〰〰〰〰〰〰〰〰〰〰〰〰〰〰〰〰〰

〰〰〰〰〰〰〰〰〰〰〰〰〰〰〰〰〰〰〰〰〰〰〰〰〰〰〰〰〰〰〰

【任务实施】

一、任务导入

生产实践中简单零件处处可见,现利用图 2-3-5 展现的简单零件,进行电火花线切割加工有关内容的巩固。

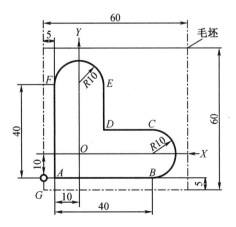

图 2-3-5　简单零件的外形尺寸

二、任务分析与准备

1. 工艺分析

加工如图 2-3-5 所示零件外形,毛坯尺寸为 60 mm×60 mm,对刀位置必须设在毛坯之外,以图中 G 点坐标(-15,-10)作为起刀点即穿丝孔,A 点坐标(-10,-10)作为起割点。为了便于计算,编程时不考虑钼丝半径补偿值。逆时针方向走刀。

2. 工艺准备

工艺准备主要包括电极准备、工件准备、工作液配制和工艺参数选择等。

(1)电极准备。

电极准备包括电极材料和电极直径的选择。电极丝应具有良好的抗电蚀性、抗拉强度,材质要均匀。此工件使用快走丝线切割加工机床进行加工,故采用钼丝,直径在 $\phi0.08 \sim 0.22$ mm,抗拉强度大,应用广泛。

(2)工件准备。

工件准备包括工件材料的选择、工件基准的选择、穿丝孔的确定及切割路线的确定等。此例坯料可以按下列步骤进行:

下料→锻造→退火→刨平面→磨平面→划线→铣漏料孔→孔加工→淬火→磨平面→线切割。

下面介绍有关穿丝孔的知识。

①穿丝孔的作用。对于切割凹模或带孔的工件,必须先有一个孔用来将电极丝穿进去,然后才能进行加工;另外,穿丝孔可以减小凹模或工件在线切割加工中的变形。

②穿丝孔的选择是电极丝加工的起点,也是程序的原点,一般选择工件的基准点附近,此例 G 点为穿丝孔。穿丝孔到工件之间有一条引入线段(如 GA 段),称为引入程序段。在手工编程时,应减去一个间隙补偿量,从而保证图形位置的准确性,防止过切(此例不考虑间隙补偿)。

③穿丝孔的加工。穿丝孔通过钻孔、镗孔或穿孔机进行穿孔,应在淬火前加工好。加工完成后,一定要注意清理内部的毛刺,以避免加工中产生短路而导致加工不能正常进行。

(3)工作液配制。

根据线切割加工机床的类型和加工对象,选择工作液的种类、浓度及导电率等。线切割常用工作液有去离子水和乳化液。此例选择乳化液。

(4)工艺参数选择。

一般尺寸厚的工件,选择较大加工电流。另外可以按照表面粗糙度来选择脉冲宽度。脉冲宽度越大,单个脉冲能量越大,切割效率越高,表面粗糙度越大。工件厚度越大,切割加工排屑时间越长,脉冲间隔时间越长。

(5)电极丝、工件的装夹与调整。

工件采用百分表和划线校正;电极丝采用目测法、火花法、自动校正中心等调整。

3. 编写程序单

(1)ISO 程序。

程序	注解
G92　X-15000　Y-10000	以 O 点为原点建立工件坐标系,起刀点坐标为

（-15,-10）；

G91 G01 X10000 Y0	从 G 点走到 A 点,A 点为起割点；
G01 X40000 Y0	从 A 点到 B 点；
G03 X0 Y20000 I0 J10000	从 B 点到 C 点；
G01 X-20000 Y0	从 C 点到 D 点；
G01 X0 Y20000	从 D 点到 E 点；
G03 X-20000 Y0 I-10000 J0	从 E 点到 F 点；
G01 X0 Y-40000	从 F 点到 A 点；
G01 X-10000 Y0	从 A 点回到起刀点 G；
M00	程序结束。

（2)3B 格式程序。

程序 注解

B10000 B0 B10000 GX L1	从 G 点走到 A 点,A 点为起割点；
B40000 B0 B40000 GX L1	从 A 点到 B 点；
B0 B10000 B20000 GX NR4	从 B 点到 C 点；
B20000 B0 B20000 GX L3	从 C 点到 D 点；
B0 B20000 B20000 GY L2	从 D 点到 E 点；
B10000 B0 B20000 GY NR1	从 E 点到 F 点；
B0 B40000 B40000 GY L4	从 F 点到 A 点；
B10000 B0 B10000 GX L3	从 A 点回到起刀点 G；
D	程序结束。

三、任务实施

可以参照图 2-3-6 的操作步骤进行加工。

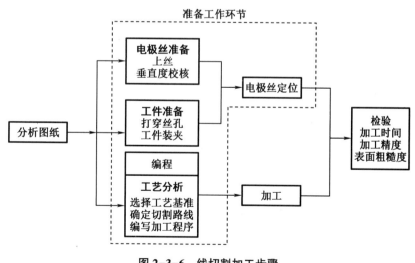

图 2-3-6   线切割加工步骤

四、任务检测

采用相关测量工具,大致测量做好的工件,以美观、无毛刺为好。

【简单零件的线切割加工操作工作单】

计划单

学习情境二	平面类零件的线切割加工		任务三	简单零件的线切割加工
工作方式	组内讨论、团结协作共同制定计划:小组成员进行工作讨论,确定工作步骤		计划学时	1 学时
完成人	1.　　　2.　　　3.　　　4.　　　5.　　　6.			

计划依据:1.零件图;2.电火花线切割加工要求

序号	计划步骤	具体工作内容描述
1	准备工作(准备图纸、材料、机床、工具、量具,谁去做?)	
2	组织分工(成立小组,各成员具体完成什么?)	
3	制定加工工艺方案(先加工什么? 再加工什么? 最后加工什么?)	
4	零件加工过程(加工准备什么,安装电极、装夹零件和电极、调整设备参数、零件检测?)	
5	整理资料(谁负责? 整理什么?)	
制定计划说明	(写出制定计划中人员为完成任务的主要建议或可以借鉴的建议、需要解释的某一方面)	

决策单

学习情境二	平面类零件的线切割加工	任务三	简单零件的线切割加工
决策学时			0.5 学时

决策目的:简单零件的线切割加工方案对比分析,比较加工质量、加工时间、加工成本等

	小组成员	方案的可行性 (加工质量)	加工的合理性 (加工时间)	加工的经济性 (加工成本)	综合评价
工艺方案 对比	1				
	2				
	3				
	4				
	5				
	6				
决策评价	(根据小组成员加工方案对比分析,对自己的工艺方案进行修改并说明修改原因,最后确定一个最佳方案)				

检查单

学习情境二	平面类零件的线切割加工	任务三	简单零件的线切割加工
评价学时		课内 0.5 学时	第　组

检查目的及方式　教师检查小组的工作情况,如检查等级为不合格,小组需要整改,并给出整改说明

序号	检查项目	检查标准	检查结果分级 (在相应的分级框内画"√")				
			优秀	良好	中等	合格	不合格
1	准备工作	查找资源、材料准备完整					
2	分工情况	安排合理、全面,分工明确					
3	工作态度	小组成员工作积极主动、全员参与					
4	纪律出勤	按时完成负责的工作内容,遵守工作纪律					
5	团队合作	相互协作、互相帮助、成员听从指挥					
6	创新意识	任务完成不照搬照抄,看问题具有独到见解及创新思维					
7	完成效率	工作单记录完整,并按照计划完成任务					
8	完成质量	查找资源、材料准备完整					

检查 评语	教师签字:

【任务评价】

小组产品加工评价单

学习情境二		平面类零件的线切割加工			
任务三		简单零件的线切割加工			
评价类别	评价项目	子项目	个人评价	组内互评	教师评价
专业知识与技能	加工准备(15%)	零件图分析(5%)			
		设备及电极准备(5%)			
		加工方法的选择以及电参数的确定(5%)			
	任务实施(30%)	工作步骤执行(5%)			
		功能实现(5%)			
		质量管理(5%)			
		安全保护(10%)			
		环境保护(5%)			
	工件检测(30%)	产品尺寸精度(15%)			
		产品表面质量(10%)			
		工件外观(5%)			
	工作过程(15%)	使用工具规范性(5%)			
		操作过程规范性(5%)			
		工艺路线正确性(5%)			
	工作效率(5%)	能够在要求的时间内完成(5%)			
	作业(5%)	作业质量(5%)			
评价评语					
班级		组别		学号		总评	
教师签字			组长签字		日期	

小组成员素质评价单

学习情境二	平面类零件的线切割加工	任务三	简单零件的线切割加工			
班级	第 组	成员姓名				
评分说明	每个小组成员评价分为自评和小组其他成员评价 2 部分,取平均值作为该小组成员的任务评价个人分数。评价项目共设计 5 个,依据评分标准给予合理量化打分。小组成员自评分后,要找小组其他成员以不记名方式打分					

评分项目	评分标准	自评分	成员 1 评分	成员 2 评分	成员 3 评分	成员 4 评分	成员 5 评分
核心价值观 (20 分)	是否体现社会主义核心价值观的思想及行动						
工作态度 (20 分)	是否按时完成负责的工作内容,是否遵守纪律,是否积极主动参与小组工作,是否全过程参与,是否吃苦耐劳,是否具有工匠精神						
交流沟通 (20 分)	是否能良好地表达自己的观点,是否能倾听他人的观点						
团队合作 (20 分)	是否与小组成员合作完成任务,做到相互协作、互相帮助						
创新意识 (20 分)	是否能独立思考,提出独到见解,是否具有创新思维						
小组成员最终得分							

【课后反思】

学习情境二	平面类零件的线切割加工	任务三	简单零件的线切割加工
班级	第　组	成员姓名	
情感反思	通过对本任务的学习和实训,你认为自己在社会主义核心价值观、职业素养、学习和工作态度等方面有哪些需要提高的部分?		
知识反思	通过对本任务的学习,你掌握了哪些知识点?请画出思维导图。		
技能反思	在完成本任务的学习和实训过程中,你主要掌握了哪些技能?		
方法反思	在完成本任务的学习和实训过程中,你主要掌握了哪些分析和解决问题的方法?		

任务四　手机外壳零件的线切割加工

【任务工单】

学习情境二	平面类零件的线切割加工	工作任务四	手机外壳零件的线切割加工
任务学时			课内4学时(课外4学时)
布置任务			
任务目标	1.根据平面零件结构特点,合理选择加工机床及附件; 2.根据平面零件结构特点,合理选择电极并能正确安装; 3.根据加工要求,选择正确的加工方法和加工参数; 4.根据加工要求,制定合理的加工路线并完成平面的加工		
任务描述	电火花线切割又称线切割,属电加工范畴,线切割机于1960年发明于苏联,其基本物理原理是自由正离子和电子在场中积累,很快形成一个被电离的导电通道。线切割是苏联拉扎连柯夫妇在研究开关触点受火花放电腐蚀损坏的现象和原因时,发现电火花的瞬时高温可以使局部的金属熔化、氧化而被腐蚀掉,从而开创和发明的电火花加工方法。 　本任务主要讲述线切割机床的操作、电极和工件的装夹、电参数设置和程序编制、机床的维护保养和安全原则等内容 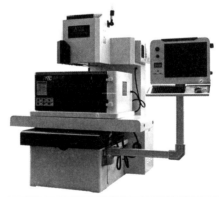		

学时安排	资讯 1学时	计划 1学时	决策 0.5学时	实施 4.5学时	检查 0.5学时	评价 0.5学时

提供资源	1.加工零件图纸; 2.课程标准、多媒体课件、教学演示视频及其他共享数字资源; 3.机床及附件; 4.游标卡尺等工具和量具

	1. 能够正确识读和表述零件图;
对学生学习 及成果的 要求	2. 合理选择加工机床及附件;
	3. 合理选择电极并正确安装;
	4. 加工表面质量和精度符合要求;
	5. 按照学习导图自主学习,并完成课前自学的问题训练和作业单;
	6. 严格遵守课堂纪律,学习态度认真、端正,正确评价自己和同学在本任务中的素质表现;
	7. 积极参与小组工作,承担零件图识读、零件加工设备选用、加工工艺路线、工艺参数制定 等工作,积极主动不推诿,与小组成员合作完成工作任务;
	8. 独立或在小组同学的帮助下完成任务工单、加工工艺文件、加工视频及动画等,并提请 检查、签认,对教师提出的建议或错误处务必及时修改;
	9. 每组必须完成任务工单,并提请教师进行小组评价,小组成员分享小组评价分数或 等级;
	10. 完成任务反思,以小组为单位提交

【课前自学】

一、工作液对加工的影响

在相同的工作条件下,采用不同的工作液可以得到不同的加工速度、表面粗糙度。电火花线切割加工的切割速度与工作液的介电系数、流动性、洗涤性等有关。快走丝线切割机床的工作液有煤油、去离子水、乳化液、洗涤剂液、酒精溶液等。但采用煤油、酒精溶液加工时,加工速度低、易燃烧,现已很少采用。目前,快走丝线切割工作液广泛采用的是乳化液,加工速度快。慢走丝线切割加工机床采用的工作液是去离子水和煤油。

工作液的注入方式和注入方向对线切割加工精度有较大影响。工作液的注入方式有浸泡式、喷入式和浸泡喷入复合式。

(1)浸泡式注入方式。线切割加工区域流动性差,加工不稳定,放电间隙大小不均匀,很难获得理想的加工精度。

(2)喷入式注入方式。该方式目前是国产快走丝线切割加工机床应用最广泛的一种工作液注入方式,因为工作液以喷入方式强迫注入工作区域,其间隙的工作液流动更快,加工较稳定。但是,由于工作液喷入时难免带入一些空气,故不时发生气体介质放电,其蚀除特性与液体介质放电不同,从而影响加工精度。与浸泡式相比,喷入式的优势更明显,所以大多数快走丝线切割加工机床采用这种方式。

(3)浸泡喷入复合式。在精密电火花线切割加工中,慢走丝线切割加工普遍采用浸泡喷入复合式的工作液注入方式,它既体现了喷入式的优点,同时又避免了喷入时带入空气的隐患。工作液的喷入方向分单向和双向两种,无论采用哪种喷入方向,在电火花线切割加工中,都因切缝狭小、放电区域介质液体的介电系数不均匀,所以放电间隙也不均匀,并且导致加工面不平、加工精度不高。若采用单向喷入工作液,入口处工作液纯净,出口处工作液杂质较多,从而造成加工斜度[图 2-4-1(a)];若采用双向喷入工作液,则上、下入口处较为纯净,中间部位杂质较多,介电系数低,从而造成鼓形切割面[图 2-4-1(b)]。工件越厚,这种现象越明显。

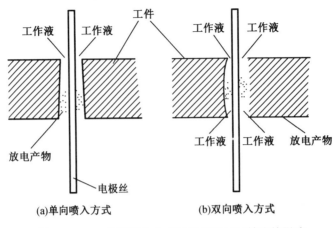

(a)单向喷入方式　　　　(b)双向喷入方式

图 2-4-1　工作液喷入方式对线切割加工精度的影响

二、工件的材料及厚度对加工的影响

1. 工件材料对工艺指标的影响

工艺条件大体相同的情况下,工件材料的化学、物理性能不同,加工效果也会有较大差异。

在慢走丝方式、煤油介质情况下,加工铜件过程稳定,加工速度较快。加工硬质合金等高熔点、高硬度、高脆性材料时,加工稳定性及加工速度都比加工铜件时低。加工钢件,特别是不锈钢、磁钢和未淬火或淬火硬度低的钢等材料时,加工稳定性差,加工速度低,表面粗糙度差。

在快走丝方式、乳化液介质情况下,加工铜件、铝件时,加工过程稳定,加工速度较快。加工不锈钢、磁钢、未淬火或淬火硬度低的高碳钢时,加工稳定性差,加工速度低,表面粗糙度差。加工硬质合金钢时,加工过程稳定,加工速度低,但表面粗糙度好。

材料不同,加工效果不同,这是因为工件材料不同,脉冲放电能量在两极上的分配、传导和转换都不同。从热学观点来看,材料的电火花加工性与其熔点、沸点有较大关系。表2-4-1 为常用工件材料的有关元素或物质的熔点和沸点。

表 2-4-1　常用工件材料的有关元素或物质的熔点和沸点

	碳(石墨)	钨	碳化钛	碳化钨	钼	铬	钛	铁	钴	硅	锰	铜	铝
熔点/℃	3 700	3 410	3 150	2 720	2 625	1 890	1 820	1 540	1 495	1 430	1 250	1 083	660
沸点/℃	4 830	5 930	4 820	6 000	4 800	2 500	3 000	2 740	2 900	2 300	2 130	2 600	2 060

由表 2-4-1 可知,常用的电极丝材料钼的熔点为 2 625 ℃,沸点为 4 800 ℃,比铁、硅、锰、铬、铜、铝的熔点和沸点都高,而比碳化钨、碳化钛等硬质合金基体材料的熔点和沸点要低。在单个脉冲放电能量相同的情况下,用铜丝加工硬质合金比加工钢产生的放电痕迹

小,加工速度低,表面粗糙度好,同时电极丝损耗大,间隙状态恶化时易引起断丝。

2. 工件厚度对工艺指标的影响

工件厚度对工作液进入和流出加工区域以及电蚀产物的排除、通道的消电离等都有较大的影响,同时,与电火花通道压力对电极丝抖动的抑制作用也有关,所以,工件厚度对电火花加工稳定性和加工速度必然产生相应的影响。工件材料薄,工作液容易进入和充满放电间隙,对排屑和消电离有利,加工稳定性好。若工件材料太薄,对固定丝架来说,电极丝从工件两端面到导轮的距离大,易发生抖动,对加工精度和表面粗糙度带来不良影响,且脉冲利用率低,切割速度下降;若工件材料太厚,工作液难进入和充满放电间隙,这样对排屑和消电离不利,加工稳定性差。

工件材料的厚度对加工速度有较大影响。在一定的工艺条件下,加工速度将随工件厚度的变化而变化,一般都有一个对应最大加工速度的工件厚度。图 2-4-2 为慢走丝时工件厚度对加工速度的影响。图 2-4-3 为快走丝时工件厚度对加工速度的影响。

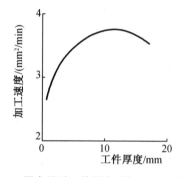

图 2-4-2　慢走丝时工件厚度对加工速度的影响

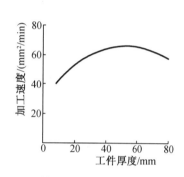

图 2-4-3　快走丝时工件厚度对加工速度的影响

学习小结

【任务实施】

一、"手机外壳"零件加工程序的生成

(1)利用CAXA XP线切割软件绘制"手机外壳"零件的图形,如图2-4-4所示。

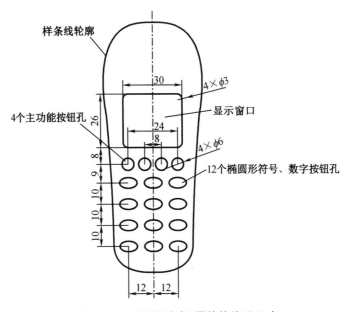

图2-4-4 "手机外壳"零件的外形尺寸

(2)单击[轨迹生成]图形按钮,系统弹出[线切割轨迹生成参数表]对话框,如图2-4-5所示。

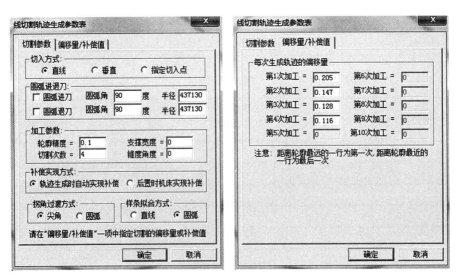

图2-4-5 [切割轨迹生成参数表]对话框

（3）单击［确定］按钮，系统提示拾取轮廓。

（4）单击 P1 点，沿轮廓切线方向出现一对反向的箭头，如图 2-4-6 所示。

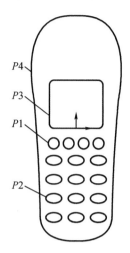

图 2-4-6　手机外壳特征点 1

（5）选择顺时针方向的箭头作为切割方向，此时在轮廓法向又出现一对反向的箭头。

（6）选择轮廓内侧的箭头作为电极丝的补偿方向。

（7）输入穿丝点坐标（-12，-8），按回车。

（8）右击，使退出点与穿丝点重合，完成左上侧主功能按钮孔的轨迹。

（9）单击 P2 点。

（10）选择顺时针方向的箭头作为切割方向，此时在轮廓法向又出现一对反向的箭头。

（11）选择轮廓内侧的箭头作为电极丝的补偿方向。

（12）输入穿丝点坐标（-12，-47），按回车。

（13）右击，使退出点与穿丝点重合，完成左下侧的字符、数字按钮孔的轨迹。

（14）单击 P3 点。

（15）选择顺时针方向的箭头作为切割方向，此时在轮廓法向又出现一对反向的箭头。

（16）选择轮廓内侧的箭头作为电极丝的补偿方向。

（17）输入穿丝点坐标（0，13），按回车。

（18）右击，使退出点与穿丝点重合，完成显示屏口的轨迹。

（19）单击 P4 点。

（20）选择顺时针方向的箭头作为切割方向，此时在轮廓法向又出现一对反向的箭头。

（21）选择轮廓内侧的箭头作为电极丝的补偿方向。

（22）输入穿丝点坐标（0，-63），按回车。

（23）右击，使退出点与穿丝点重合，完成外形轮廓的轨迹。

（24）按 Esc 键退出轨迹生成的命令。

（25）主功能按钮孔轨迹的拷贝：

①单击主菜单［绘制］→［曲线编辑］→［平移］，将［平移］立即菜单设置

为：1:给定偏移 ▾ 2:拷贝 ▾ 3:正交 ▾ 4:旋转角 0　　5:比例 1　　6:份数 3　　。

②拾取左上侧主功能按钮孔的轨迹,右击结束轨迹拾取。

③输入 X 方向的偏移量 8,完成 3 份主功能按钮孔轨迹的拷贝。

(26)设置符号、数字按钮孔轨迹的矩形阵列,并完成复制:

①单 击 主 菜 单 [绘制] → [曲线编辑] → [阵列], 将 [阵列] 立 即 菜 单 设 置

为: 1: 矩形阵列 ▾ 2:行数 4 3:行间距 10 4:列数 3 5:列间距 12 6:旋转角 0 。

②拾取左下角符号、数字按钮孔的轨迹,右击结束轨迹拾取,完成了 11 个符号、数字按钮孔轨迹的复制,如图 2-4-7 所示。

(27)将 4 个主功能按钮孔的轨迹实现跳步。

①单击主菜单[线切割] → [轨迹跳步]。

②依次拾取 4 个主功能按钮孔的轨迹。

③右击完成跳步。

(28)将 12 个符号、数字按钮孔的轨迹实现跳步。

①单击主菜单[线切割] → [轨迹跳步]。

②依次拾取 12 个符号、数字按钮孔的轨迹。

③右击完成跳步。

(29)完成的轨迹如图 2-4-8 所示,将该文件另存为“手机外壳切割轨迹.exb”。

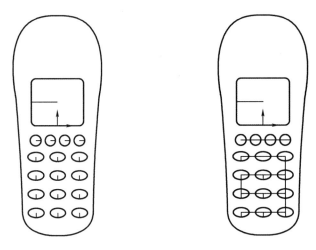

图 2-4-7　手机外壳特征点 2　　　　图 2-4-8　手机外壳轨迹生成

(30)轨迹仿真。手机外壳轨迹静态仿真如图 2-4-9 所示。动态仿真低速走丝机床的样条曲线及符号、数字按钮孔轨迹如图 2-4-10 所示。

(31)生成高速线切割机床 3B 代码(代码略)。

二、“手机外壳”零件的加工

1.下料

下料的方法是刨 6 面,上、下面留磨量 0.30 mm。

2.工件穿丝孔的加工

按图 2-4-11 所示位置,对各穿丝孔进行划线、打样冲眼,然后在台钻上用 $\phi 3$ mm 的钻头钻出一系列穿丝孔。

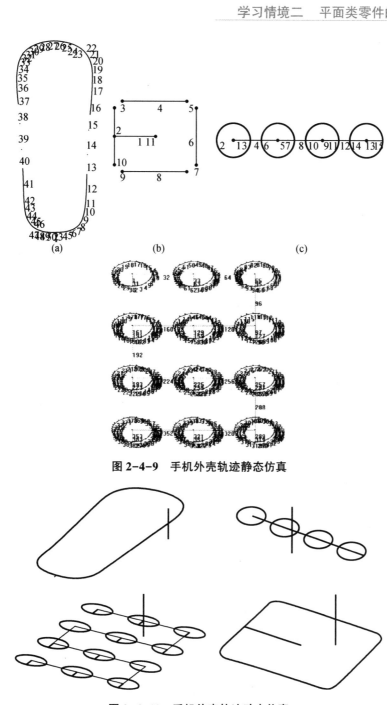

图 2-4-9 手机外壳轨迹静态仿真

图 2-4-10 手机外壳轨迹动态仿真

3. 热处理

将尺寸为 165 mm×135 mm×35 mm、材料为 45" 钢的工件进行淬火处理。

4. 磨

磨 6 面达到设计的要求，其中，对 A、B 两个基准面进行精磨。

5. 装夹、校正及固定

按照图 2-4-11 中所示位置，将坯料放在工作台上，校正 A、B 两个面使其分别与 X、Y 轴平行，然后固定夹紧。

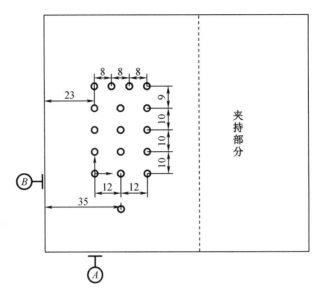

图 2-4-11 "手机外壳零件"加工定位示意图

6. 电极丝定位及穿丝

电极丝的定位可分为手动定位和自动定位 2 种方法,将电极丝定位到距 *A* 基准面 19.5 mm,距 *B* 基准面 35 mm 的穿丝点处,然后将电极丝穿入 ϕ3 mm 的穿丝孔中,并调整电极丝的张力。

7. 切割

在用高速走丝机床加工手机外壳的过程中,应先对主功能键按钮孔、数字符号按钮孔及显示屏窗口进行加工,然后对外形样条轮廓进行切割。在采用低速走丝机床多次切割外形样条轮廓的过程中,当右侧样条线超精加工完毕,机床暂停,此时用黏结块将工件右侧与坯料黏结在一起。如图 2-4-12 所示,待黏结牢固后,按启动键,继续切割左侧的样条轮廓,经多次切割,外形样条轮廓切割完毕。(注意:黏结块的尺寸应合适,且必须经过精加工处理。)

8. 检验

采用相关测量工具,大致测量做好的工件,以美观、无毛刺为好。

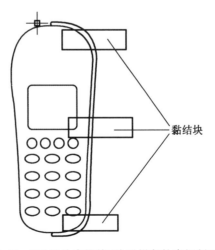

黏结块

图 2-4-12 "手机外壳零件"外形样条轮廓切割示意图

【手机外壳零件的线切割加工操作工作单】

计划单

学习情境二	平面类零件的线切割加工	任务四	手机外壳零件的线切割加工
工作方式	组内讨论、团结协作共同制定计划:小组成员进行工作讨论,确定工作步骤	计划学时	1 学时
完成人	1.　　　2.　　　3.　　　4.　　　5.　　　6.		

计划依据:1.零件图;2.电火花线切割加工要求

序号	计划步骤	具体工作内容描述
1	准备工作(准备图纸、材料、机床、工具、量具,谁去做?)	
2	组织分工(成立小组,各成员具体完成什么?)	
3	制定加工工艺方案(先加工什么? 再加工什么? 最后加工什么?)	
4	零件加工过程(加工准备什么,安装电极、装夹零件和电极、调整设备参数、零件检测?)	
5	整理资料(谁负责? 整理什么?)	
制定计划说明	(写出制定计划中人员为完成任务的主要建议或可以借鉴的建议、需要解释的某一方面)	

决策单

学习情境二	平面类零件的线切割加工		任务四	手机外壳零件的线切割加工
决策学时				0.5 学时

决策目的:手机外壳零件的线切割加工方案对比分析,比较加工质量、加工时间、加工成本等

工艺方案 对比	小组成员	方案的可行性 (加工质量)	加工的合理性 (加工时间)	加工的经济性 (加工成本)	综合评价
	1				
	2				
	3				
	4				
	5				
	6				

决策评价	(根据小组成员加工方案对比分析,对自己的工艺方案进行修改并说明修改原因,最后确定一个最佳方案)

检查单

学习情境二	平面类零件的线切割加工	任务四	手机外壳零件的线切割加工
评价学时		课内 0.5 学时	第　　组

检查目的及方式　教师检查小组的工作情况,如检查等级为不合格,小组需要整改,并给出整改说明

序号	检查项目	检查标准	检查结果分级 (在相应的分级框内画"√")				
			优秀	良好	中等	合格	不合格
1	准备工作	查找资源、材料准备完整					
2	分工情况	安排合理、全面,分工明确					
3	工作态度	小组成员工作积极主动、全员参与					
4	纪律出勤	按时完成负责的工作内容,遵守工作纪律					
5	团队合作	相互协作、互相帮助、成员听从指挥					
6	创新意识	任务完成不照搬照抄,看问题具有独到见解及创新思维					
7	完成效率	工作单记录完整,并按照计划完成任务					
8	完成质量	查找资源、材料准备完整					

检查 评语		教师签字:

【任务评价】

小组产品加工评价单

学习情境二		平面类零件的线切割加工			
任务四		手机外壳零件的线切割加工			
评价类别	评价项目	子项目	个人评价	组内互评	教师评价
专业知识 与技能	加工准备(15%)	零件图分析(5%)			
		设备及电极准备(5%)			
		加工方法的选择以及电参数的确定(5%)			
	任务实施(30%)	工作步骤执行(5%)			
		功能实现(5%)			
		质量管理(5%)			
		安全保护(10%)			
		环境保护(5%)			
	工件检测(30%)	产品尺寸精度(15%)			
		产品表面质量(10%)			
		工件外观(5%)			
	工作过程(15%)	使用工具规范性(5%)			
		操作过程规范性(5%)			
		工艺路线正确性(5%)			
	工作效率(5%)	能够在要求的时间内完成(5%)			
	作业(5%)	作业质量(5%)			
评价 评语					
班级		组别		学号		总评	
教师签字		组长签字		日期		

小组成员素质评价单

学习情境二	平面类零件的线切割加工	任务四	手机外壳零件的线切割加工			
班级	第　　组		成员姓名			
评分说明	每个小组成员评价分为自评和小组其他成员评价2部分,取平均值作为该小组成员的任务评价个人分数。评价项目共设计5个,依据评分标准给予合理量化打分。小组成员自评分后,要找小组其他成员以不记名方式打分					
评分项目	评分标准	自评分	成员1评分	成员2评分	成员3评分	成员4评分	成员5评分
核心价值观 (20分)	是否体现社会主义核心价值观的思想及行动						
工作态度 (20分)	是否按时完成负责的工作内容,是否遵守纪律,是否积极主动参与小组工作,是否全过程参与,是否吃苦耐劳,是否具有工匠精神						
交流沟通 (20分)	是否能良好地表达自己的观点,是否能倾听他人的观点						
团队合作 (20分)	是否与小组成员合作完成任务,做到相互协作、互相帮助						
创新意识 (20分)	是否能独立思考,提出独到见解,是否具有创新思维						
小组成员 最终得分							

【课后反思】

学习情境二	平面类零件的线切割加工	任务四	手机外壳零件的线切割加工
班级	第　组	成员姓名	
情感反思	通过对本任务的学习和实训,你认为自己在社会主义核心价值观、职业素养、学习和工作态度等方面有哪些需要提高的部分?		
知识反思	通过对本任务的学习,你掌握了哪些知识点? 请画出思维导图。		
技能反思	在完成本任务的学习和实训过程中,你主要掌握了哪些技能?		
方法反思	在完成本任务的学习和实训过程中,你主要掌握了哪些分析和解决问题的方法?		

任务五　角度样板的线切割加工

【任务工单】

学习情境二	平面类零件的线切割加工	工作任务五	角度样板的线切割加工
任务学时		课内 4 学时(课外 4 学时)	
布置任务			
任务目标	1.根据平面零件结构特点,合理选择加工机床及附件; 2.根据平面零件结构特点,合理选择电极并能正确安装; 3.根据加工要求,选择正确的加工方法和加工参数; 4.根据加工要求,制定合理的加工路线并完成平面的加工		
任务描述	电火花线切割又称线切割,属电加工范畴,线切割机于 1960 年发明于苏联,其基本物理原理是自由正离子和电子在场中积累,很快形成一个被电离的导电通道。线切割是苏联拉扎连柯夫妇在研究开关触点受火花放电腐蚀损坏的现象和原因时,发现电火花的瞬时高温可以使局部的金属熔化、氧化而被腐蚀掉,从而开创和发明的电火花加工方法。 　　本任务主要讲述线切割机床的操作、电极和工件的装夹、电参数设置和程序编制、机床的维护保养和安全原则等内容 		

学时安排	资讯 1 学时	计划 1 学时	决策 0.5 学时	实施 4.5 学时	检查 0.5 学时	评价 0.5 学时
提供资源	1.加工零件图纸; 2.课程标准、多媒体课件、教学演示视频及其他共享数字资源; 3.机床及附件; 4.游标卡尺等工具和量具					

对学生学习及成果的要求	1. 能够正确识读和表述零件图；
	2. 合理选择加工机床及附件；
	3. 合理选择电极并正确安装；
	4. 加工表面质量和精度符合要求；
	5. 按照学习导图自主学习，并完成课前自学的问题训练和作业单；
	6. 严格遵守课堂纪律，学习态度认真、端正，正确评价自己和同学在本任务中的素质表现；
	7. 积极参与小组工作，承担零件图识读、零件加工设备选用、加工工艺路线、工艺参数制定等工作，积极主动不推诿，与小组成员合作完成工作任务；
	8. 独立或在小组同学的帮助下完成任务工单、加工工艺文件、加工视频及动画等，并提请检查、签认，对教师提出的建议或错误处务必及时修改；
	9. 每组必须完成任务工单，并提请教师进行小组评价，小组成员分享小组评价分数或等级；
	10. 完成任务反思，以小组为单位提交

【课前自学】

一、进给速度对加工的影响

1. 进给速度对加工速度的影响

在线切割加工时，工件不断被蚀除，即有一个蚀除速度；另外，为了电火花放电正常进行，电极丝必须向前进给，即有一个进给速度。在正常加工中，蚀除速度大致等于进给速度，从而使放电间隙维持在一个正常的范围内，使线切割加工能够连续进行下去。

蚀除速度与机器的性能、工件的材料、电参数、非电参数等有关，但是对某一工件进行加工时，可将蚀除速度看成一个常量；很多国产的快走丝机床的进给速度需要人工调节，蚀除速度又成为一个随时可调节的参数。正常的电火花线切割加工要保证进给速度与蚀除速度大致相等，使进给均匀平稳。若进给速度过高（过跟踪），即电极丝的进给速度明显超过蚀除速度，则放电间隙会越来越小，以致产生短路。当出现短路时，电极丝马上快速回退。当回退到一定的距离时，电极丝又以大于蚀除速度的速度向前进给，又开始产生短路、回退。这样频繁的短路现象，一方面造成加工的不稳定，另一方面造成断丝。若进给速度过慢（欠跟踪），即电极丝的进给速度明显落后于蚀除速度，则电极丝与工件之间的距离越来越大，造成开路，导致工件蚀除过程暂时停顿，整个加工速度大大降低。由此可见，在线切割加工中调节进给速度虽然本身并不具有提高加工速度的能力，但能够保证加工的稳定性。

2. 进给速度对工件表面质量的影响

进给速度调节不当，不但会造成频繁的短路、开路，而且影响加工工件的表面粗糙度，致使出现不稳定条纹，或者出现表面烧蚀现象。

（1）进给速度过高，这时工件蚀除的线速度低于进给速度，会频繁出现短路，造成加工不稳定，平均加工速度降低，加工表面发焦，呈褐色，工件的上、下端面均有过烧现象。

（2）进给速度过低，这时工件蚀除的线速度高于进给速度，经常出现开路现象，导致加工不能连续进行，加工表面亦发焦，呈淡褐色，工件的上、下端面也有过烧现象。

（3）进给速度稍低，这时工件蚀除的线速度略高于进给速度，加工表面较粗、较白，两端面有黑白交错相间的条纹。

（4）进给速度适宜，这时工件蚀除的线速度与进给速度相匹配，加工表面细而亮，丝纹均匀。因此，在这种情况下，能得到表面粗糙度好、精度高的加工效果。

二、合理选择工艺路线

1. 认识内应力

平整的工件材料，由于内应力的作用，被切割开后会产生变形，如图 2-5-1 所示。

2. 合理选择切割线路

为了防止内应力变形影响加工质量，必须注意以下几点：

（1）选择合理的加工线路，如图 2-5-2 所示，避免从工件端面开始加工，要预钻工艺孔（穿丝孔），从穿丝孔开始加工；

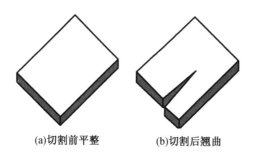

(a)切割前平整　　　　(b)切割后翘曲

图 2-5-1　内应力释放变形

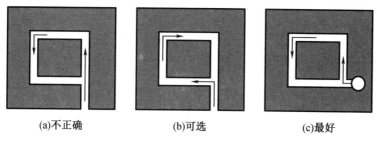

(a)不正确　　　　(b)可选　　　　(c)最好

图 2-5-2　切割线路

（2）加工路线距离端面应留充足余量，以保证强度，如图 2-5-3 所示；

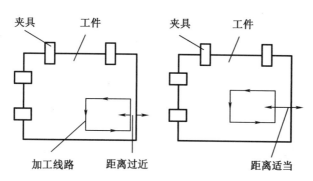

图 2-5-3　切割线路与端面距离

（3）为了防止切缝引起支撑强度的降低,加工路线应先从离开工件夹具的方向走,再转向工件夹具的方向,如图2-5-4所示;

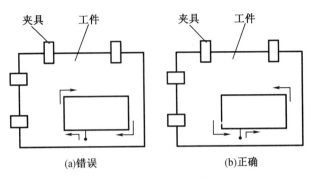

（a)错误　　　　　　　　　　　（b)正确

图2-5-4　切割方向

（4）在一块毛坯上要切出2个以上零件时,不应连续一次切割出来,而应从不同预钻孔开始加工,如图2-5-5所示。

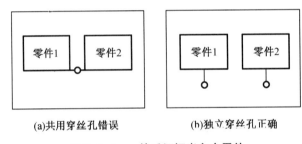

（a)共用穿丝孔错误　　　　　　　（b)独立穿丝孔正确

图2-5-5　一块毛坯切出多个零件

三、低速走丝机床的概况

目前国外低速走丝机床制造商主要有瑞士 GF Machining Solutions（原瑞士 Agie-Charmilles,+GF+）,日本三菱电机（MITSUBISHI）、发那科（FANUC）、沙迪克（SODICK）、牧野（MAKINO）、西部（SEI-BU）、西班牙欧纳（ONA）以及俄罗斯 APTA 公司等。其中,瑞士+GF+公司的加工方案代表着低速走丝电火花线切割加工的国际领先水平。

国外电火花线切割加工机床制造商为了占领中国低速走丝机床的市场份额,纷纷采取不同的竞争策略,采取高、中、低价位和技术水平不同档次的产品布局,最大限度地满足不同客户的使用需求,同时在市场销售量最大的中档技术性能指标的低速走丝机床上不断开发新的实用技术,以扩大机床的加工范围及提高各项工艺指标。

我国台湾地区的庆鸿、来通、精呈等制造商可以批量生产低速走丝机床,且机床性价比高,年产量占世界市场的20%。我国台湾地区生产的低速走丝机床在性能、精度等方面已经达到国际中档且接近高档低速走丝机床的水平,在高精度低速走丝机床方面,其价位仅为瑞士和日本机床的1/3~1/2,因此具有比较好的性价比优势。我国大陆能自主研发生产低速走丝机床的制造商较少,有北京安德建奇数字设备有限公司、苏州三光科技股份有限公司和苏州电加工机床研究有限公司等。自主研发的具有多次切割功能的高速走丝机(俗称"中走丝")在加工精度、表面质量及相关性能方面虽取得了突破性进展,部分精密"中走丝"已接近低档低速走丝机床的加工水平,而且在价格及运行成本方面也保持着绝对的优势,但由于往复走丝的特点,在精度方面不能与低速走丝机床相抗衡。

为提高电火花线切割工艺水平,提高机床自动化程度和智能化程度,满足市场的不同需求,国内外电加工研究人员及制造商都在积极采用现代研究手段和先进技术进行深入研究开发,向电火花线切割加工信息化、智能化和绿色化方向发展。

目前业内通常将低速走丝机床分为顶级、高档、中档、入门级四个水平。

1. 顶级低速走丝机床

顶级低速走丝机床代表了目前的最高水平,主要由瑞士、日本制造,这类机床的加工精度能保证在 0.002 mm 以内,最高切割效率可达 $400 \sim 500$ mm²/min,最佳表面粗糙度可达 Ra 0.05 μm,具有完美的加工表面质量,表面几乎没有变质层,能使用 ϕ0.02 mm 的电极丝进行精微加工,主机具有热平衡系统,一些机床采用油中切割加工。这类机床功能齐全,自动化程度高,可以直接完成模具的精密加工,所加工的模具寿命已达到机械磨削水平。

2. 高档低速走丝机床

高档低速走丝机床基本上由瑞士和日本公司生产,我国台湾地区的一些性能好的机床的技术水平也能达到这个档次。这类机床具有自动穿丝功能,采用无电阻抗电解电源,整体加工效率可达 350 mm²/min,最佳表面粗糙度可达 Ra 0.10 μm,具有适时检测工件截面变化、实时优化放电功率功能,这类机床也广泛应用于精密冲压模具。

3. 中档低速走丝机床

中档低速走丝机床一般由瑞士和日本公司在我国的制造商生产,我国台湾地区的机床技术水平也已经进入这个档次,我国大陆研发的性能较好的低速走丝机床也开始进入这一领域,其配置和性能满足了国内大多数精密线切割加工的要求。这类机床一般采用无电阻抗电解电源,具有浸水式加工、锥度切割功能,实用的最高加工效率为 $20 \sim 250$ mm²/min,最佳表面粗糙度可达 Ra 0.30 μm,加工精度可达 0.005 mm,一般采用 ϕ0.10 mm 及以上的电极丝进行切割,配备的防撞保护系统可避免由编程错误或误操作引起的碰撞受损,或者可选配自动穿丝机构。

4. 入门级低速走丝机床

入门级低速走丝机床一般是我国大陆自主研发生产的机床,其配置和性能满足我国大陆普通模具与零件的加工要求。这类机床一般使用割一修一、割一修二的工艺,表面粗糙度能稳定在 Ra 0.60 μm 左右,加工精度在 0.008 mm,大多只能使用 ϕ0.15 mm 及以上的电极丝进行切割,加工表面微观组织、拐角精度与先进的机床有一定的差距。

总的来说,低速走丝机床与高速走丝机床相比,在加工效率、精度、表面质量等方面都具有非常明显的优越性。目前我国大陆的具有多次切割功能的高速走丝机床虽然已经达到可以替代或部分取代入门级低速走丝机床的水平,但要进一步达到更高的加工要求,还有相当大的差距,尤其是在切割精度方面。但也必须看到,低速走丝机床的运行成本比较高,一般是高速走丝机床的几十倍甚至上百倍,并且机床的一次性投入成本较高,因此低速走丝机床和高速走丝机床将会长期并存,并将会越来越多地应用于各加工领域。

二、低速走丝机床的主要技术进展

为了保证低速走丝机床高精度及高表面完整性的加工,机床的机械精度、脉冲电源精度和伺服控制精度(包括对机械运动、脉冲参数、走丝系统和工作液系统的控制)都已达到极高的水平。采用水温冷却装置,使机床基体内部温度与水温相同,从而减小机床的热变形;采用闭环数字交(直)流伺服控制系统,确保机床具有优良的动态性能和高定位精度,加工精度可控制在若干微米以内,精密定位可实现 $0.1~\mu m$ 当量的控制;加工中采用浸水式加工,降低工件热变形;采用闭环电极丝张力控制,提高电极丝的稳定性;采用电压调制对刀电源实现高精度对刀,对刀精度可达 $0.002~mm$。

目前精密低速走丝机床的主要技术进展体现在以下几个方面。

1. 采用高质量、高刚性的机械结构并采用均衡温控方式

机械结构的高刚性是实现高精度加工的基础,同时高精度低速走丝机床多采用闭环控制系统,在工作台上装有位置测量装置(如光栅、磁尺等),以便随时反馈工作台的位置,进行"多退少补",实现全闭环控制。此外,提高低速走丝机床的加工精度是一个系统工程,除了脉冲电源、各种控制系统、工作液系统、加工工艺技术等外,机床布局的合理性及机械刚性、传动链的传动刚性及传动精度、主机及工作液系统的热平衡等均对提高加工精度和改善控制性能起到显著的作用。

2. 高效脉冲电源技术

超窄脉冲电流的上升速率、加工过程检测及脉冲参数的适应控制能力及控制策略是影响切割效率的关键技术,脉冲宽度作用时间长,易造成熔化方式蚀除,使加工表面形貌变差,变质层增厚,内应力加大,并且易产生微裂纹,同时还会增加断丝概率;而当脉冲宽度小到一定值时,放电作用时间短,极间易形成汽化蚀除加工,可以减小变质层厚度,改善表面质量,减小加工表面内应力,避免加工表面微裂纹的产生。

国外低速走丝机床在窄脉冲宽度的情况下,其峰值电流可以达到 1 200 A,高峰值电流与其他条件配合(各种控制方式、供液条件、复合电极丝等),可使最高切割效率达到 $400\sim500~mm^2/min$。例如,瑞士 + GF + 公司的 CUT PROGRESS 机床最高切割效率达 $500~mm^2/min$,其 e-eut 新型电源具有窄脉冲宽度、高峰值电流($\geqslant600~A/\mu s$)的特点,使粗加工时也能实现气相抛出,因此在切割效率达 $300~mm^2/min$ 时,表面粗糙度 $Ra\leqslant0.8~\mu m$,这种具有实用价值的高效加工可减少多次切割次数,使平均加工效率成倍提高。

3. 表面质量

低速走丝机床目前普遍采用平均电压为零的抗电解脉冲电源,使得电解的破坏降到最低程度。此外,由于脉冲电源的改进,加工普遍采用高峰值、窄脉冲宽度,材料大多数为气相蚀除抛出,带走大量的热,工件表面温度不会升高,开裂现象大大减少,不仅使切割效率高,而且使表面质量大大提高。采用抗电解电源进行电火花线切割加工,可使表面变质层控制在 $2~\mu m$ 以下,切割的硬质合金冲模刃口的耐磨性和机械磨削基本一致,甚至优于机械磨削加工,越来越多的零件加工可以做到"以割代磨"。

4. 高速自动穿丝功能

国外低速走丝机床几乎全部配置了自动穿丝机构(automatic wire threader,AWT),穿丝成功率和自动化程度均较高。自动穿丝系统是一个综合了电动、气动、喷流、控制、检测等多个环节的复杂系统。断丝点穿丝降低了重新从起点加工的不必要时间,避免了在起始孔穿丝后通过间隙沿轨迹返回时可能产生的夹丝危险。在浸水式穿丝方面,电极丝采用通电双向拉断系统和小孔自动搜索功能形成水下穿丝。低速走丝机床自动穿丝系统不断提

高直径小于 $\phi0.10$ mm 电极丝的穿丝成功率,以及在曲面工件或中空工件上的穿丝成功率。日本 MITSUBISHI,MAKINO 及 SEIBU 公司的低速走丝机床重点研发了 $\phi0.20$ mm 电极丝在多级中空零件上的自动穿丝技术。瑞士+GF+公司的 CUT 系列机床设计了开放式导丝嘴,即使电极丝直径非常细($\phi0.03$ mm),也能方便地通过导丝嘴,即使在实际穿丝孔与编程穿丝孔稍有偏移的情况下,自动穿丝系统也能自动探测所偏移的穿丝孔、自动穿丝和修正加工起始点。机床的穿丝速度也越来越快,日本 MAKINO 公司机床的自动穿丝时间为 15 s;日本 SODICK 公司机床的自动穿丝时间为 13 s;日本 MITSJBISHI 公司具有全世界最快的自动穿丝装置,当板厚为 50 mm 时,自动穿丝时间为 10 s,切丝、穿丝总时间为 25 s。目前用 $\phi0.10$ mm 的电极丝,可穿过 $\phi0.16$ mm 的起始孔 50 次,成功率 100%,一次穿丝时间为 10~15 s。

5. 双丝系统

双丝系统能实现在一台机床上自动切换两种材质、直径不同的电极丝,从而解决了高精度与高效率加工的矛盾。在双丝系统中,粗($\phi0.33$~40.36 mm)、细($\leqslant\phi0.10$ mm)电极丝分别采用相互联锁的两套类似的走丝系统。而导丝器系统是统一的,没有移动部件,用以保证最佳精度,换丝时间不到 45 s,两种电极丝采用的加工规准、切割路径及偏移量等均由专家系统自动设定。粗加工时,采用直径较大的电极丝进行加工,使电极丝可承受更大的张力与热负载,因此可选择电流较大的加工规准进行加工,提高加工效率。精加工时,采用直径较小的电极丝用精规准进行加工,确保良好的形状精度与尺寸精度。这种系统大大提高了加工效率和加工零件的表面质量。瑞士+GF+公司的 ROBOFIL2050TW、ROBOFIL 6050TW 低速走丝机床配备了双丝系统。实践证明,用双丝系统进行粗、精加工,比用原来传统的更换电极丝方式进行加工节省了 30%~50% 的加工时间,而且随着工件厚度的增加,节省时间的效果更加明显。

6. 细丝切割

细丝切割属于精密加工,采用微细电极丝加工可获得更好的加工表面质量与加工精度,而且特别适用于微小零件窄槽、窄缝的加工,因此得到国外许多研究机构与制造商的重视。微细电极丝切割一直是电火花线切割加工的难点,因为随着电极丝直径的减小,其物理、化学与机械特性都会发生很大的变化,从而使得进行正常加工的难度大大增加。

首先,微细电极丝不仅刚性更小,而且抗拉能力也远小于普通直径电极丝,所以电极丝对张力波动的敏感度十分高,加工过程中容易造成断丝或加工质量恶化;其次,在放电加工过程中,电极丝及其周围介质的温度是不断变化的,而电极丝材料的力学性能与温度密切相关,如果温度过高,即使张力很小,也有可能造成断丝。目前世界上主要的几家低速走丝机床制造商可以采用 $\phi0.02$~$\phi0.03$ mm 的电极丝进行切割,此时采用钨丝进行切割,主要用于 IC(集成电路)行业的引线框架模加工,还有微型插接件、微型马达铁心、微型齿轮等模具加工。

7. 变截面加工

低速走丝机床在实际的模具加工过程中,不可避免地会遇到不同的加工截面。由于加工过程中工件截面发生变化时,电极丝上的热密度也会发生改变,从而易导致断丝,而且高度变化会引起加工间隙的变化,进而引起加工精度的变化。因此,随着加工截面的变化,通过自动检测,根据截面的变化自动控制加工能量,使切割效率和加工精度自始至终保持最佳状态,是提高变截面切割效率的有效措施。例如,日本 MITSUBSHI 公司的 FA 系列机床采用了加工电源控制系统,该系统由工件厚度检测器、加工状态检测器和脉冲能量输出控制器等部分组成,以适应加工截面的变化,尤其适合台阶形、中空形、薄形等零件加工,应用这种专家系统切割效率一般能提高 30% 左右,这种变截面加工技术在日本、瑞士生产的机床上应用较广。

8. 多次切割加工工艺

采用多次切割技术是提高低速走丝机床加工精度及表面质量的根本手段,一般通过一次切割成型,二次切割提高精度,三次以上切割提高表面质量。低速走丝机床近年来在达到同样的加工质量的情况下,多次切割的次数大为减少,例如,原来为达到高质量的表面,多次切割的次数高达 7~9 次,现在只需 3~4 次,节省了大量时间。这主要依赖于脉冲电源高效粗加工的技术进步,即如前文所述,第一次高效切割(350~500 mm/min)就能使表面粗糙度达到 Ra 0.8 μm,自然会减少多次切割次数,而且能够达到精密加工的水平。

9. 复合加工

电火花线切割加工时,速度和精度是两个相互矛盾的加工指标,加工速度提高,则加工精度降低;加工精度升高,则加工速度降低。日本 SODICK 公司为了同时提高加工速度和加工精度,提出了电火花线切割和水射流复合加工的形式。这种技术在保证加工精度的同时,大幅度提高了加工速度。线切割与水射流复合加工方式可以实现超高速加工,但不会降低各自单独的加工性能,通常把水射流加工作为一次切割的高速粗加工,而把线切割加工作为两次及以后切割的精加工。例如,工件厚度为 25 mm,水射流加工作为粗加工可以节省约 1/3 的加工时间,切割效率可达 300 mm/min,经过一次精加工后表面粗糙度 Ra<1.2 μm。

10. 自动化、人工智能的控制系统

自动化、人工智能技术一直是电火花线切割加工技术不断追求的目标,自动化程度的高低直接决定了切割效率与加工精度。电火花线切割加工的自动化、人工智能技术已经由原来的某项关键技术的自动化、人工智能技术的应用拓展到整体电火花线切割加工的自动化、人工智能技术的应用。此外,电火花线切割加工专家系统在不断完善后已不是一个单纯的数据库,其内容变得十分丰富,功能十分强大,具有很强的实用性。

(1)拐角专家系统。目前用于减小或补偿电极丝变形的方法主要有拐角能量控制策略、轨迹控制策略和实时检测修正法与人工智能技术应用。例如,日本 MITSUBISHI 公司 CM 角部加工控制系统,对于较薄的工件用轨迹控制修正电极丝可得到修正的角部几何形状,将加工速度作为主要考虑因素;对于较厚的工件和精细的几何形状,主要用能量控制来提高拐角精度。此控制系统可防止小角度加工短路,无须在程序中改变形状或加工零件,使粗加工的角部形状误差减少 70%,对于带角的凹凸模,一次切割可达到 5 μm 的配合精度。

(2)自动化、智能化技术应用。自动化、智能化是未来工业的发展方向,而线切割加工技术能很好地适用于自动化,并与智能化相融合,符合未来工业的发展方向。此外,计算机集成制造技术、网络技术在电火花线切割加工中被大量采用。新型的 CAD/CAM/CIMS 及互联网技术的应用使电火花线切割加工模式发生了很大变化,从独立、单一的生产模式发展为高度集成的、形式多样的生产模式,使电火花线切割加工制造技术进入了一个崭新的发展阶段。

　　在电火花线切割加工中,除了正常的加工时间,工件装夹过程所花费的时间占整个生产周期的较大部分,这种比例随着生产规模的扩大越来越显著,因而延长了产品的生产周期,提高了生产成本,不利于大批量生产的需要。此外,对于一些形状特殊或微小的工件,装夹过程也将花费大量的时间,因此,工件装夹系统的自动化操作十分重要。针对这种情况,目前国外一些机床制造商将机械手应用于工件装夹和操作自动化系统中,机械手的作用是调整工件与装夹装置的相对位置,以实现准确地定位与装夹。

学习小结

〰〰〰〰〰〰〰〰〰〰〰〰〰〰〰〰〰〰〰〰〰〰〰〰〰〰〰〰

【任务实施】

一、"多功能角度样板"零件的加工程序

"多功能角度样板"零件的加工程序生成过程在前文已经讲述,此处不再介绍。

二、加工准备

1. 下料

下料的方法是刨 6 面,上、下面留磨量 0.30 mm。

2. 工件穿丝孔的加工

按图 2-5-6 所示位置,以 A、B 两个面为基准,对穿丝孔的圆心进行划线,然后将工件放在台钻工作台上,利用 ϕ3mm 的钻头钻出一个穿丝孔。

3. 热处理

将尺寸为 145 mm×80 mm×40 mm、材料为 Cr12 的工件进行淬火处理。

4. 磨

磨上、下面达到设计的要求,对 A、B 两个基准面进行精磨,保证其垂直度。

5. 装夹、校正及固定

按照图 2-5-6 中所示位置,将坯料放在工作台上,以 A、B 两个面为基准,对工件校正。同时,应保证有足够的夹持余量,然后予以固定夹紧,使工件左侧悬置。

6. 电极丝定位及穿丝

电极丝的定位分为手动定位和自动定位 2 种方法。

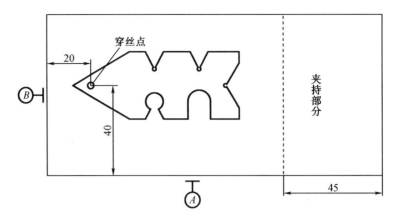

图 2-5-6 角度件装夹定位示意图

（1）手动定位。

手动定位是凭借操作人员的经验和技术水平对电极丝进行定位。其特点是操作人员的经验和操作对定位精确度影响较大，定位精度低且不稳定。具体操作如下：

开启脉冲电源，使电极丝与工件放电；摇动工作台手柄，使电极丝与工件的 A 基准面慢慢靠近，当电极丝与工件之间产生轻微的电火花时，说明电极丝与 A 基准面已接触，停止工作台的移动，记录当前 Y 轴的坐标值。

注意：当工作台沿 Y 轴运动时，为了避免电极丝与工件相碰撞，应先移动 X 轴工作台，使工件避开电极丝在 Y 轴方向的运动轨迹。待 Y 轴方向定位完成后，摇动工作台手柄，使工作台的 B 基准面向电极丝靠近；当电极丝与 B 基准面间产生轻微的电火花时，说明电极丝与 B 基准面已接触，此时取下电极丝；然后操作控制器，使工作台沿 -X 轴负方向移动 20 mm，完成电极丝手动定位。

（2）自动定位。

自动定位是使机床自动移动工作台，当工件与电极丝接触瞬间，机床自动停止运动，实现自动定位功能。其特点是定位动作由机床自动完成，定位精度高且稳定，但仅适用于有自动定位功能的机床。具体步骤如下。

开启脉冲电源，操作控制器使电极丝向 A 基准面移动，当电极丝与 A 基准面接触时，机床停止运动；再操作控制器使电极丝到达 Y 轴方向的穿丝点位置，电极丝在 Y 轴方向定位完成，用同样的方法使钼丝与 A 基准面接触，机床停止运动，此时取下电极丝；再操作控制器，使工作台沿 X 轴方向到达指定位置，完成自动定位。电极丝定位后，将电极丝穿入 $\phi 3$ mm 的穿丝孔中，调整好电极丝的张紧力，准备切割。

7. 切割

打开脉冲电源，选择合理的参数，开启控制器，确定运丝机构和冷却系统工作正常，操作控制器，执行程序。当采用多次切割时，在每一次切割完成后，重新调整电参数。

8. 检验

利用角度尺等测量工具进行检测。

9. 任务考核

按表 2-5-1 所示的要求进行任务考核。

表 2-5-1   考核细则及评分表

机床编号		学号		姓名		总分			
开始时间		结束时间		误工时间		实际时间			
序号	考核项目	考核内容及要求	配分	评分标准		检测结果	扣分	得分	备注
1	图形绘制	分析零件图,绘制图形	10	每错一处扣 1 分,扣完为止					
2	工艺编制	确定穿丝点、起割点、补偿量、生成加工轨迹和代码	10	引入线和引出线的绘制,补偿方向、补偿量数值,走丝路径,每错一处扣 1 分,扣完为止					
3	电极丝准备	根据图样要求进行穿丝	15	穿丝前检查行程挡杆位置是否合适					
				穿丝流程符合规范,操作熟练					
				穿丝后检查钼丝位置是否符合要求					
				电极丝垂直度校正					
4	工件安装定位	装夹工件,确定与电极丝的相对位置	10	装夹定位操作中每错一处扣 2 分					
5	参数调整	根据机床和工件要求,选择合适的电参数	5	每错一处扣 2 分					
6	加工质量检查	10°	10	超差全扣					
		30°	10	超差全扣					
		60°	10	超差全扣					
		118°	10	超差全扣					
7	文明生产	加工过程是否符合安全文明生产要求	10	操作过程是否符合安全操作规范					
				穿戴是否整齐					
				工具、量具使用和摆放是否规范					
				设备卫生					

说明:考核中如发现下列情况之一,必须立即终止考核,且认定本次不合格。①穿丝过程中断丝。②储丝筒的丝杠脱轨。③严重违规,有事故苗头。④定额时间 60 min。到时间停止加工

记录员		监考人		检验员		考评人	

【角度样板的线切割加工操作工作单】

计划单

学习情境二	平面类零件的线切割加工	任务五	角度样板的线切割加工	
工作方式	组内讨论、团结协作共同制定计划；小组成员进行工作讨论，确定工作步骤	计划学时	1 学时	
完成人	1.　　2.　　3.　　4.　　5.　　6.			

计划依据：1.零件图；2.电火花线切割加工要求

序号	计划步骤	具体工作内容描述
1	准备工作(准备图纸、材料、机床、工具、量具,谁去做?)	
2	组织分工(成立小组,各成员具体完成什么?)	
3	制定加工工艺方案(先加工什么? 再加工什么? 最后加工什么?)	
4	零件加工过程(加工准备什么,安装钼丝、装夹零件和电极、调整设备参数、零件检测?)	
5	整理资料(谁负责? 整理什么?)	
制定计划说明	(写出制定计划中人员为完成任务的主要建议或可以借鉴的建议、需要解释的某一方面)	

决策单

学习情境二	平面类零件的线切割加工	任务五	角度样板的线切割加工
决策学时			0.5 学时

决策目的:角度样板的线切割加工方案对比分析,比较加工质量、加工时间、加工成本等

	小组成员	方案的可行性 (加工质量)	加工的合理性 (加工时间)	加工的经济性 (加工成本)	综合评价
工艺方案 对比	1				
	2				
	3				
	4				
	5				
	6				
决策评价	(根据组内成员加工方案对比分析,对自己的工艺方案进行修改并说明修改原因,最后确定一个最佳方案)				

检查单

学习情境二	平面类零件的线切割加工	任务五	角度样板的线切割加工
评价学时		课内 0.5 学时	第　　组

检查目的及方式　教师检查小组的工作情况,如检查等级为不合格,小组需要整改,并给出整改说明

序号	检查项目	检查标准	检查结果分级 (在相应的分级框内画"√")				
			优秀	良好	中等	合格	不合格
1	准备工作	查找资源、材料准备完整					
2	分工情况	安排合理、全面,分工明确					
3	工作态度	小组成员工作积极主动、全员参与					
4	纪律出勤	按时完成负责的工作内容,遵守工作纪律					
5	团队合作	相互协作、互相帮助、成员听从指挥					
6	创新意识	任务完成不照搬照抄,看问题具有独到见解及创新思维					
7	完成效率	工作单记录完整,并按照计划完成任务					
8	完成质量	查找资源、材料准备完整					

检查评语	教师签字:

【任务评价】

小组产品加工评价单

学习情境二	平面类零件的线切割加工				
任务五	角度样板的线切割加工				
评价类别	评价项目	子项目	个人评价	组内互评	教师评价
专业知识 与技能	加工准备(15%)	零件图分析(5%)			
		设备及电极准备(5%)			
		加工方法的选择以及电参数的确定(5%)			
	任务实施(30%)	工作步骤执行(5%)			
		功能实现(5%)			
		质量管理(5%)			
		安全保护(10%)			
		环境保护(5%)			
	工件检测(30%)	产品尺寸精度(15%)			
		产品表面质量(10%)			
		工件外观(5%)			
	工作过程(15%)	使用工具规范性(5%)			
		操作过程规范性(5%)			
		工艺路线正确性(5%)			
	工作效率(5%)	能够在要求的时间内完成(5%)			
	作业(5%)	作业质量(5%)			
评价 评语					
班级		组别	学号	总评	
教师签字		组长签字	日期		

特 种 加 工 ➤➤➤

小组成员素质评价单

学习情境二	平面类零件的线切割加工	任务五	角度样板的线切割加工
班级	第 组	成员姓名	

评分说明	每个小组成员评价分为自评和小组其他成员评价 2 部分,取平均值作为该小组成员的任务评价个人分数。评价项目共设计 5 个,依据评分标准给予合理量化打分。小组成员自评分后,要找小组其他成员以不记名方式打分

评分项目	评分标准	自评分	成员 1 评分	成员 2 评分	成员 3 评分	成员 4 评分	成员 5 评分
核心价值观 (20 分)	是否体现社会主义核心价值观的思想及行动						
工作态度 (20 分)	是否按时完成负责的工作内容,是否遵守纪律,是否积极主动参与小组工作,是否全过程参与,是否吃苦耐劳,是否具有工匠精神						
交流沟通 (20 分)	是否能良好地表达自己的观点,是否能倾听他人的观点						
团队合作 (20 分)	是否与小组成员合作完成任务,做到相互协作、互相帮助						
创新意识 (20 分)	是否能独立思考,提出独到见解,是否具有创新思维						
小组成员最终得分							

【课后反思】

学习情境二	平面类零件的线切割加工	任务五	角度样板的线切割加工
班级	第　　组	成员姓名	
情感反思	通过对本任务的学习和实训,你认为自己在社会主义核心价值观、职业素养、学习和工作态度等方面有哪些需要提高的部分?		
知识反思	通过对本任务的学习,你掌握了哪些知识点?请画出思维导图。		
技能反思	在完成本任务的学习和实训过程中,你主要掌握了哪些技能?		
方法反思	在完成本任务的学习和实训过程中,你主要掌握了哪些分析和解决问题的方法?		

【情境二　问题与思考】

1. 说明线切割的原理与分类。

2. 比较线切割加工与电火花穿孔成型加工的异同。

3. 说明线切割加工主要工艺指标如何影响加工过程。

4. 工件的各种状况如何影响线切割加工？

5. 说明线切割加工的工作液种类及供液方式。

6. 简述线切割加工的主要应用范畴。

7. 常用电极丝有哪些？如何选择？

8. "线切割加工时，电极丝不与工件接触"对吗？为什么？

9. 说明线切割加工机床的设备组成及功用。

10. 简述电极丝的上丝、穿丝、校正、对丝方法及原理。

11. 说明工件的装夹、校正方法及原理。

12. 说明 3B 编程规则。

13. 按照如图 2-5-7 所示工件(a)(b)(c)(d)(e)尺寸，试编写相应的 3B 程序。

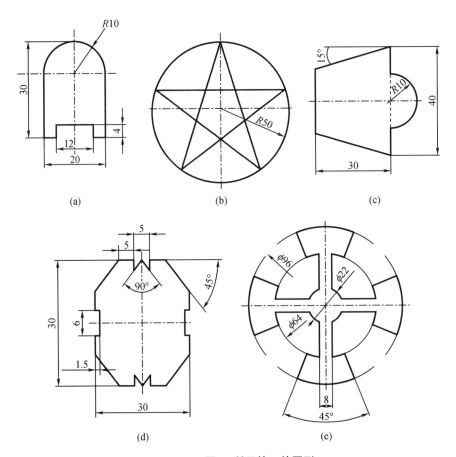

图 2-5-7　题 13 所示的工件图形

14. 已知:图 2-5-8 所示凸模的穿丝孔中心为 O_1,且 O_1a 位于水平方向,其长度为 5 mm,钼丝起割位置在 O_1 处,钼丝直径为 0.12 mm,单边放电间隙为 0.01 mm。切割顺序为 $O_1 \to a \to b \to c \to d \to e \to f \to g \to a \to O_1$,试用 3B 格式编写此凸模的加工程序。

15. 已知:图 2-5-9 所示的凹模穿丝孔中心为 O,钼丝直径为 0.12 mm,单边放电间隙为 0.01 mm。钼丝起割位置在 O 处,切割顺序为 $O \to a \to b \to c \to d \to e \to f \to a \to O$,试用 3B 格式编写此凹模的加工程序。

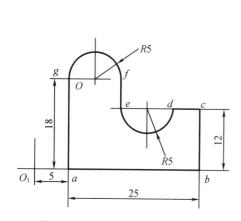

图 2-5-8　题 14 所示的凸模图形

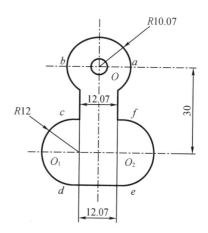

图 2-5-9　题 15 所示的凹模图形

16. 编制如图 2-5-10 所示的凹模线切割 3B 程序单,已知:穿丝孔中心为 O,电极丝直径为 0.10 mm,单边放电间隙为 0.01 mm。(按 $O \to a \to b \to c \to d \to e \to f \to a \to O$ 进行)。

17. 请分别编制项目加工图 2-5-11 所示的线切割加工 3B 代码和 ISO 代码,已知线切割加工用的电极丝直径为 0.18 mm,单边放电间隙为 0.01 mm,O 点为穿丝孔,加工方向为 $O \to A \to B \to \cdots$。

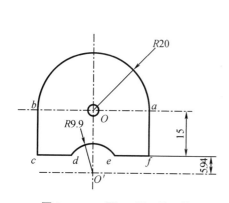

图 2-5-10　题 16 所示的凹模

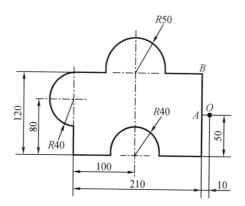

图 2-5-11　题 17 所示的线切割工件图

18. 如图 2-5-12 所示,用 CAXA 线切割绘制零件图并实现自动编程,且列出程序单。

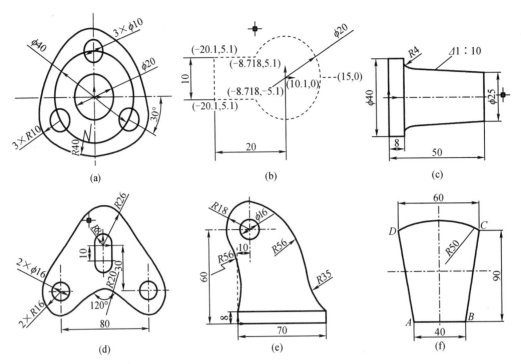

图 2-5-12 题 18 的自动编程零件图

学习情境三　平面、曲面类零件的电化学加工

【学习指南】

【情境导入】

　　电化学加工(electrochemical machining,ECM)是利用电化学反应(或称电化学腐蚀)对金属材料进行加工的方法。与机械加工相比,电化学加工不受材料硬度、韧性的限制,被广泛应用于工业生产中。常用的电化学加工有电解加工、电磨削、电化学抛光、电镀、电刻蚀和电解冶炼等。我国在20世纪50年代就开始应用电解加工方法对炮膛进行加工,目前此方法已被广泛应用于航空发动机的叶片,筒形零件、花键孔、内齿轮、模具、阀片等异形零件的加工。近年来出现的重复加工精度较高的一些电解液以及混气电解加工工艺,大大提高了电解加工的成型精度,简化了工具阴极的设计,促进了电解加工工艺的进一步发展。

【学习目标】

知识目标:

1.能够陈述电化学加工的原理及分类。

2.能够说明电化学加工的基本规律。

3.掌握电化学成型加工机床的基本结构。

4.掌握电化学成型加工方法。

5.掌握电化学成型加工工艺的制定。

6.能够进行电化学成型加工实例的操作。

能力目标:

1.掌握电化学机床的结构和加工原理。

2.能够正确编制电化学程序。

3.能够正确制定电化学加工工艺。

4.能够根据零件加工要求,正确制定电参数。

5.能够熟练操作电化学机床加工零件。

素质目标:

1.培养学生遵守职业规范习惯。

2.培养学生民族自豪感和荣誉感。

3.培养学生精益求精的工匠精神。

4.培养学生的团队合作意识、创新意识。

5.培养学生的环保意识、质量意识。

【工作任务】

任务一　叶轮的电解加工　　　　　参考学时:课内4学时(课外4学时)

任务二　标牌的电铸加工　　　　　参考学时:课内4学时(课外4学时)

任务一　叶轮的电解加工

【任务工单】

学习情境三	平面、曲面类零件的电化学加工	工作任务一	叶轮的电解加工
任务学时			课内 4 学时(课外 4 学时)
布置任务			
任务目标	1. 根据平面、曲面零件结构特点,合理选择加工机床及附件; 2. 根据平面、曲面零件结构特点,合理选择电极并能正确安装; 3. 根据加工要求,选择正确的加工方法和加工参数; 4. 根据加工要求,制定合理的加工路线并完成叶轮和标牌的加工		
任务描述	电化学加工是利用电化学反应(或称电化学腐蚀)对金属材料进行加工的方法。与机械加工相比,电化学加工不受材料硬度、韧性的限制,被广泛应用于工业生产中。常用的电化学加工有电解加工、电磨削、电化学抛光、电镀、电刻蚀和电解冶炼等。电化学加工是特种加工的一个重要分支,目前已成为一种较为成熟的特种加工工艺,被广泛应用于众多领域 		

学时安排	资讯 1 学时	计划 1 学时	决策 0.5 学时	实施 4.5 学时	检查 0.5 学时	评价 0.5 学时
提供资源	1. 加工零件图纸; 2. 课程标准、多媒体课件、教学演示视频及其他共享数字资源; 3. 机床及附件; 4. 游标卡尺等工具和量具					
对学生学习 及成果的 要求	1. 能够正确识读和表述零件图; 2. 合理选择加工机床及附件; 3. 合理选择电极并正确安装;					

	4.加工表面质量和精度符合要求;
对学生学习及成果的要求	5.按照学习导图自主学习,并完成课前自学的问题训练和作业单;
	6.严格遵守课堂纪律,学习态度认真、端正,正确评价自己和同学在本任务中的素质表现;
	7.积极参与小组工作,承担零件图识读、零件加工设备选用、加工工艺路线、工艺参数制定等工作,积极主动不推诿,与小组成员合作完成工作任务;
	8.独立或在小组同学的帮助下完成任务工单、加工工艺文件、加工视频及动画等,并提请检查、签认,对教师提出的建议或错误处务必及时修改;
	9.每组必须完成任务工单,并提请教师进行小组评价,小组成员分享小组评价分数或等级;
	10.完成任务反思,以小组为单位提交

【课前自学】

一、电化学加工的原理

电化学加工是利用电化学反应(或称电化学腐蚀)对金属材料进行加工的方法,是特种加工的一个重要分支。具体来说,电化学加工是通过化学反应去除工件材料或在其上镀覆金属材料的特种加工,它主要包括从工件上去除金属的电解加工和向工件上沉积金属的电镀、涂覆加工两大类。

与机械加工相比,电化学加工不受材料硬度、韧性的限制。虽然电化学加工的有关理论在 19 世纪末已经建立,但真正在工业上得到大规模应用是在 20 世纪 30~50 年代以后。近几十年来,借助高新科学技术,精密电铸、复合电解加工、电化学微细加工等发展较快。电化学加工是一种不可缺少的微细加工方法,目前已经成为我国民用、国防工业中重要的加工手段。

1.电化学加工过程

如图 3-1-1 所示,两片金属铜板浸在氯化铜的水溶液中,此时水离解为 OH^- 和 H^+, $CuCl_2$ 离解为 $2Cl^-$ 和 Cu^{2+}。当两铜片上接上约 10 V 的直流电源的正、负极时,即形成导电通路,导线和溶液中均有电流通过,在金属片(电极)和溶液的界面上,就会有交换电子的反应,即电化学反应。溶液中的离子做定向移动,Cu^{2+} 正离子移向阴极,在阴极上得到电子进行还原反应,沉积出铜。在阳极表面 Cu 原子失掉电子而成为 Cu^{2+} 进入溶液。溶液中正、负离子的定向移动称为电荷迁移。在阴、阳极表面发生得失电子的化学反应称为电化学反应。利用这种电化学反应原理对金属进行加工(阳极上为电解蚀除,阴极上为电镀沉积,常用于提炼纯铜)的方法即电化学加工。其实任何两种不同的金属放入任何导电的水溶液中,在电场的作用下都会有类似的情况发生。阳极失去电子(氧化反应)产生阳极溶解、蚀除,称为电解;阴极得到电子(还原反应),金属离子还原为原子,沉积到阴极表面,称为电镀、电铸。

与这一反应过程密切相关的概念有电解质溶液,电极电位,电极的极化,金属的钝化、活化等。

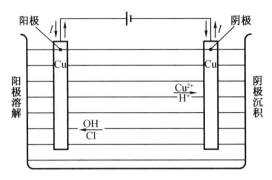

图 3-1-1　电化学反应

2. 电解质溶液

溶于水后能够导电的物质叫作电解质。如盐酸（HCl）、硫酸（H_2SO_4,）、氢氧化钠（NaOH）、氢氧化铵（NH_4OH）、食盐（NaCl）、硝酸钠（$NaNO_3$）、次氯酸钠（$NaClO_3$）等酸、碱、盐都是电解质。电解质与水形成的溶液为电解质溶液,简称电解液。电解液中所含的电解质的多少即为电解液的质量分数。

由于水分子是极性分子,可以和其他带电的粒子发生微观静电作用。例如 NaCl,这种电解质是离子型晶体,它是由相互排列的 Na^+ 和 Cl^- 构成,把它放到水里,就会产生电离作用。这种作用使 Na^+ 和 Cl^- 之间的静电作用减弱,大约只有原来静电作用的 1/80。因此,Na^+ 和 Cl^- 被水分子一个个、一层层地拉入溶液中,每个 Na^+ 和每个 Cl^- 周围均被吸引着一些水分子,成为水化离子,此过程称为电解质的电离,根据高中所学化学知识,其电离方程式简写为

$$NaCl \longrightarrow Na^+ + Cl^-$$

电解质有强、弱之分。在水中能完全电离的,称为强电解质,如:NaCl。在水中仅部分电离的,称为弱电解质。强酸、强碱和大多数盐类都是强电解质;弱电解质如氨、醋酸等在水中仅小部分电离成离子,大部分仍以分子状态存在;水也是弱电解质,它本身能微弱地电离为 H^+ 和 OH^-,导电能力都很弱。同时,由于溶液中正、负离子的电荷相等,所以整个溶液仍保持电的中性。

3. 电极电位

（1）电极电位的形成。

任何一种金属插入含该金属离子的水溶液中,在金属/溶液界面上都会形成一定的电荷分布,从而形成一定的电位差,这种电位差称为该金属的电极电位。

对电极电位的形成较为普遍的解释是金属/溶液界面双电层理论。典型的金属/溶液界面双电层结构如图 3-1-2 所示,而对不同结构双电层形成的机理,可以用金属的活泼性以及对金属离子的水化作用的强弱进行解释。

在图 3-1-2 所示的金属/溶液界面上,金属离子和自由电子间的金属键力既具有阻碍金属表面离子脱离晶格而溶解到溶液中去的作用,又具有吸引界面附近溶液中的金属离子脱离溶液而沉积到金属表面的作用;而溶液中具有极性的水分子对于金属离子又具有"水化作用",即一方面,使金属表面上部分金属离子进入溶液而把电子留在金属表面上（金属的溶解）;另一方面,溶液中的金属离子从金属表面上得到电子,还原为金属原子沉积在金属表面上（金属离子的沉积）。对于金属键力弱即活泼性强的金属,其金属/溶液界面上"水

化作用"占优先,则溶液界面一侧被极性水分子吸引到更多的金属离子,而在金属界面上一侧则有自由电子规则排列,如此形成了如图3-1-2(a)所示的双电层电位分布。与此相反,对于金属键力强即活泼性差的金属,其金属/溶液界面上金属界面一侧排列更多金属离子,对应溶液界面　侧排列着带负电的离子,如此形成了如图3-1-2(b)所示的双电层。

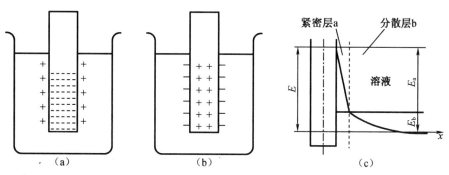

E—金属/溶液界面双电层电位差;E_a—双电层中紧密层的电位差;E_b—双电层中分散层的电位差。

图3-1-2　典型的金属/溶液界面双电层结构

由于双电层的形成,在界面上产生了一定的电位差,将这一金属/溶液界面双电层中的电位差称为金属的电极电位E,其在界面上的分布如图3-1-2(c)所示。

总之,金属的电极电位就是金属与其盐溶液界面上的电位差,因为它是金属在本身盐溶液中的溶解和沉积相平衡时的电位差,所以又称为平衡电极电位。化学性能较活泼的金属,金属失去电子的溶解速度大于金属离子得到电子的沉积速度,达到平衡时,金属带负电,溶液带正电。化学性能不活泼的金属,金属离子得到电子的沉积速度大于金属失去电子的溶解速度,达到平衡时,金属带正电,溶液带负电。金属和溶液的界面上也形成双电层,产生电位差。金属与溶液间电位差的大小,取决于金属的性质、溶液中离子的浓度和温度。金属越活泼,电位越低;金属越不活泼,电位越高。在同一种金属电极中,金属离子浓度越大,电位越高;浓度越小,电位越低。温度越高,电位越高;温度越低,电位越低。

(2)标准电极电位。

为了能科学地比较不同金属的电极电位值的大小,在电化学理论实践中,统一地给定了标准电极电位与标准氢电极电位两个重要的、具有度量标准意义的规定。

电极电位的绝对值是无法测定的,通常选定一个电极作为标准,将各种待测电极与它相比较,即可得到各种电极的电极电位相对值。国际纯粹与应用化学联合会(IUPAC)选定"标准氢电极"作为比较标准。在理论电化学中,统一的标准环境约定为将金属放在金属离子活度(有效浓度)为1 mol/L溶液中,在25 ℃和气体分压为一个标准大气压的条件下。上述统一的电位参考基准约定为标准氢电极电位。标准氢电极电位是指溶液中氢离子的活度为1 mol/L的理想电极-溶液界面时的电位。在电化学理论中,统一规定25 ℃时,标准氢电极电位为零电位,其他金属的标准电极电位都是相对标准氢电极电位的代数值(表3-1-1)。

表 3-1-1　部分元素的标准电极电位（25 ℃）

元素氧化态/还原态	电极反应	电极电位/V
Mg^{2+}/M_g	$Mg^{2+}+2e \longrightarrow Mg$	-2.38
Fe^{2+}/Fe	$Fe^{2+}+2e \longrightarrow Fe$	-0.44
Fe^{3+}/Fe	$Fe^{3+}+3e \longrightarrow Fe$	-0.036
H^{+}/H	$2H^{+}+2e \longrightarrow H_2$	0
Cu^{2+}/Cu	$Cu^{2+}+2e \longrightarrow Cu$	0.34

（3）平衡电极电位。

如前文所述,将金属浸在含该金属离子的溶液中,则在金属/溶液界面上将发生电极反应且在某种条件下建立了双电层。如果电极反应又可以逆向进行,以 Me 表示金属原子,则化学方程式为

$$Me \underset{还原}{\overset{氧化}{\rightleftharpoons}} Me^{n+}+ne$$

若上述可逆反应速度即氧化反应与还原反应的速度相等,金属/溶液界面上没有电流通过,也没有物质溶解或析出,即建立一个稳定的双电层,此种情况下的电极称为可逆电极,相应电极电位称为可逆电极电位或平衡电极电位。还应当指出,不仅金属和该金属的离子(包括氢和氢离子)可以构成可逆电极,非金属及其离子也可以构成可逆电极。标准电极电位是在标准状态条件下的可逆电极和可逆电极电位,或者标准状态下的平衡电极电位。而实际工程条件并不一定处于标准状态,那么对应该工程条件下的平衡电极电位不仅与金属性质和电极反应形式有关,而且与离子浓度和反应温度有关。温度提高或金属正离子的活度增大,均使该金属电极的平衡电位朝正向增大(代数值增大);温度提高或非金属负离子的活度增大,均使非金属的平衡电位朝负向变化(代数值减小)。

由表 3-1-1 所列的部分元素标准电极电位值,可以发现,电极电位的高低即电极电位代数值的大小,与金属的活泼性或与非金属的惰性密切相关。标准电极电位按代数值由低到高的顺序排列,反映了对应金属的活泼性由大到小的顺序排列。在一定的条件下,标准电极电位越低的金属,越容易失去电子被氧化;标准电极电位越高的金属,越容易得到电子被还原。也就是说,标准电极电位的高低,将会决定在一定条件下对应金属离子参与电极反应的顺序。

4. 电极的极化

平衡电极电位是没有电流通过电极时的情况,当有电流通过时,电极的平衡状态遭到破坏,使阳极的电极电位向正移(代数值增大)、阴极的电极电位向负移(代数值减小),即电极在有限电流通过时所表现的可逆电极电位与不可逆电极电位产生偏差的现象,称为电极的极化,如图 3-1-3 所示。

极化后的电极电位与平衡电位的差值称为超电位,随着电流密度的增加,超电位也会增加,使得许多比氢电极电势低的金属能够从水溶液中析出,易于加工,但同时也会增加槽电压,增大电能消耗。电化学加工时,由于在阳极和阴极都存在着离子的扩散、迁移和电化学反应过程,所以一定伴随一些现象,如浓差极化和电化学极化。

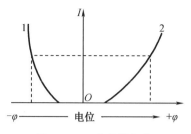

图 3-1-3　电极的极化

（1）浓差极化。

在电化学反应过程中，由于离子的扩散、迁移步骤缓慢而引起的电极极化称为浓差极化，即当电流通过电极时，如果在电极与溶液界面处化学反应的速度较快，而离子在溶液中的扩散速率相对较慢，则在电极表面附近处有关离子的浓度将会与远离电极的本体溶液有差别，这种差别造成了浓差极化。金属不断溶解的条件之一是生成的金属离子需要越过双电层，再回外迁移并扩散。然而扩散与迁移的速度是有一定限度的，在外电场的作用下，如果阳极表面液层中金属离子的扩散与迁移速度较慢，来不及扩散到溶液中去，使阳极表面造成金属离子堆积，引起电位值增大（即阳极电位向正移），就是浓差极化。但在阴极上，由于水化氢离子的移动速度很快，一般情况下，氢的浓差极化很小。凡能加速电极表面离子的扩散与迁移速度的措施，都能使浓差极化减小，如提高电解液流速以增强其搅拌作用，升高电解液温度等。

（2）电化学极化。

电极极化过程中，由于电化学反应缓慢而引起的电极极化称为电化学极化，它主要发生在阴极上，从电源流入的电子来不及转移给电解液中的 H^+，因而在阴极上积累过多的电子，使阴极电位向负移，造成电化学反应缓慢，从而形成电化学极化。而在阳极上，金属溶解过程的电化学极化一般很小。

5. 金属的钝化和活化

在电化学加工过程中还会出现一种现象，它能使金属阳极溶解过程的超电位升高，电极溶解速度减慢，从而降低生产率。如铁基合金在硝酸钠电解液中电解时，电流密度增加到一定值后，铁的溶解速度在大电流密度下维持一段时间后反而急剧下降，使铁呈稳定状态不再溶解，电化学加工过程中的这种现象称为阳极钝化，简称钝化。

钝化通常会造成电极溶解速度减慢，生产率降低，因此出现了活化工艺。使金属钝化膜破坏的过程称为活化，可采用的方式很多，如把溶液加热，通入还原性气体或加入某些活性离子等，也可采用机械复合方式，如电解磨削破坏钝化膜非常有效，但是，将电解液加热，温度过高会引起电解液的过快蒸发，绝缘材料的膨胀、软化和损坏等，因此，加热只能在一定温度范围内使用。在使金属活化的多种手段中，以氯离子的作用最醒目。氯离子具有很强的活化能力，这是因为氯离子对大多数金属亲和力比氧大，能够吸附在电极上使钝化膜中的氧排出，从而使金属表面活化。电解加工中采用 NaCl 电解液的生产率高就是这个道理。

二、电化学加工的分类与特点

1.电化学加工的分类

电化学加工大致分三类:按照电化学反应中的阳极溶解原理进行加工,属于第一类,主要有电解加工和电化学抛光等;按照电化学反应中的阴极沉积原理进行加工,属于第二类,主要有电镀、电铸等;利用电化学加工与其他加工方法相结合的电化学复合加工,属于第三类,主要有电化学加工与机械加工相结合的电解磨削等。其分类情况见表3-1-2。

表3-1-2　电化学加工分类

类别	加工方法(及原理)	加工类型
1	电解加工(阳极溶解); 电解抛光(阳极溶解)	用于形状、尺寸加工; 用于表面加工,去毛刺
2	电镀加工(阴极沉积); 局部涂镀(阴极沉积); 复合电镀(阴极沉积); 电铸(阴极沉积)	用于表面加工,装饰; 用于表面加工,尺寸修复; 用于表面加工,磨具制造; 用于制造复杂形状的电极,复制精密、复杂的花纹模具
3	电解磨削,包括电解珩磨,电解研磨(阳极溶解,机械刮除); 电解电火花复合加工(阳极溶解,电火花蚀除); 电化学阳极机械加工(阳极溶解,电火花蚀除、机械刮除)	用于形状、尺寸加工,超精、光整加工、镜面加工; 用于形状尺寸加工; 用于形状、尺寸加工、高速切断、下料

2.电化学加工的特点

电化学加工属于不接触加工,工具电极和工件之间存在工作液(电解液或电镀液);电化学加工过程无宏观切削力,为无应力加工。

电解加工原理虽与切削加工类似,为"减材"加工,从工件表面去除多余的材料,但与之不同的是,电解加工是不接触、无切削力、无应力加工,可以用软的工具材料加工硬韧工件,"以柔克刚",因此可以加工复杂的立体成型表面。由于电化学、电解作用是按原子、分子一层层进行的,因此可以控制极薄的去除层,进行微薄层加工,同时可以获得较好的表面粗糙度。

电镀、电铸为"增材"加工,向工件表面增加、堆积一层层的金属材料,也是按原子、分子逐层进行的,因此可以精密复制精细的花纹表面,而且电镀、电铸、刷镀上去的材料,可以比原工件表面拥有更好的硬度、强度、耐磨性及抗腐蚀性能等。

三、电化学加工的适用范围

电化学加工的适用范围,因电解和电铸两大类工艺的不同而不同。电解加工可以加工复杂成型模具和零件,例如汽车、拖拉机连杆等各种型腔锻模,航空、航天发动机的扭曲叶片,汽轮机定子、转子的扭曲叶片,炮管内管的螺旋"膛线"(复线),齿轮、液压件内孔的电解去毛刺及扩孔、抛光等。

电铸、电镀可以复制复杂、精细的表面,刷镀可以修复磨损的零件,改变原表面的物理性能,有很大的经济效益和社会效益。

四、电解加工机理

电解加工是继电火花加工之后发展较快、应用较广泛的一项新工艺。我国早在20世纪50年代就开始应用电解加工方法对炮膛进行加工,现已广泛应用于航空发动机的叶片、异形零件、花键孔、内齿轮、模具、阀片等异形零件的加工。近年来出现的重复加工精度较高的一些电解液以及混气电解加工工艺,大大提高了电解加工的成型精度,简化了工具阴极的设计,促进了电解加工工艺的进一步发展。

在我国科研人员的长期努力下,电解加工在许多方面取得了突破性的进展。例如,用锻造毛坯叶片直接电解加工出复杂的叶片型面,当时达到世界先进水平。今天,无论是我国还是工业发达国家,电解加工已成为国防航空和机械制造业中不可缺少的重要工艺手段。

1. 电解加工机理

电解加工是利用金属在电解液中发生电化学阳极溶解的原理将工件加工成型的一种特种加工方法。

电解加工机理如图3-1-4(a)所示。加工时,工件接直流电源的正极,工具接负极,两极之间保持较小的间隙。电解液从极间间隙中流过,使两极之间形成导电通路,并在电源电压下产生电流,从而形成电化学阳极溶解。随着工具相对工件不断进给,工件金属不断被电解,电解产物不断被电解液冲走,最终两极间各处的间隙趋于一致,工件表面形成与工具工作面基本相似的形状,成型过程如图3-1-4(b)所示。

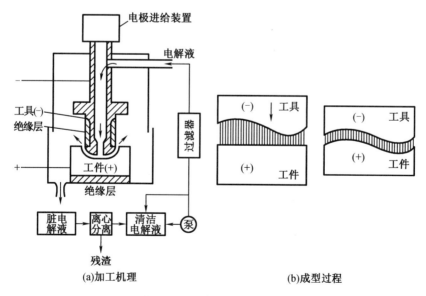

(a)加工机理　　　　　　　　　　(b)成型过程

图3-1-4　电解加工示意图

2. 电解加工条件

由上述分析可得出,电解加工需要具备三个条件:

（1）工具与工件之间接上直流电源；

（2）工具与工件之间保持较小的间隙；

（3）工具与工件之间注入高速流动的电解液。

为了实现尺寸、形状加工，电解加工过程中还必须具备下列特定工艺条件：

（1）工件阳极和工具阴极间保持很小的间隙（称作加工间隙），一般在 $0.1 \sim 1$ mm；

（2）$0.5 \sim 2.5$ MPa 的强电解质溶液从加工间隙中连续高速（$5 \sim 50$ m/s）流过，以保证带走阳极溶解产物、气体和电解电流通过电解液时所产生的热量，并去除极化；

（3）工件阳极与工具阴极分别和直流电源（一般为 $6 \sim 24$ V）的正负极连接；

（4）通过两极加工间隙的电流密度高达 $10 \sim 200$ A/cm^2。

加工起始时，工件毛坯的形状与工具阴极不一致，两极间的距离相差较大。阴极与阳极距离较近处通过的电流密度较大，电解液的流速也较高，阳极金属溶解速度也较快。随着工具阴极相对工件不断进给，最终两极间各处的间隙趋向于相等，工件表面的形状与工具阴极表面完全吻合[图 3-1-4（b）]，直至得到合格工件。

五、电解加工的特点

与其他加工方法相比，电解加工具有如下特点。

（1）加工范围广。电解加工几乎可以加工所有的导电材料，并且不受材料的强度、硬度、韧性等机械、物理性能的限制。可加工高强度、高硬度和高韧性等难切削的金属材料，如淬火钢、钛合金、硬质合金、不锈钢、耐热合金等；可加工叶片、花键孔、炮管膛线、锻模等各种复杂的三维型面，以及薄壁、异形零件等。加工后材料的金相组织基本上不发生变化。

（2）生产率高。加工生产率高且不直接受加工精度和表面粗糙度的限制。电解加工能以简单的直线进给运动一次加工出复杂的型腔、型面和型孔，而且加工速度可以和电流密度成比例地增加。据统计，电解加工的生产率约为电火花加工的 $5 \sim 10$ 倍，在某些情况下，甚至可以超过机械切削加工。

（3）表面质量好。电解加工不产生残余应力和变质层，没有飞边、刀痕和毛刺。加工精度：型面和型腔加工精度误差为 $0.05 \sim 0.20$ mm；型孔和套料加工精度误差为 $0.03 \sim 0.05$ mm；表面粗糙度：对于一般中、高碳钢和合金钢，可稳定地达到 $1.6 \sim 0.4$ μm；对于某些合金钢可达到 0.1 μm。

（4）电解加工过程中工具和工件不接触。不存在机械切削力，不产生残余应力和变形，有利于加工薄壁和易变形零件。

（5）加工过程中阴极工具在理论上不会损耗，可长期使用。在电解加工过程中工具阴极上仅仅析出氢气，而不发生溶解反应，所以没有损耗。只有在产生火花、短路等异常现象时才会导致阴极损耗。

（6）工艺装备简单、操作方便、对操作技术要求不高。

但是，电解加工也具有一定的局限性，主要表现在以下三个方面。

（1）加工精度和加工稳定性不高。电解加工的加工精度和稳定性取决于阴极的精度和加工间隙的控制。而阴极的设计、制造和修正都比较困难，阴极的精度难以保证。此外，影响电解加工间隙的因素很多，且规律难以掌握，加工间隙的控制比较困难。

（2）单件小批量生产成本较高。由于阴极和夹具的设计、制造及修正困难，周期较长，因而单件小批量生产的成本较高,同时,电解加工所需的附属设备较多,占地面积较大,且机床需要足够的刚性和防腐蚀性能,造价较高。故批量越小,单件附加成本越高。

(3)电解液和电解产物需专门处理,否则将污染环境。电解液及其产生的易挥发气体对设备具有腐蚀性,加工过程中产生的气体对环境具有一定污染。

由于电解加工的优点和缺点都很突出,因此,如何正确选择和使用电解加工工艺,成为摆在人们面前的一个重要问题。我国的一些专家提出选用电解加工工艺的三原则:电解加工适用于难加工材料的加工;电解加工适用于相对复杂形状零件的加工;电解加工适用于批量大的零件加工。一般认为,三原则均满足时,相对而言选择电解加工比较合理。

六、电解液的作用

电解液是电解池的基本组成部分,是产生电解加工阳极溶解的载体。正确地选用电解液是电解加工最基本的条件。电解液的主要作用如下。

(1)作为导电介质传递电流。

电解液是与工件阳极及工具阴极组成进行电化学反应的电极体系,从而实现所要求的电解加工过程,同时所含导电离子也是电解池中传送电流的介质,这是最基本的作用;

(2)在电场的作用下进行化学反应,使阳极溶解能够顺利而有效地进行;

(3)及时把加工间隙内产生的电解产物和热量带走,使加工区不致过热而引起沸腾、蒸发,起到更新和冷却的作用,以确保正常加工。

因此,电解液对电解加工的各项工艺指标有重要的影响。

七、对电解液的要求

对电解液总的要求是加工精度和效率高、表面质量好、实用性强。但随着电解加工的发展,对电解液又提出了新的要求。根据不同的出发点,有的要求可能是不同的,甚至是相互矛盾的。对电解液的基本要求主要包括以下四个方面。

1. 电化学特性方面

(1)电解液中各种正负离子必须并存,相互间只有可逆反应而不相互影响,这是构成电解液的基本条件。

(2)在工件阳极上必须能够优先进行金属离子的阳极溶解,不生成难溶性钝化膜,以免阻碍阳极溶解过程。因此,电解液中的阴离子常是标准电极电位很正的 Cl^-、ClO_3^- 等离子。对电解抛光则能够在阳极表面生成可溶性覆盖膜,产生不完全钝化(又称准钝化),以获得均匀、光滑的表面。

(3)阳离子不会沉积在工具阴极表面,阴极上只发生析氢反应,以免破坏工具阴极型面,影响加工精度。因此,电解液中的阳离子经常是标准电极电位很负的 Na^+、K^+ 等离子。

(4)集中蚀除能力强、散蚀能力弱。集中蚀除能力是影响成型速度/整平比,从而影响加工精度的关键因素之一。散蚀能力则影响侧壁的二次扩张、圆角半径的大小、棱边锐度以及非加工面的杂散腐蚀。集中蚀除能力又称定域能力,是指工件加工区小间隙处与大间隙处阳极溶解的能力的差异程度,即加工区阳极蚀除量集中在小间隙处的程度。散蚀能力又称匀镀能力,是指大间隙处阳极金属蚀除的能力,也就是加工区阳极蚀除量发散的程度。

(5)阳极反应的最终产物能够形成不溶性氢氧化物,以便于净化处理,且不影响电极过程,故常采用中性盐水溶液。但在某些特殊情况下(例如深细小孔加工),为避免在加工间

隙区出现沉淀等异物,则要求能够产生易溶性氢氧化物,因而需选用酸性电解液。

2. 物理特性方面

(1)应是强电解质,即具有高的溶解度和大的离解度。

一般用于尺寸加工的电解液应具有高电导率,以减少高电流密度(高去除率)时的电能损耗和发热量。精加工时则可采用低浓度、低电导率电解液,以利于提高加工精度。

(2)尽可能低的黏度,以减少流动压力损失及加快电解产物和热量的迁移过程,也有利于实现小间隙加工。

(3)高的热容以减小温升,防止沸腾、蒸发和形成空穴,也有利于实现小间隙、高电流密度加工。

3. 稳定性方面

(1)电解液中消耗性组分应尽量少(因电解产物不易离解),应有足够的缓冲容量以保持稳定的最佳 pH(酸碱度)。

(2)电导率及黏度应具有小的温度系数。

4. 实用性方面

(1)污染小,腐蚀性小;无毒、安全,尽量避免产生 Cr^{6+} 等有害离子。

(2)使用寿命长。

(3)价格低廉,易于采购。

八、常用电解液及其选择原则

1. 电解液选择原则

综上所述,对于电解液的要求是多方面的,很难找到一种电解液能满足所有的要求,因而只能有针对性地根据被加工材料的特性及主要加工要求(加工精度、表面质量和加工效率)有所侧重。对于粗加工,电解液的选择侧重于解决加工效率问题;对于精加工,电解液的选择侧重于解决加工精度和表面质量问题。材料上,高温合金叶片侧重确保加工精度,而钛合金叶片则是侧重于解决表面质量。总之,在电解液优选中,除了共性的原则外,还有针对不同情况的特殊的优选原则。

2. 常用电解液

电解液可分为中性电解液、酸性电解液和碱性电解液三大类。其中中性电解液的腐蚀性较小,使用较安全,应用最普遍。

(1)酸性电解液。

如 HCl、HNO_3 或 H_2SO_4,这类电解液的电导率高,蚀除速度大,电解产物易溶于电解液中,在加工间隙中不产生沉淀物,不必进行过滤,对加工小孔特别有利。但是它有一系列严重缺点,如对金属的腐蚀性大,对人的皮肤和眼睛有损害,加工过程中成分不易稳定,在使用一段时期后,金属离子容易沉积在阳极表面上,废液难以处理等。因此,这种电解液仅用于高精度的小间隙加工细长孔以及锗、钼、铌等难溶金属。

(2)碱性电解液。

如 NaOH、KOH 等,这类电解液对人身体有害,同时在加工一般金属材料时,会在工件表面上形成难溶性的阳极膜,使阳极溶解难以继续进行,因此使用较少,仅在加工钨、铜等金属材料时,可用作添加剂,以增强对难溶于酸或盐的碳化物的溶解。

（3）中性电解液。

最常用的有 NaCl、NaNO$_3$、NaClO$_3$ 三种电解液。这类电解液腐蚀性较以上两种电解液要小,使用比较安全,对人身体危害也较小,故得到普遍使用,现对常用的三种中性电解液介绍如下。表 3-1-3 对三种电解液的特点进行了比较。

表 3-1-3　电解加工常用的三种电解液特点比较

特点	NaCl 电解液	NaNO$_3$ 电解液	NaClO$_3$ 电解液
加工速度	高	低	较高
加工精度	较低	较高	较高
表面质量	加工铁基合金和镍基锻造合金光洁度较高	加工有色金属光洁度较高	加工铁基合金光洁度较高
腐蚀性	大	较小(高浓度下)	较小(高浓度下)
成本	低	较高	高
安全性	安全、无毒	助燃(氧化剂)	助燃(强氧化剂)
适用范围	精度要求不高的铁基合金、镍基合金等,适用范围最广	有色金属(铜、铝)及精度要求较高的铁基合金、镍基合金	铁基合金,黄铜等及电解扩孔、去毛刺等加工

①NaCl 电解液。

NaCl 电解液价廉易得,含有活性 Cl$^-$,阳极工件表面不易生成钝化膜,所以具有较大的蚀除速度,对大多数金属而言,其电流效率均较高,加工表面粗糙度值也小,同时,加工过程中损耗小并可在低浓度下使用,又是强电解质,在水溶液中几乎可以完全电离,导电能力强,而且适应范围广。其缺点是电解能力强,散蚀能力强,使得离阴极工具较远的工件表面也被电解,成型精度难以控制,复制精度差;对机床设备腐蚀性大,故适用于加工速度快而精度要求不高的工件。

②NaNO$_3$ 电解液。

NaNO$_3$ 电解液是钝化型电解液,电解加工时,工件加工区因处于超钝化状态而受到钝化膜的保护,可以减少杂散腐蚀,提高加工精度。在浓度低于 30% 时,对设备、机床腐蚀性很低,使用安全。但生产率低,需较大电源功率,同时因有氨气析出,会增大电解液的消耗量,故适用于加工成型精度要求较高的工件。

③NaClO$_3$ 电解液。

NaClO$_3$ 电解液的散蚀能力弱,故加工精度高,导电能力强,生产率高,对机床、设备等的腐蚀性很低,广泛地应用于高精度零件的成型加工。然而,NaClO$_3$ 是一种强氧化剂,虽不自燃,但遇热分解的氧气能助燃,因此使用时要注意防火安全。

在电解加工过程中,工件的溶液是在固相和液相间界面同时进行的一系列复杂的电化学和化学作用的最终结果。由于不同的工件材料,其组成和金相结构亦不同,因此,在加工不同的金属和合金时,应该选用与之相适应的电解液。

3. 电解液中的添加剂

几种常用电解液都有一定的缺点,为此,在电解液中使用添加剂是改善其性能的重要途径。例如,为了降低 NaCl 电解液的散蚀能力,可加入少量磷酸盐等,使阳极表面产生钝化膜,以提高成型精度。$NaNO_3$ 电解液虽有成型精度高的优点,但其生产率低,可添加少量 NaCl,使其加工精度及生产率均提高。为改善加工表面质量,可添加络合剂、光亮剂等,如添加少量 NaF 可改善表面粗糙度,为减轻电解液的腐蚀性,可使用缓蚀添加剂等。

九、电解液的流速以及流动形式

加工过程中电解液必须具有足够的流速,以便把氢气、金属氢氧化物等电解产物冲走,把加工区的大量热量带走。电解液的流速一般约 10 m/s 左右,电流密度增大时,流速要相应增加。流速改变是靠调节电解液泵的出水压力来实现的。

1. 电解液流动形式

电解液流动形式是指电解液流向加工间隙、流经加工间隙及流出加工间隙的流动路径、流动方向的几何结构。电解液流动形式可分为正向流动、反向流动和侧向流动三种,又称为正流式、反流式和侧流式(图 3-1-5)。

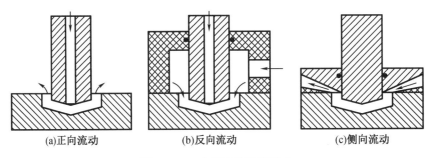

(a)正向流动　　　　(b)反向流动　　　　(c)侧向流动

图 3-1-5　电解液的流动形式

正向流动是指电解液从工具阴极中心流入,经加工间隙后,从四周流出,如图 3-1-5(a)所示。其优点是工装较简单,缺点是电解液流经侧面间隙时已混有大量气体及电解产物,加工精度和表面粗糙度难以保证。

反向流动与正向流动相反,是指电解液从加工区四周流入,经加工间隙后,从工具阴极中心流出,如图 3-1-5(b)所示。其优缺点与正向流动相反。

侧向流动是指电解液从一侧面流入,从另一侧面流出,如图 3-1-5(c)所示。其优点是工具阴极简单,且不会在工件上留下出液口凸台,缺点是必须有复杂的电解液密封工装。

2. 电解液流动形式选择

根据上述各种流动形式的特点,可了解其合适的应用范围。因此,须根据加工对象的不同,来选择电解液的流动形式。电解液流动形式的选择见表 3-1-4。

表 3-1-4　电解液流动形式的选择

流动形式	主要应用范围
侧向流动	平面及型面加工,如叶片加工; 浅型腔加工; 流线型型腔加工,如叶片锻模加工

表 3-1-4(续)

流动形式		主要应用范围
正向流动	不加背压	小孔加工； 中等复杂程度型腔或加工精度要求不高的型腔； 混气加工型腔
正向流动	加背压	复杂型腔； 较精密的型腔
	毛坯有预孔	有预孔的零件加工,如电解镗孔等
反向流动		复杂型腔； 较精密的型腔

十、电解加工生产率及其影响因素

电解加工的生产率是以单位时间内去除或沉积的金属量来衡量,单位为 mm²/min 或 g/min。它首先取决于工件材料的电化学当量,其次与电流密度有关,此外电解(电镀)液及其参数对其也有较大影响。

1. 金属的电化学当量和生产率的关系

由实践得知,电解时电极上溶解或析出物质的量(质量 m 或体积 V),与电解电流 I 和电解时间 t 成正比,即与电荷量($Q=1$)成正比,其比例系数称为电化学当量,这一规律即法拉第电解定律,用公式符号表示如下：

用质量计：

$$M = KIt$$

用体积计：

$$V = \omega It$$

式中　M——电极上溶解或析出物质的质量,g；

　　　V——电极上溶解或析出物质的体积,mm³；

　　　K——被电解物质的质量电化学当量,g/(A·h)；

　　　ω——被电解物质的体积电化学当量,mm³/(A·h)；

　　　I——电流强度,A；

　　　t——电解时间,h。

由上述公式可知,电化学当量越大,生产率越高。一些常见金属的电化学当量见表 3-1-5 或由实验求得。

表 3-1-5　一些常见金属的电化学当量

金属名称	密度/(g·cm⁻³)	电化学当量		
		$K/[g \cdot (A \cdot h)^{-1}]$	$\omega/[mm^3 \cdot (A \cdot h)^{-1}]$	$\omega/[mm^3 \cdot (A \cdot min)^{-1}]$
铁	7.86	1.042(二价)	133	2.22
		0.696(三价)	89	1.48

表 3-1-5(续)

金属名称	密度/(g·cm⁻³)	电化学当量		
		$K/[g \cdot (A \cdot h)^{-1}]$	$\omega/[mm^3 \cdot (A \cdot h)^{-1}]$	$\omega/[mm^3 \cdot (A \cdot min)^{-1}]$
镍	8.80	1.095	124	2.07
铜	8.93	1.188(二价)	133	2.22
钴	8.73	1.099	126	2.10
铬	6.9	0.648(三价)	94	1.56
		0.324(六价)	47	0.78
铝	2.69	0.335	124	2.07

法拉第电解定律可用于根据电量计算任何被溶解物质的数量,并在理论上不受电解液成分、浓度、温度、压力以及电极材料、形状等因素的影响。

但是,电解加工实践和实验数据均表明,在实际电解加工过程中,阳极金属的溶解量与上述按法拉第电解定律进行理论计算的溶解量有差别。究其原因是理论计算时假设"阳极只发生确定原子价的金属溶解而没有其他物质析出"这一前提条件,而电解加工的实际条件可能如下。

(1)除了阳极金属溶解外,还有其他副反应而析出另外一些物质(如析出氧气或氯气),相应也消耗了一部分电量。

(2)部分实际溶解金属的原子价比理论计算假设的原子价要高。

(3)部分实际溶解金属的原子价比理论计算假设的原子价要低。

(4)电解加工过程发生金属块状剥落,其原因可能是由材料组织不均匀或金属材料与电解液成分的匹配不当引起。

以上(1)(2)两种情况,则会导致实际金属溶解量小于理论计算量;(3)(4)两种情况,则会导致实际金属溶解量大于理论计算量。

为此,实际应用时常引入电流效率 η:

$$\eta = (实际金属蚀除量/理论计算蚀除量) \times 100\%$$

则公式 $M=KIt$ 和 $V=\omega It$ 中的理论蚀除量称为实际蚀除量:

$$M = \eta KIt$$
$$V = \eta \omega It$$

确定了金属或合金的电化学当量后,利用法拉第电解定律可以根据电流及时间来计算金属蚀除量,或反过来根据加工留量来计算所需电流及加工工时。通常铁和铁镍合金在 NaCl 电解液中的电流效率可按 100% 计算。

2. 电流密度对生产率的影响

实际生产中常用蚀除速度来衡量生产率,由图 3-1-6 可知,蚀除掉的金属体积是加工面积与电解掉的金属厚度的乘积。电流密度越高,生产率越高,但在增加电流密度的同时,电压也随着增高,因此应以不击穿加工间隙、引起火花放电、造成局部短路为度。实际的电流密度取决于电源电压、电极间隙大小以及电解液的导电率。因此要按定律计算蚀除速度,必须推导出蚀除速度和电极间隙大小、电压等的关系。

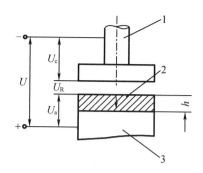

1—阴极工具；2—蚀除速度；3—工件。

图 3-1-6　蚀除过程示意图

3.加工间隙对生产率的影响

加工间隙是电解加工的核心工艺要素，它直接影响加工精度、表面质量和生产率，也是设计工具阴极和选择加工参数的主要依据。加工间隙可分为底面间隙、侧面间隙和法向间隙三种(图 3-1-7)。底面间隙是沿工具阴极进给方向上的加工间隙；侧面间隙是沿工具阴极进给的垂直方向上的加工间隙；法向间隙是沿工具阴极各点的法向上的加工间隙。

加工间隙受加工区电场、流场及电化学特性三方面多种复杂因素的影响，至今尚无有效研究及测试手段。实验加工中得知，加工间隙越小，电解液的电阻越小，电流密度越大，蚀除速度也就越高。但间隙太小会引起火花放电或间隙通道内电解液流动受阻、蚀除物排除不畅，以至产生局部短路，反而使生产率下降，因此间隙较小时应加大电解液的流速和压力。

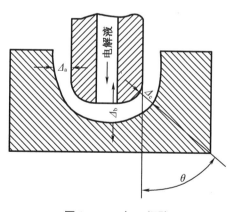

图 3-1-7　加工间隙

十一、电解加工的加工精度

1.电解加工精度的种类

(1)复制精度。

工件的形状和尺寸相对于其阴极型面的偏差量叫作复制精度。在电解加工中，由于加工间隙的存在及其分布的不均匀性，使加工出来的工件型面在形状和尺寸上和阴极型面有一定的误差。在某些情况下，阴极和工件的安装误差以及工件装卸时的变形也会对复制精度产生一定的影响。为了提高电解加工的加工精度，必须首先从提高复制精度入手，并根据工件的复制精度设计阴极。因此,研究分析电解加工中的复制精度是设计阴极和选择工艺参数的基础。

(2)绝对精度。

工件的形状和尺寸相对于设计图纸要求的偏差量叫作绝对精度,即一般所谓的加工精度。它实际上是阴极型面精度和复制精度的结合。因此,工件的绝对精度主要取决于加工间隙的大小和均匀性,以及阴极的型面精度。

(3)重复精度。

用同一工具阴极加工的一批工件之间形状和尺寸的偏差量叫作重复精度。在电解加工过程中,由于加工间隙的不稳定,使工件的精度也不稳定,同一批加工出来的型孔就会大小不一,这是目前电解加工精度中亟待解决的问题。它主要与加工间隙的不稳定性有关,在某些情况下,还与工件和阴极的装夹误差有关。

2. 提高电解加工精度的措施

为提高电解加工的精度,人们进行了大量的研究工作。由上可知,由于电解加工涉及金属的阳极溶解过程,因此,影响其加工精度的因素是多方面的,包括工件材料、工具阴极材料、加工间隙、电解液的性能以及电解直流电源的技术参数等。目前,生产中提高电解加工精度的主要措施有以下几种。

(1)脉冲电流电解加工。

脉冲电流电解加工是近年来发展起来的新方法,可以明显地提高加工精度,在生产中已实际应用并日益得到推广。采用脉冲电流电解加工能够提高加工精度的原因如下。

①脉冲电流电解加工可以在两个脉冲间隔时间内,通过电解液的流动与冲刷,使间隙内电解液的电导率分布基本均匀,从而消除加工间隙内电解液电导率的不均匀化。加工区内阳极溶解速度不均匀是产生加工误差的根源。由于阴极析氢的结果,在阴极附近将产生一层含有氢气气泡的电解液层,由于电解液的流动,氢气气泡在电解液内的分布是不均匀的。在电解液入口处的阴极附近,几乎没有氢气气泡,而远离电解液入口处的阴极附近,电解液中所含氢气气泡非常多,其结果将对电解液流动的速度、压力、温度和密度的特性有较大影响。这些特性的变化又集中反映在电解液电导率的变化上,造成工件各处电化学阳极溶解速度不均匀,从而形成加工误差。采用脉冲电流电解加工可有效杜绝此现象。

②脉冲电流电解加工使阴极在电化学反应中析出的氢气是断续的,呈脉冲状。它对电解液起到搅拌作用,有利于电解产物的去除,从而提高电解加工精度。为了充分发挥脉冲电流电解加工的优势,还有人采用脉冲电流-同步振动电解加工,其原理是在阴极上与脉冲电流同步,施加一个机械振动,即当两电极间隙最近时进行电解,当两电极距离增大时停止电解进行冲液,从而改善流场特性。

(2)小间隙电解加工。

研究显示,采用小间隙加工,有利于提高加工精度和生产率,但间隙愈小,对液流的阻力愈大,电流密度大,间隙内电解液温升快、温度高,电解液的压力会很高,间隙过小容易引起短路。因此,小间隙电解加工的应用受到机床刚度、传动精度、电解液系统所能提供的压力、流速以及过滤情况的限制。

(3)改进电解液。

目前,除了常用的钝化性电解液 $NaNO_3$、$NaClO_3$ 外,正进一步研究采用复合电解液,可在 NaCl 电解液中添加其他成分,如 Na_2SO_4、$NaWO_4$ 等,既可保持 NaCl 电解液的高效率,又可提高加工精度。选择合适的质量分数亦可避免杂散腐蚀。同时,采用低质量分数(低浓度)电解液,加工精度可显著提高,但是采用低质量分数电解液的缺点是生产率较低,所以加工速度不能过快。

(4)混气电解加工。

混气电解加工在我国被应用以来,获得了较好的效果,显示了一定的优越性,如提高了电解加工的成型精度,简化了阴极工具设计与制造流程。混气电解加工是用混气装置将一定压力的气体(主要是压缩空气)与电解液混合在一起,使电解液成为包含无数气泡的气、液混合物,然后送入加工区进行电解加工。我国电加工行业成功地应用该工艺加工叶片和模具,使其加工精度明显提高。加工设备如图 3-1-8 所示。

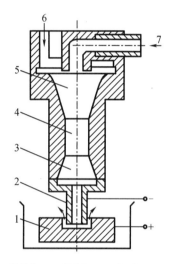

1—工件;2—工具电极;3—扩散部;4—混合部;5—引入部;6—电解液入口;7—气源入口。

图 3-1-8　混气电解加工设备

混气电解加工使加工精度提高的原因:

①由于混入空气,电解液的充气率提高,有效电导率降低,因而使平衡间隙减小;

②混入空气可改变电解液流动特性,提高电解液流速,使流场更为均匀,消除"空穴现象"。

电解液中混入气体后,将会起到下述作用:

①可以增加电解液的电阻率,减少杂散腐蚀,使电解液向非线性方面转化;

②可以降低电解液的密度和黏度,增加流速,均匀流场,由于气体的密度和黏度远小于液体,所以混气电解液的密度和黏度也大大下降,这是混气电解加工能在低压下达到高流速的关键,高速流动的气泡还起到搅拌作用,能够消除死水区,均匀流场,减少短路的可能性。

采用混气电解加工时,混气质量和气液混合比(即一个大气压时混入电解液中的空气流量和电解液流量之比)对混气电解加工的加工速度和质量有直接影响,随着气液混合比的增大,加工间隙减小,加工精度提高,表面粗糙度减小,但去除金属的速度降低。当气液混合比超过一定范围时,则效果不显著。在型腔加工中,气压在 $9.81 \times 10^4 \sim 49.3 \times 10^4$ Pa

时,一般气、液按(1:1)至(1:3)混合。

混气电解加工的关键技术问题是确定合适的气、液混合比。模具加工为1:3,叶片加工为0.7:2。

综上所述,电解加工的加工精度主要取决于加工间隙的大小、均匀性和稳定性;工具阴极型面精度、安装精度;工装设备及其控制精度。所以,提高加工精度的主要途径是实现小间隙加工;改善电流效率特性;严格控制各种参数的变化范围;正确设计工具阴极等。具体措施如下。

(1)工件方面。保证毛坯余量足够、均匀和稳定;材料组织要良好而稳定;加工表面清洁,没有油污或氧化皮。

(2)电解液方面。选用电流效率特性良好的电解液;合理选用并严格控制电解液的浓度、温度和酸度;进行电解液的仔细过滤。

(3)工具阴极方面。正确而光洁的型面;合适的电解液流动方向和通液槽设计;足够的刚度和强度;良好而可靠的绝缘;正确的定位装夹方式。

(4)工艺参数方面。采用高的进给速度;足够的电解液压力和流速、背压等。

(5)机床设备方面。稳定而精确的传动精度;足够的刚度;可靠的电源稳压系统;良好的电解液系统;良好的适应性控制系统和数字显示装置;可靠的火花短路保护系统。

(6)其他方面。混气电解加工;振动进给、脉冲电流加工;合理、可靠的定位方式和耐磨耐蚀的定位件材料;对工艺路线做必要的改进。

有关专家将上述措施简单归纳为以下三条。

(1)五稳定。电解液温度要稳定;加工电压要稳定;进给速度要稳定;电解液流速要稳定;毛坯质量要稳定。

(2)五良好。流场分布要良好;传动精度要良好;控制系统要良好;过滤系统要良好;定位装夹要良好。

(3)五改进。小间隙加工;电流效率特性良好的电解液;混气电解加工;振动进给、脉冲电流加工;火花短路保护。

十二、电解加工的表面质量

电解加工的表面质量包括表面粗糙度和表面层物理化学性质两个方面。电解加工中可能出现表面的缺陷有流纹、烧伤、晶界腐蚀、裂纹等。

影响表面质量的因素主要有以下几个方面。

1. 工艺参数

一般情况下,电流密度较高,有利于阳极的均匀溶解。电解液流速过高,有可能引起流场不均匀,局部形成真空,影响表面质量;流速过低,使电解产物排除不及时,氢气泡的分布不均匀,或加工间隙内电解液局部沸腾汽化,造成表面缺陷。电解液温度过高,会引起阳极表面的局部剥落;温度过低,钝化严重,也会造成溶解不均匀或形成黑膜等。

2. 工件材料

合金成分、金相组织及热处理状态,对表面粗糙度均有较大影响。合金成分多,含杂质多,金相组织不均匀,结晶粗大,均会造成溶解速度的差别,从而影响表面粗糙度,例如铸铁、高碳钢的表面较粗糙,可采用高温扩散退火、球化退火,使组织均匀及晶粒细化,以保证加工表面质量。

3.阴极的表面质量

如表面条纹、刻痕等都会相应复印到工件表面上,所以阴极表面必须光洁。阴极进给不均匀,会引起横向条纹。另外,工件表面油垢、锈斑及电解液处理不净等,都会影响表面质量。

学习小结

〰〰〰

【任务实施】

一、任务导入

整体叶轮如图3-1-9所示,是喷气发动机、汽轮机中的重要零件,叶片形状复杂,精度要求高,表面质量要求高,加工批量大。

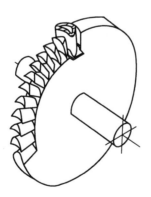

图3-1-9 整体叶轮外形

二、任务分析与准备

整体叶轮加工是指轮毂和叶片在同一毛坯上进行的整体加工,叶片形状复杂扭曲,整体加工难度较大,需要考虑的因素较多,大致包括以下几个方面。

1.探伤检查

整体叶轮加工技术要求包括尺寸、形状、位置和表面粗糙度等几何方面的要求,也包括机械、物理和化学性能的要求。在对叶轮进行加工前,必须对叶轮毛坯进行探伤检查。叶轮叶片必须具有良好的表面质量。精度一般集中在叶片表面、轮毂表面和叶根表面。截面间的型面平滑过渡,另外,叶身的表面纹理力求一致。

2. 叶轮对称问题

整体叶轮在工作中为了防止振动并降低噪声,对其动平衡性要求很高,因此在加工过程中要综合考虑叶轮的对称问题。

3. 加工方法选择

目前,国内外采用的加工整体叶轮的方法主要有精密铸造、数控铣削、电解套料加工、仿形电解加工、数控电解加工和数控电火花加工。结合实际,此实例任务选择电解套料加工方法。电解套料加工的生产率高,表面质量好,阴极无损耗,可加工任何难切削材料,加工中无机械切削力,可加工薄壁件,无变形且加工过程稳定。但是电解套料加工只能加工具有等截面叶片的整体叶轮,不能加工变截面扭曲叶片的整体叶轮。

选择 NaCl 电解液混气电解加工。

4. 阴极设计

采用反拷法设计阴极,进行 CAM 编程时可利用叶片、流道等关于叶轮旋转轴的对称性的加工表面,也可利用对某一元素的加工来完成对相同加工内容不同位置的操作。

5. 材料确定

阴极片采用 45# 钢制造,其价格低廉,强度达标,稳定性好。热处理达 $40 \sim 45 HRC$。本次加工叶轮的材料为 GH710(镍基变形高温合金)。GH710 是以镍-铬-钴为基,添加钛、铝等多种强化元素的沉淀硬化型可锻、亦可铸的难变形高温合金。它在 900 ℃ 以下具有高强度、高的抗硫腐蚀、抗氧化性能和较好的组织稳定性。可制造涡轮转子叶片和盘件,也可制造整体燃气涡轮转子,工作温度可高达 980 ℃。能够供应棒材、锻件和盘坯。

热处理:盘坯锻件 1 170 ℃,4 h,空冷;1 080 ℃,4 h,空冷;845 ℃,24 h,空冷;760 ℃,16 h,空冷。

三、任务实施

将加工程序拷入机床,调整电解参数到指定数值。

叶轮上的叶片采用套料法逐个加工(图 3-1-10)。加工完一个叶片,推出阴极,利用分度机构,再加工下一个叶片。电解加工整体叶轮只要把叶轮坯加工好后,直接在轮坯上加工叶片,采用侧流法供液,加工周期大幅缩短,叶轮强度高,质量好。

加工工艺参数大致如下。

电解液:质量分数为 7%～10% 的 NaCl 溶液;

温度:25～40 ℃;

气体压力:0.4～0.5 MPa;加气前为 0.15 MPa,加气后为 0.35 MPa;

初始间隙:0.5 mm;

工作电压:10 V。

刚开始切入时由于流场不好,进给速度不能太高,调节进给倍率,如果速度过快则会出现火花,电源会自动保护断电,此时需重新开始。当整个阴极切入 2/3 时,此时流场基本趋于稳定,出现火花次数很少;当阴极要切出走向第二个通道时,由于稳定的流场被破坏,加工速度需降低;当阴极整体切出时,由于去除量很少,流场容易保证,可提高加工速度。整个加工中要实时调节速度。

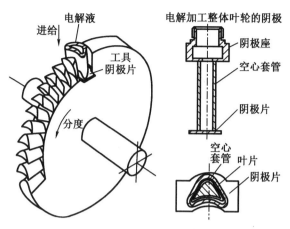

图 3-1-10 电解加工整体叶轮

四、任务检测

加工完毕后,对照图纸,利用各种测量手段检测工件是否符合尺寸要求和精度要求。

【叶轮的电解加工操作工作单】

计划单

学习情境三	平面、曲面类零件的电化学加工		任务一	叶轮的电解加工
工作方式	组内讨论、团结协作共同制定计划:小组成员进行工作讨论,确定工作步骤。		计划学时	1 学时
完成人	1. 　　2. 　　3. 　　4. 　　5. 　　6.			

计划依据:1.零件图;2.电火花电化学加工要求

序号	计划步骤	具体工作内容描述
1	准备工作(准备图纸、材料、机床、工具、量具,谁去做?)	
2	组织分工(成立小组,各成员具体完成什么?)	
3	制定加工工艺方案(先加工什么? 再加工什么? 最后加工什么?)	
4	零件加工过程(加工准备什么,安装钼丝、装夹零件和电极、调整设备参数、零件检测?)	
5	整理资料(谁负责? 整理什么?)	
制定计划说明	(写出制定计划中人员为完成任务的主要建议或可以借鉴的建议、需要解释的某一方面)	

决策单

学习情境三	平面、曲面类零件的电化学加工	任务一	叶轮的电解加工
决策学时			0.5学时

决策目的:叶轮的电解加工方案对比分析,比较加工质量、加工时间、加工成本等

	小组成员	方案的可行性 (加工质量)	加工的合理性 (加工时间)	加工的经济性 (加工成本)	综合评价
工艺方案 对比	1				
	2				
	3				
	4				
	5				
	6				
决策评价	(根据小组成员加工方案对比分析,对自己的工艺方案进行修改并说明修改原因,最后 确定一个最佳方案)				

检查单

学习情境三	平面、曲面类零件的电化学加工	任务一	叶轮的电解加工
评价学时		课内 0.5 学时	第　组

检查目的及方式	教师检查小组的工作情况,如检查等级为不合格,小组需要整改,并给出整改说明

序号	检查项目	检查标准	检查结果分级 (在相应的分级框内画"√")				
			优秀	良好	中等	合格	不合格
1	准备工作	查找资源、材料准备完整					
2	分工情况	安排合理、全面,分工明确					
3	工作态度	小组成员工作积极主动、全员参与					
4	纪律出勤	按时完成负责的工作内容,遵守工作纪律					
5	团队合作	相互协作、互相帮助、成员听从指挥					
6	创新意识	任务完成不照搬照抄,看问题具有独到见解及创新思维					
7	完成效率	工作单记录完整,并按照计划完成任务					
8	完成质量	查找资源、材料准备完整					

检查评语		教师签字:

【任务评价】

小组产品加工评价单

学习情境三	平面、曲面类零件的电化学加工				
任务一	叶轮的电解加工				
评价类别	评价项目	子项目	个人评价	组内互评	教师评价
专业知识与技能	加工准备(15%)	零件图分析(5%)			
		设备及电极准备(5%)			
		加工方法的选择以及电参数的确定(5%)			
	任务实施(30%)	工作步骤执行(5%)			
		功能实现(5%)			
		质量管理(5%)			
		安全保护(10%)			
		环境保护(5%)			
	工件检测(30%)	产品尺寸精度(15%)			
		产品表面质量(10%)			
		工件外观(5%)			
	工作过程(15%)	使用工具规范性(5%)			
		操作过程规范性(5%)			
		工艺路线正确性(5%)			
	工作效率(5%)	能够在要求的时间内完成(5%)			
	作业(5%)	作业质量(5%)			
评价评语					
班级		组别		学号		总评	
教师签字		组长签字		日期			

小组成员素质评价单

学习情境三	平面、曲面类零件的电化学加工	任务一	叶轮的电解加工				
班级		第　　组	成员姓名				
评分说明	每个小组成员评价分为自评和小组其他成员评价 2 部分,取平均值作为该小组成员的任务评价个人分数。评价项目共设计 5 个,依据评分标准给予合理量化打分。小组成员自评分后,要找小组其他成员以不记名方式打分						

评分项目	评分标准	自评分	成员 1 评分	成员 2 评分	成员 3 评分	成员 4 评分	成员 5 评分
核心价值观 (20 分)	是否体现社会主义核心价值观的思想及行动						
工作态度 (20 分)	是否按时完成负责的工作内容,是否遵守纪律,是否积极主动参与小组工作,是否全过程参与,是否吃苦耐劳,是否具有工匠精神						
交流沟通 (20 分)	是否能良好地表达自己的观点,是否能倾听他人的观点						
团队合作 (20 分)	是否与小组成员合作完成任务,做到相互协作、互相帮助						
创新意识 (20 分)	是否能独立思考,提出独到见解,是否具有创新思维						
小组成员 最终得分							

【课后反思】

学习情境三	平面、曲面类零件的电化学加工	任务一	叶轮的电解加工
班级	第　组	成员姓名	
情感反思	通过对本任务的学习和实训,你认为自己在社会主义核心价值观、职业素养、学习和工作态度等方面有哪些需要提高的部分?		
知识反思	通过对本任务的学习,你掌握了哪些知识点?请画出思维导图。		
技能反思	在完成本任务的学习和实训过程中,你主要掌握了哪些技能?		
方法反思	在完成本任务的学习和实训过程中,你主要掌握了哪些分析和解决问题的方法?		

任务二　标牌的电铸加工

【任务工单】

学习情境三	平面、曲面类零件的电化学加工	工作任务二	标牌的电铸加工
任务学时		课内 4 学时（课外 4 学时）	
布置任务			

任务目标	1. 根据平面、曲面零件结构特点，合理选择加工机床及附件； 2. 根据平面、曲面零件结构特点，合理选择电极并能正确安装； 3. 根据加工要求，选择正确的加工方法和加工参数； 4. 根据加工要求，制定合理的加工路线并完成叶轮和标牌的加工
任务描述	电化学加工是利用电化学反应（或称电化学腐蚀）对金属材料进行加工的方法。与机械加工相比，电化学加工不受材料硬度、韧性的限制，被广泛应用于工业生产中。常用的电化学加工有电解加工、电磨削、电化学抛光、电镀、电刻蚀和电解冶炼等。电化学加工是特种加工的一个重要分支，目前已成为一种较为成熟的特种加工工艺，被广泛应用于众多领域 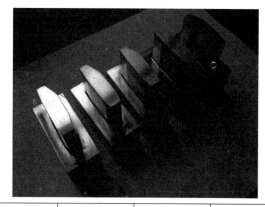

学时安排	资讯 1 学时	计划 1 学时	决策 0.5 学时	实施 4.5 学时	检查 0.5 学时	评价 0.5 学时

提供资源	1. 加工零件图纸； 2. 课程标准、多媒体课件、教学演示视频及其他共享数字资源； 3. 机床及附件； 4. 游标卡尺等工具和量具
对学生学习 及成果的 要求	1. 能够正确识读和表述零件图； 2. 合理选择加工机床及附件； 3. 合理选择电极并正确安装；

4. 加工表面质量和精度符合要求;

5. 按照学习导图自主学习,并完成课前自学的问题训练和作业单;

6. 严格遵守课堂纪律,学习态度认真、端正,正确评价自己和同学在本任务中的素质表现;

对学生学习及成果的要求

7. 积极参与小组工作,承担零件图识读、零件加工设备选用、加工工艺路线、工艺参数制定等工作,积极主动不推诿,与小组成员合作完成工作任务;

8. 独立或在小组同学的帮助下完成任务工单、加工工艺文件、加工视频及动画等,并提请检查、签认,对教师提出的建议或错误处务必及时修改;

9. 每组必须完成任务工单,并提请教师进行小组评价,小组成员分享小组评价分数或等级;

10. 完成任务反思,以小组为单位提交

【课前自学】

电铸作为电镀技术的一个分支,一直发挥着独特的作用。电铸是电沉积技术的三大应用领域之一,并且可以说是电沉积技术中其他两个应用领域即电镀和电冶金(湿法冶金)的综合,它是利用电镀法来制造产品的功能电镀之一。最近几年,电铸用于制造宇航或原子能的某些零件,已作为一种尖端加工技术而为人们所瞩目。随着现代制造技术的快速发展,电铸技术的重要性日益显现出来,而且不断向现代制造的许多新领域扩展,特别是电子产品的制造,已经较多地采用电铸技术,了解和掌握电铸技术的工艺、特点至关重要。

一、电铸加工原理

电铸技术最早是由俄国的雅柯比院士于1837年发明的,与电镀同时被运用于制造中。但因受限于相关的基础理论与技术发展,直至20世纪50年代,电铸技术的应用仍十分有限。直到近50年,得益于各相关技术领域的突破,电铸才逐渐广泛地应用于工业领域,甚至高科技产业,这主要是由于精密电铸技术能做到极微小的尺寸,并且获得极佳的复制精度。

电铸是一种在原模上电解沉积金属,然后分离以制造或复制金属制品的加工工艺方法。其基本原理与电镀相同,不同之处是:电镀时要求得到与基体结合牢固的技术镀层,以达到防护、装饰的目的。电镀大致分为三类,即装饰性电镀(以镀镍-铬、金、银为代表)、防护性电镀(以镀锌为代表)和功能性电镀(以镀硬铬为代表)。而电铸层要求与原模分离,其厚度也远大于电镀层,其主要区别见表3-2-1。

表3-2-1 电铸与电镀的区别

比较项目	电铸	电镀
使用目的	成型	防腐和装饰
镀层厚度	0.05~8 mm	0.01~0.05 mm
精度要求	有尺寸精度要求	要求表面光滑、有光泽、厚度有精度要求
镀层结合度	要求与原膜分离	要求与零件结合牢固

电铸加工原理如图 3-2-1 所示,将预先按所需形状制成的可导电的电铸模作阴极,电铸材料(如纯铜)作阳极,电铸材料的金属盐(如硫酸铜)溶液作电铸液。加工过程中,通入直流电源,在电解作用下,阳极上的金属原子交出电子成为金属正离子进入电铸液,并进一步在阴极上获得电子成为金属原子而沉积镀覆在阴极原模表面,阳极金属源源不断成为金属离子补充溶解进入电铸液,保持质量分数基本不变,阴极原模上电铸层逐渐加厚,当达到预定厚度后从溶液中取出,将电铸层与原模分离,便获得与原模型面相对应的金属复制件。利用电铸法获得的制品可以是模具的模腔,也可以是成型的产品,还可以是一种专业型材。广义上说,为获得一定结构的较厚镀层的电沉积过程,均可以称为电铸。

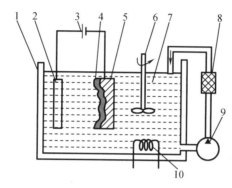

1—电镀槽;2—阳极;3—直流电源;4—电铸层;5—原模(阴极);6—搅拌器;7—电铸液;8—过滤器;9—泵;10—加热器。

图 3-2-1　电铸加工原理

二、电铸加工的特点和应用

1. 电铸加工的特点

电铸加工的优点如下。

(1)高仿真性。

能进行超精密加工(复制精度好)。电铸最重要的特征是具有高度"逼真性"。电铸甚至可复制 0.5 μm 以下的金属线。例如:1 英寸的宽度内,有 2 500 根 3.5 μm 的超细线的电视摄像机用的高精度金属网(超细金属网),就使用了电铸法进行生产。而香烟过滤嘴的纤维,也是使用纤维素通过超细金属网制成,这是用其他金属加工法不能实现的。电铸复制的精度非常高,其高精度金属网的制造,是在底板上用照相制版技术按需要涂上绝缘层(保护层),然后以此作为模板进行电铸。

(2)原模可永久性重复使用。

电铸加工过程对原模无任何损伤,所以原模可永久性重复使用,能获得尺寸精度高、表面粗糙度小于 $Ra\ 0.1\ \mu m$ 的复制品,而同一原模生产的电铸件重复精度高,一致性好。

(3)借助石膏、石蜡、环氧树脂等作为原模材料,可把复杂零件的内表面复制为外表面,外表面复制为内表面,然后再进行电铸复制,适应性广泛。

(4)能够调节沉积金属的物理性质。

可以通过改变电镀条件、镀液组分的方法来调节沉积金属的硬度、韧性和拉伸强度等,还可以采用多层电镀、合金电镀、复合电镀方法得到其他加工方法不能得到的镀层。电镀后常见的镀层主要为铜、镍、铬三种金属沉积层,总体厚度为 0.02 mm 左右,但在实际生产

中,由于基材和表面质量的原因,通常厚度会做得大一些,不过大型电镀厂一般可以较好地达到此要求。

(5)应用领域广泛。

电铸既可以用于各种模具的型腔制造,也可以用于修复性电铸,还可以直接用于制造产品构件,同时也可以用于制作特殊的材料,特别是一些微小、复杂零件的制造。

(6)材料的选择范围较宽。

电铸加工所需要的原型可以是金属原型,也可以是非金属原型,且无论是金属还是非金属,都有很多材料可供选择,金属材料如铜、铝、铁、锡、铅、锌以及它们的合金等,都可以用于原型制作。非金属材料则有更多的选择,如各种树脂、塑胶、石膏、石蜡等,这些非金属材料原型可以采用非金属电镀技术获得导电的表面。

电铸成型所用的材料也有多种选择。从理论上讲,凡是电镀已经有的镀种,基本上都可以用于电铸。当然从实用的角度考虑,电铸所用的材料主要是镍、铜、铁以及它们的合金等。随着电沉积技术的进步和产品开发的需要,一些新的镀材也可以用于电铸来制造所需要的产品。

(7)节约和高效。

无论是从制造模具的角度还是制造产品的角度来看,电铸采用的都是加法工艺,即将材料根据需要沉积出来,而不是通常的机械加工采用的减法工艺,需要从整块材料中减去多余的部分,从而可以节约宝贵的金属资源。由于可以采用嵌入工艺,也可以在非模型部位采用低价值的材料,可批量制作原型或重复使用原型,因而可以批量生产,使效率得到提升。

(8)不受制品大小的限制。

只要能够放入电镀槽即可。

(9)容易制出复杂形状的零件。

电铸加工的缺点如下。

(1)操作时间长,生产率低。

例如,用 3 A/dm^2 的阴极电流密度沉积 3 mm 厚的镍层,需要 25 h 左右,一般每小时电铸金属层为 0.02~0.5 mm,加工时间长,但是电镀过程可以实现无人看管。

(2)需要有经验和熟练技能的人员操作。

电铸装置简单,但在复制复杂形状的模型中要制造母模、导电层处理、剥离处理等,这些工序都要求有经验和熟练技能的人员才能操作。

(3)必须有较大的作业面积。

即使是小制品,也需要有镀槽、水洗槽等平面布置,废水处理必须有相当大的作业面积。

(4)除了掌握电镀操作技术外,还必须具备机械加工和金属加工知识。

电铸法并不是仅用电镀操作制出制品,还需要进行衬底加工、研磨等机械操作,所以必须具备机械操作方面的知识和技巧。

(5)原模制造技术要求高。

(6)有时存在一定的脱模困难。

2.电铸加工的应用

（1）精确复制微细、复杂和某些难于用其他方法加工的特殊形状工件，如应用于手机、电话、计算机、照相机等，电子产品上的 Logo、摄像头装饰件、功能键、小的装饰片等，也常见到电铸加工的痕迹（图 3-2-2）。

图 3-2-2　摄像头装饰件、Logo 等

（2）复制精细的表面轮廓花纹，如压制唱片、VCD、DVD 光盘的压模，工艺美术品模、纸币、证券、邮票的印刷版。

（3）复制注塑用的模具、电火花型腔加工用的电极工具。

（4）制造复杂、高精度的空心零件和薄壁零件，如波导管等。

（5）制造表面粗糙度标准样块、反光镜、表盘、异形孔喷嘴等特殊零件。

三、电铸加工的工艺流程

电铸加工的工艺流程如图 3-2-3 所示。

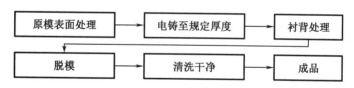

图 3-2-3　电铸加工的工艺流程

电铸加工的工艺流程可以分为四大部分：原型的选定或制作、电铸前处理、电铸和电铸后处理。每个部分又包括多个子流程或工序。

四、电铸原模

1.原模的设计原则

原模的选定前有一个原模设计的过程，电铸加工用原模在设计时应遵循以下原则。

（1）内外棱角应尽量采用大的圆弧过渡，以避免内棱角处金属沉积过薄，而外棱角处金属沉积过厚，沉积不均匀，出现树枝状沉积层。

（2）原模应比实际工件长 8~20 mm，以便在电铸后将电铸件两端粗糙、过厚的电沉积物除去。

（3）为脱模方便，电铸件表面粗糙度没有要求时，原模的表面粗糙度为 Ra 0.2 ~

0.4 μm。永久性原模的锥度不应小于 0.085 mm/m。若不允许锥度,则应选用与电铸金属热膨胀系数相差较大的材料制作。当铸件的尺寸精度要求不高时,可在原模表面涂一层蜡或低熔点合金(尽量薄),在电铸后将蜡融化,以便脱模。

(4)外形复杂、不能完整脱模的金属件,可选用一次性原模,也可选用组合模。

2. 原模的类型及材料

从设计的观点而言,电铸模可以分为刚性模和非刚性模。刚性模与非刚性模最主要的差异在于电铸件脱模的过程。非刚性模所产生的铸件因其复杂的几何外形必须让电铸模变形(或是拆下部分模具),甚至破坏电铸模才能使电铸件脱离模具,因此非刚性模又称为暂时模或消耗性原模。消耗性原模的常用材料主要有铝、蜡、石膏、低熔合金等,特点为通过加热能熔化、分解,或用化学的方法可将其溶解。

而对于刚性模而言,电铸件可以轻易脱离母模,不损伤电铸模使其能持续地使用,因此又称为永久模。这种原模的制作费用高,一般用于长期大批量的产品生产中。永久性原模的常用材料有碳素钢、不锈钢、镍、黄铜、青铜、玻璃、环氧树脂或热固性塑胶等。

原模设计确定以后,再进行原型的选定,包括如下流程:

原模脱模方式的确定→原模材料的确定→原模的制造→检验→安装挂具。

电铸模的设计与制作是电铸制造成败的关键。

五、原模表面处理

原模材料根据精度、表面粗糙度、生产批量、成本等要求可采用不锈钢、碳钢表面或镀铬、镀镍、铝、低熔合金、环氧树脂、塑胶、石膏、蜡等不同材料。这些电铸模材料分为导电性材料和非导电性材料两种。

1. 导电性材料

导电性材料表面清洗干净后,一般在电铸前需进行表面钝化处理,形成不太牢固的钝化膜,以便于电铸后易于脱模(一般用重铬酸盐溶液处理)。

一般金属原模电铸前处理工艺流程:除油→水洗→酸蚀→水洗→活化(预浸)→水洗。

2. 非导电性材料

非导电的原模材料,需对其表面做导电化处理,导电化处理常用的方法有:

(1)以极细的石墨粉、铜粉或银粉调入少量胶黏剂作为导电液,在原模材料表面涂敷均匀薄层。

(2)用真空镀膜或阴极溅射(离子镀)法使表面覆盖一薄层金或银的金属膜。

(3)用化学镀的方法在表面沉积银、铜或镍的薄层。

非金属原模电铸前处理工艺流程:表面整理→除油→水洗→敏化→水洗→蒸馏水洗→活化→水洗→化学(镀铜或镍)→水洗→检验。

六、电铸

1. 电铸流程

电铸通常生产率较低,耗时较长。电流密度过大易使沉积金属的结晶粗大,强度变低。一般每小时电铸金属层 0.02~0.5 mm。

电铸流程:预镀→电铸→水洗→检验。

无加镀工序的后处理流程:抛光或钝化处理→清洗→干燥。

有加镀工序的后处理流程:除蜡(除油)→水洗→活化→镀铬(或化学镀镍)→水洗→干燥。

电铸过程中的要点:

(1)溶液必须连续过滤,以除去电解质水解或硬水形成的沉淀、阳极夹杂物和尘土等固体悬浮物,防止电铸件产生针孔、疏松、瘤斑和凹坑等缺陷。

(2)必须搅拌电铸液,降低浓差极化,以增大电流密度,缩短电铸时间。

(3)电铸件凸出部分电场强,镀层厚,凹入部分电场弱,镀层薄。为了使厚薄均匀,凸出部分应加屏蔽,凹入部位应加装辅助阳极。

(4)要严格控制电铸液成分、浓度、酸碱度、温度、电流密度等,以免铸件内应力过大导致变形、起皱、开裂或剥落。通常开始时电流宜稍小,之后逐渐增加。中途不宜停电,以免分层。

2. 电铸材料

电铸常用的金属有铜、镍或铁三种,另外还有镍钴、镍锰合金、金、银等。相应的电铸液为含有电铸金属离子的硫酸盐、氨基磺酸盐、氟硼酸盐和氯化物等水溶液。

(1)电铸镍。

镍具有容易电铸及抗腐蚀性佳的特性,应用范围最广。但其质软,硬度只有250~350HV,故主要运用于无磨耗问题的塑胶结构成型原模。适用于小型塑胶模型腔复制和高精度内表面的加工。

电铸镍使用的标准电铸液为氨基硫酸镍,此电铸液具有铸层内应力低、力学性质佳、沉积速率快、电着性均匀等优点。表3-2-2为镍电铸液组成及操作条件。要提高电铸结构的质量,除了控制电铸液的pH、温度、镍金属盐浓度及选择适当的电流密度外,也须控制缓冲电铸液pH变化的硼酸浓度,并添加应力降低剂以降低电铸层内应力。另外,为促使电铸液能够渗入狭窄的孔道,还需添加润湿剂。润湿剂可降低电铸液的表面张力,使阴极产生氢气与氢氧化物胶体,从而不易附着于铸层表面,减少铸层产生针孔及凹洞的机会,故又称为针孔抑制剂。

表3-2-2　镍电铸液组成及操作条件

组成	氨基硫酸镍	硼酸	润湿剂	应力降低剂	电流密度	温度	pH	过滤尺寸
操作条件	400~450 g/L	40 g/L	2~3 mL/L	3~5 g/L	1~10 A/dm²	50~60 ℃	3.5~4.0	0.2 μm

(2)电铸铜。

铜虽然比镍价格低,但因为铜的力学性质较镍差,并且在许多工作环境中的抗腐蚀性较差,所以在应用上受到一定限制。主要用于电铸电极和电铸镍壳的加固层,导电性好,价格低,强度和耐磨性差,不耐酸。

电铸铜最常使用的电铸液就是硫酸铜溶液,其电铸液性质稳定,容易操作,并且可以获得内应力极低的电铸件。但含高浓度硫酸的电铸液对设备及操作人员都具有强烈的腐蚀性。

使用硫酸铜电铸铜时,使用钝性阳极(阳极本身不产生电解反应),电铸液中的铜离子由铜金属颗粒溶解产生补充以保持铜离子浓度。使用钝性阳极,可精确地控制阳极与阴极间的微小距离,降低电铸能量的消耗及杂质的产生。

硫酸铜电铸液也可以添加一些有机添加剂,使电铸件表面产生光亮的效果。

氰化铜溶液同样也可以作为电铸铜的电铸液,但必须考虑使用氰化铜电铸液时,电铸件的内应力会大过使用硫酸铜电铸液。同时,使用氰化铜溶液电铸液还需考虑氰化物毒性及污染的问题,以及氰化铜电铸液在使用过程中因氰化物化学特性所衍生出来较复杂的控制问题。氰化铜溶液电铸液用于使用周期反向电流电铸加工中,这种加工产生的铸件材料分布较均匀,常被用作电铸镍模的表面电铸。

(3)电铸铁。

电铸铁用于电铸镍壳的加固层和修补磨损的机械零件,成本低,质量差,易腐蚀。

七、衬背和脱模

有些电铸件如塑胶模具和翻制印制电路板等,电铸成型之后需要用其他材料衬背处理,然后再机械加工到一定尺寸。

塑胶模具电铸件的衬背常用方法有浇铸铝或铅、锡低熔点合金;印制电路板则常用热固性塑胶等。

电铸件与原模脱模分离的方法有敲击锤打,加热或冷却胀缩分离,用薄刀刃撕剥分离,加热熔化,化学溶解等。

电铸件的几种脱模方法见表3-2-3。

表3-2-3　电铸件的几种脱模方法

永久性原模	消耗性原模	
突击锤打; 加热或冷却; 用压机或螺旋缓慢地推拉; 对于平面工件,用薄刀尖分离	铝及铝合金,可溶于热的氢氧化钠溶液; 低熔点合金,以热的硅油浴熔化; 热塑性塑料,先加热软化,挖出,再以溶剂溶解洗涤; 蜡模,可用沸水熔化,溶剂清洗; 石膏原模,可打碎取出	

八、电铸件的检测

电铸件除了外观尺寸外,其内应力及力学性质都是电铸件合格与否的关键。因此电铸件检测的项目包括成分比例、力学性质、表面特性以及复制精度等。

学习小结

【任务实施】

一、任务导入

图 3-2-4 所示的一系列标牌,均可采用电铸工艺制作。要求表面光亮、保证没有锁合、尖角,要有接导线部位、拔模斜度、整体高度等,并且保证多次使用不易损坏。

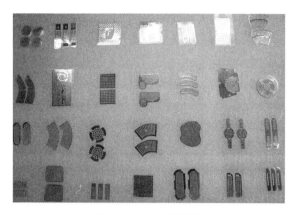

图 3-2-4   电铸标牌

二、任务分析、准备

考虑电铸过程中金属的分布不可能完全均匀,设计时要注意:内外棱角要尽可能采取大的过渡圆弧,以免内棱角处太薄而外棱角处太厚,甚至产生树枝状的电铸层。

1. 便于脱模

对需脱模的母模,电铸表面应有 15′ ~ 30′ 的脱模斜度,并进行抛光,使表面粗糙度达到 Ra 0.16 ~ 0.08,同时需考虑脱模措施和电铸时的挂装位置。在母模的轮廓较深的底部凹、凸不能相差太大,同时尽量避免尖角。

多次使用的芯模锥度不应小于 0.085 mm/m,如果不允许有锥度,则应选用与电铸金属热膨胀系数相差较大的材料制作芯模,以便用热胀冷缩的方法脱模。对尺寸精度要求不高时,可在芯模表面涂或浸一层薄蜡或者易熔合金,在电铸后将涂层熔去脱模。

外形复杂不能完全脱模的零件,应选用一次用模芯或组合模芯。

浮雕或隆起部分边缘处应留有拔模斜度,最小为 5°,并随产品高度增加,拔模斜度也相应增大。字体的拔模斜度应在 15° 以上。边缘接合处应采用圆弧过渡。

2. 标牌尺寸及外形

标牌的理想高度在 3 mm 以下,浮雕或凸起部分应在 0.4 ~ 0.7 mm。字体的高度或深度不超过 0.2 mm。若采用激光效果则高度或深度不超过 0.15 mm。板材的平均厚度为 (0.22+0.05)mm,若产品超过此高度则应做成中空结构,并允许产品高度有 0.05 mm 的误差;由于板材厚度是均匀结构,产品表面的凸起或凹入部分背面也有相应变化。

产品的外形轮廓使用冲床冲裁加工,为防止冲偏伤到产品,其外缘切边宽度平均为 0.05 mm,为防止产品冲切变形,尽量保证冲切部分在同一平面或尽量小的弧度,避免因应力集中造成产品变形。冲切只能在垂直方向作业。

标牌表面效果,可采用磨砂面、拉丝面、光面、激光面相结合的方式。光面多用于图案或者产品的边缘,产品表面应该避免大面积的光面,否则易造成划伤。磨砂面和拉丝面多用于铭牌底面,粗细可进行调整。在实际生产中,磨砂面的产品要比拉丝面的产品不良率低,但是开发周期更长。激光面多用于字体和图案,也可用于产品底面。

3.芯模材料

根据电铸标牌的技术要求,主要选择黄铜和青铜作为芯模材料,也可以选择铝和钢等。

4.电铸工艺

镀前处理→电铸阶段→镀后处理。

电铸前的预处理有两个目的:

(1)使芯模能够电铸;

(2)使零件在电铸后能够脱模。

根据芯模材料的类型以及表面脏污的特点对芯模进行不同形式的预处理,如侵蚀、除油、弱侵蚀、镀覆分离层或导电层、水洗等,统称为改性处理。

芯模表面的预处理:

镀覆分离层或者导电层之前,芯模表面必须进行仔细的清理。对于金属芯模,可应用化学或电化学方法进行除油。由于电铸有精度和光洁度要求,因而除油和酸侵蚀时一般不用苛性碱和浓酸,电解除油在阴极进行,并选用合适的工艺规范,保证芯模不受腐蚀。多次用芯模还要在电铸前进行钝化处理。化学除油时,采用有机溶剂、碱性溶液或水性清洗剂。芯模表面应达到完全被水润湿,然后仔细清洗后才能放入其他处理槽。比较好的预处理方式是化学除油后电解除油。

芯模和拷贝的质量检验:

根据芯模和拷贝的用途、使用条件和材料选择检验方法。检验项目:物理机械性能、电性能、磁性能、抗腐蚀性能、热物理性能、光学性能、结构、外观以及几何尺寸。通常应检查拷贝本身的重要使用性能。

为了保证电铸产品的高质量,对于拷贝应在照度为1 000 lx的天然光或者40 W荧光灯下对其外观进行检查。检查时可使用5~10倍的放大镜或者30~100倍的显微镜。

根据拷贝的质量可以测量拷贝的平均厚度,也可以用带有指针的测厚仪测量。直径用卡尺、直尺或者千分尺测量,对于小直径的孔用塞规检测,零件的曲面可用样板检查。拷贝的硬度用仪器检测。

芯模的制作:

使用较多的芯模是黄铜芯模,加工后的芯模表面比较粗糙,应进行粗抛光,但不宜过度抛光,防止尺寸偏差过大。对大的平面和不影响产品尺寸的表面可以进行深加工,减少后道工序的工时,因为镍板较硬难抛光。

三、任务实施

经过前面的准备与制作,可以开始进行标牌制作,大致步骤如下:

(1)在平面玻璃上喷涂感光胶,使用激光照相机显影后制成幻彩原始版,使用电铸的工艺将玻璃上的幻彩效果转移到镍板上;

（2）在幻彩板上喷涂感光油墨；

（3）根据字体要求制作字体；

（4）将腐蚀后得到字体凸起为反字的幻彩板，清洗干净。为了在电铸时得到厚度均匀的拷贝，应在周围焊接 3 cm 宽的铜板，以分散电流；

（5）将焊接好铜板和导线的腐蚀板经 3 h 电铸后制成拷贝；

（6）根据图纸确定字体的位置后，在铜模上相应的位置雕刻凹槽，将按照尺寸剪切好的字体镶嵌在凹槽内；

（7）以镶嵌好字体的铜芯模复制拷贝，将接缝打磨光滑；

（8）复制拷贝，进一步抛光处理，检查字体效果；

（9）将抛光后的拷贝，用喷砂、拉丝、腐蚀等加工方式制作设计要求的表面效果。

四、任务检测

检查产品是否合乎要求。

【标牌的电铸加工操作工作单】

计划单

学习情境三	平面、曲面类零件的电化学加工	任务二	标牌的电铸加工	
工作方式	组内讨论、团结协作共同制定计划:小组成员进行工作讨论,确定工作步骤。	计划学时	1 学时	
完成人	1. 2. 3. 4. 5. 6.			
计划依据:1.零件图;2.电火花电化学加工要求				
序号	计划步骤		具体工作内容描述	
1	准备工作(准备图纸、材料、机床、工具、量具,谁去做?)			
2	组织分工(成立小组,各成员具体完成什么?)			
3	制定加工工艺方案(先加工什么? 再加工什么? 最后加工什么?)			
4	零件加工过程(加工准备什么,安装钼丝、装夹零件和电极、调整设备参数、零件检测?)			
5	整理资料(谁负责? 整理什么?)			
制定计划说明	(写出制定计划中人员为完成任务的主要建议或可以借鉴的建议、需要解释的某一方面)			

决策单

学习情境三	平面、曲面类零件的电化学加工	任务二	标牌的电铸加工
决策学时			0.5学时

决策目的:标牌的电铸加工方案对比分析,比较加工质量、加工时间、加工成本等

	小组成员	方案的可行性 (加工质量)	加工的合理性 (加工时间)	加工的经济性 (加工成本)	综合评价
工艺方案 对比	1				
	2				
	3				
	4				
	5				
	6				
决策评价	(根据小组成员加工方案对比分析,对自己的工艺方案进行修改并说明修改原因,最后确定一个最佳方案)			

检查单

学习情境三	平面、曲面类零件的电化学加工	任务二	标牌的电铸加工
评价学时	课内 0.5 学时		第　组

检查目的及方式　教师检查小组的工作情况,如检查等级为不合格,小组需要整改,并给出整改说明

序号	检查项目	检查标准	检查结果分级 (在相应的分级框内画"√")				
			优秀	良好	中等	合格	不合格
1	准备工作	查找资源、材料准备完整					
2	分工情况	安排合理、全面,分工明确					
3	工作态度	小组成员工作积极主动、全员参与					
4	纪律出勤	按时完成负责的工作内容,遵守工作纪律					
5	团队合作	相互协作、互相帮助、成员听从指挥					
6	创新意识	任务完成不照搬照抄,看问题具有独到见解及创新思维					
7	完成效率	工作单记录完整,并按照计划完成任务					
8	完成质量	查找资源、材料准备完整					

检查评语		教师签字:

【任务评价】

小组产品加工评价单

学习情境三	平面、曲面类零件的电化学加工				
任务二	标牌的电铸加工				
评价类别	评价项目	子项目	个人评价	组内互评	教师评价
专业知识与技能	加工准备(15%)	零件图分析(5%)			
		设备及电极准备(5%)			
		加工方法的选择以及电参数的确定(5%)			
	任务实施(30%)	工作步骤执行(5%)			
		功能实现(5%)			
		质量管理(5%)			
		安全保护(10%)			
		环境保护(5%)			
	工件检测(30%)	产品尺寸精度(15%)			
		产品表面质量(10%)			
		工件外观(5%)			
	工作过程(15%)	使用工具规范性(5%)			
		操作过程规范性(5%)			
		工艺路线正确性(5%)			
	工作效率(5%)	能够在要求的时间内完成(5%)			
	作业(5%)	作业质量(5%)			
评价评语					
班级		组别		学号		总评	
教师签字		组长签字		日期			

小组成员素质评价单

学习情境三	平面、曲面类零件的电化学加工	任务二			标牌的电铸加工	
班级	第　　组	成员姓名				
评分说明	每个小组成员评价分为自评和小组其他成员评价 2 部分,取平均值作为该小组成员的任务评价个人分数。评价项目共设计 5 个,依据评分标准给予合理量化打分。小组成员自评分后,要找小组其他成员以不记名方式打分					
评分项目	评分标准	自评分	成员 1 评分	成员 2 评分	成员 3 评分	成员 4 评分	成员 5 评分
核心价值观 (20 分)	是否体现社会主义核心价值观的思想及行动						
工作态度 (20 分)	是否按时完成负责的工作内容,是否遵守纪律,是否积极主动参与小组工作,是否全过程参与,是否吃苦耐劳,是否具有工匠精神						
交流沟通 (20 分)	是否能良好地表达自己的观点,是否能倾听他人的观点						
团队合作 (20 分)	是否与小组成员合作完成任务,做到相互协作、互相帮助						
创新意识 (20 分)	是否能独立思考,提出独到见解,是否具有创新思维						
小组成员 最终得分							

【课后反思】

学习情境三	平面、曲面类零件的电化学加工	任务二	标牌的电铸加工
班级	第 组	成员姓名	
情感反思	通过对本任务的学习和实训,你认为自己在社会主义核心价值观、职业素养、学习和工作态度等方面有哪些需要提高的部分?		
知识反思	通过对本任务的学习,你掌握了哪些知识点?请画出思维导图。		
技能反思	在完成本任务的学习和实训过程中,你主要掌握了哪些技能?		
方法反思	在完成本任务的学习和实训过程中,你主要掌握了哪些分析和解决问题的方法?		

【情境三　问题与思考】

1. 说明电解加工原理及必备条件。

2. 简述电解加工的优缺点。

3. 简要说明电极电位理论在电解加工中的具体应用。

4. 说明电解加工的电极反应及实质。

5. 何谓钝化与活化？在电化学加工中有何作用？

6. 简要说明电解液的作用。

7. 用于电解加工的电解液需要满足哪些基本要求？常用的电解液有哪几种？

8. 说明常用电解液的特点及选择原则。

9. 简述电解液的流动形式及选择方式。

10. 简述电解加工生产率的影响因素。

11. 提高电解加工精度的途径有哪些？

12. 说明电解加工表面质量的影响因素。

13. 说明电镀与电铸加工的异同点。

14. 何谓电铸原模？遵循怎样的设计原则？

15. 电铸工艺流程分几步？简述其过程。

16. 原模处理包括哪些内容？如何处理？

17. 主要的电铸材料有哪些？有何特点？

18. 电铸的设备主要有哪些？

19. 说明电铸工艺主要应用范畴。

20. 简述涂镀工艺的特点及应用。

学习情境四　平面、曲面类零件的高能束加工

【学习指南】

【情境导入】

高能束流加工技术以高能量密度束流(电子束、激光、离子束等)为热源与材料作用,从而实现材料去除、连接、生长和改性。高能束流加工技术具有独特的技术优势,被誉为21世纪先进制造技术之一,受到越来越多的重视,应用领域不断扩大。经过多年的发展,高能束流加工技术已经应用到焊接、表面工程和快速制造等方面,在航空、航天、船舶、兵器、交通、医疗等诸多领域发挥了重要作用。

【学习目标】

知识目标:

1. 能够陈述高能束加工的原理及分类。

2. 能够说明高能束加工的基本规律。

3. 掌握高能束成型加工机床的基本结构。

4. 掌握高能束成型加工方法。

5. 掌握高能束成型加工工艺的制定。

6. 能够进行高能束成型加工实例的操作。

能力目标:

1. 掌握高能束机床的结构和加工原理。

2. 能够正确编制高能束加工程序。

3. 能够正确制定高能束加工工艺。

4. 能够根据零件加工要求,正确制定加工参数。

5. 能够熟练操作高能束机床加工零件。

素质目标:

1. 培养学生遵守职业规范习惯。

2. 培养学生民族自豪感和荣誉感。

3. 培养学生精益求精的工匠精神。

4. 培养学生的团队合作意识、创新意识。

5. 培养学生的环保意识、质量意识。

【工作任务】

任务一　平面零件的激光打孔　　　参考学时:课内 4 学时(课外 4 学时)

任务二　曲面零件的电子束加工　　　参考学时:课内 4 学时(课外 4 学时)

任务一　平面零件的激光打孔

【任务工单】

学习情境四	平面、曲面类零件的高能束加工	工作任务一	平面零件的激光打孔
任务学时		课内4学时(课外4学时)	
布置任务			
任务目标	1.根据平面、曲面零件结构特点,合理选择加工机床及附件; 2.根据平面、曲面零件结构特点,合理选择电极并能正确安装; 3.根据加工要求,选择正确的加工方法和加工参数; 4.根据加工要求,制定合理的加工路线并完成平面、曲面零件的加工		
任务描述	高能束流加工技术以高能量密度束流(电子束、激光、离子束等)为热源与材料作用,从而实现材料去除、连接、生长和改性。高能束流加工技术具有独特的技术优势,被誉为21世纪先进制造技术之一,受到越来越多的重视,应用领域不断扩大。经过多年的发展,高能束流加工技术已经应用到焊接、表面工程和快速制造等方面,在航空、航天、船舶、兵器、交通、医疗等诸多领域发挥了重要作用 		

学时安排	资讯 1学时	计划 1学时	决策 0.5学时	实施 4.5学时	检查 0.5学时	评价 0.5学时
提供资源	1.加工零件图纸; 2.课程标准、多媒体课件、教学演示视频及其他共享数字资源; 3.机床及附件; 4.游标卡尺等工具和量具					
对学生学习 及成果的 要求	1.能够正确识读和表述零件图; 2.合理选择加工机床及附件; 3.合理选择电极并正确安装;					

对学生学习及成果的要求	4. 加工表面质量和精度符合要求;
	5. 按照学习导图自主学习,并完成课前自学的问题训练和作业单;
	6. 严格遵守课堂纪律,学习态度认真、端正,正确评价自己和同学在本任务中的素质表现;
	7. 积极参与小组工作,承担零件图识读、零件加工设备选用、加工工艺路线、工艺参数制定等工作,积极主动不推诿,与小组成员合作完成工作任务;
	8. 独立或在小组同学的帮助下完成任务工单、加工工艺文件、加工视频及动画等,并提请检查、签认,对教师提出的建议或错误处务必及时修改;
	9. 每组必须完成任务工单,并提请教师进行小组评价,小组成员分享小组评价分数或等级;
	10. 完成任务反思,以小组为单位提交

【课前自学】

激光加工(laser beam machining,LBM)作为一种特种加工工艺,发展自20世纪60年代初,目前已成为相当成熟的一种特种加工技术。

激光最初被译作"莱塞",即英语"Laser",后来在20世纪60年代初期,在我国著名科学家钱学森的建议下,把"光受激发射"改称"激光"或"激光器"。

世界上第一台红宝石激光器由美国科学家梅曼于1960年发明成功,随后各种激光器不断涌现。我国科学家王之江于1961年在长春光机所研究成功我国第一台激光器。激光器作为20世纪四大发明之一,它为人们科学研究、生产提供了一个新的方法,也给人类的生活提供了很大便利,特别是进入20世纪80年代以来,激光加工技术在工业上获得了广泛的应用,成为工业上必不可少的一种加工方法。

与传统加工工艺不同,激光加工利用光的能量,经过透镜聚焦,在焦点上达到很高的能量密度,靠光热效应来加工各种材料。人们曾用透镜将太阳光聚焦,使纸张、木材引燃,但无法用作材料加工。这是因为:①地面上太阳光的能量密度不高。②太阳光不是单色光,而是由红、橙、黄、绿、青、蓝、紫多种不同波长的光组成的多色光,聚焦后焦点并不在同一平面内。激光束是可控单色光,强度高,能量密度大,可以在空气介质中高速加工各种材料,在现代加工行业中应用越来越广泛。

随着我国国民经济的快速发展,我国正从制造大国向制造强国迈进。激光加工制造技术是一项集光、机、电于一体的先进制造技术,在许多行业中已得到了越来越广泛的应用。比如,工业生产中,激光切割占激光加工的比例在70%以上,是激光加工行业中最重要的一项应用技术。

激光加工本身具有各种优势,包括激光功率密度大、应力和热变形小、加工速度快、加工精密等。强大的优势使激光加工在平面零件的激光打孔、激光打标、激光切割、电子器件的微调、激光焊接、热处理以及激光存储等各个领域,得到越来越多的应用。激光技术在现代工业应用中显示出其独特的优越性,所以受到人们的广泛重视,应用激光的行业包括机械行业、电子行业、制衣皮革等。未来的激光加工会实现更为广泛的应用。

一、激光的产生

任何物质都是由原子、分子等基本粒子组成,这些粒子具有一些不连续的离散分布能级。能级较低的粒子可以吸收一定频率的光子而跃迁到较高的能级,这种过程称为吸收。能级较高的粒子可以通过两种方式向外发射出一定频率的光子,一种方式是自发辐射,另一种方式是受激辐射。

1. 光的自发辐射

由于电子在原子外层分布不同,具有不同的内部能量,从而形成能级。若原子处于内部能量最低的状态,则称原子处于基态。其他比基态能量高的状态,都称激发态。在热平衡情况下,绝大多数原子都处于基态。处于基态的原子,从外界吸收能量以后,将跃迁到能量较高的激发态。当原子被激发到高能级 E_2 时,它在高能级上是不稳定的,即使在没有任何外界作用的情况下,它也有可能从高能级 E_2 跃迁到低能级 E_1,并把相应的能量释放出来,如图 4-1-1 所示。在没有外界作用的情况下,原子从高能级向低能级的跃迁过程中释放的能量通过光辐射形式放出,这种跃迁过程称为光的自发辐射。

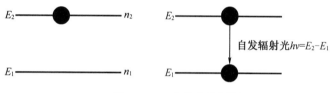

图 4-1-1　光的自发辐射

2. 光的受激吸收

当原子受到外来的能量为 $h\nu$ 的光子作用(激励)时,处于低能级 E_1 上的原子由于吸收一个能量为 $h\nu$ 的光子而受到激发,跃迁到高能级 E_2 上去,这种过程称为光的受激吸收,如图 4-1-2 所示。

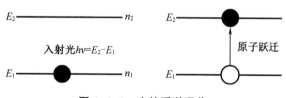

图 4-1-2　光的受激吸收

3. 光的受激辐射

当原子受到外来的能量为 $h\nu$ 的光子作用(激励)时,处在高能级 E_2 上的原子会在能量为 $h\nu$ 的光子诱发下,从高能级 E_2 跃迁到低能级 E_1,这时原子发射一个与外来光子一模一样的光子,这种过程称为光的受激辐射,如图 4-1-3 所示。

二、激光的工作原理

要使受激辐射起主要作用而产生激光,必须具备三个前提条件:

(1)有提供放大作用的增益介质作为激光工作物质;

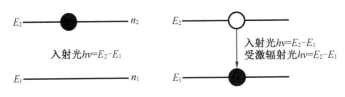

图4-1-3　光的受激辐射

（2）有外界激励源,使激光上、下能级之间产生粒子数反转;

（3）有激光谐振腔,使受激辐射的光能够在谐振腔内维持振荡。

概括来说,粒子数反转和光学谐振腔是激光形成的两个基本条件,即能否具有亚稳态能级的物质和产生受激辐射。

在一定条件下,被激发到高能级的原子一般很不稳定,它总是力图回到能量较低的能级去,原子从高能级回落到低能级的过程称为"跃迁"。在基态时,原子可以长时间地存在,而在激发状态的各种高能级的原子停留的时间(称为寿命)一般都较短,常在0.01 μs左右。但有些原子或离子的高能级或次高能级却有较长的寿命,这种寿命较长的高能级称为亚稳态能级。激光器中的氦原子、二氧化碳分子以及固体激光材料中的铬或钕离子等都具有亚稳态能级,这些亚稳态能级物质的存在是形成激光的重要条件之一。

1. 粒子数反转

在物质处于热平衡状态时,高能级上的粒子数总是小于低能级上的粒子数。由于外界能源的激励(光泵或放电激励)破坏了热平衡,有可能使得处于高能级 E_2 上的粒子数 n_2 大大增加,达到 $n_2>n_1$,这种情况称为粒子数反转分布。一般可把原子从低能级 n_1 激励到高能级 n_2 以使在某两个能级之间实现粒子数反转的过程称为泵浦(或抽运)。泵浦装置实质上是激光器的外来能源,提供光能、电能、热能、化学反应能或原子核能等。激光泵浦装置的作用是通过适当的方式,将一定的能量传送到工作物质,使其中的发光原子(或分子、离子)跃迁到激发态上,形成粒子数反转分布状态。

2. 光学谐振腔

光学谐振腔装有两面反射镜,分置在工作物质的两端并与光的行进方向严格垂直。反射镜对光有一定的透过率,便于激光输出;但又有一定的反射率,便于进行正反馈。由于两反射镜严格平行,使在两镜间(即光学谐振腔内)往返振荡的光有高度的平行性,因而激光有好的方向性。

3. 激光振荡

处于粒子数反转状态的激光工作物质,一旦发生受激发射,由于在激光亚稳态能级的工作物质的两端装上反射镜,光就在反射镜间多次来回反射,于是在反射镜之间光强度增大,有效地产生受激发射,形成急剧的放大。若事先使一端的反射镜稍微透光,则放大后的一部分激光就能输出到腔外,如图4-1-4所示。

4. 激光放大

处于启动状态的激光工作物质,当有一束能量为 $E=h\nu_{21}=E_2-E_1$ 的入射光子通过该启动物质,这时光的受激辐射过程将超过受激吸收过程,而使受激辐射占主导地位。在这种情况下,光在启动物质内部将越走越强,使该激光工作物质输出的光能量超过入射光的能量,这就是光的放大过程。其实,这样一段启动物质就是一个放大器。

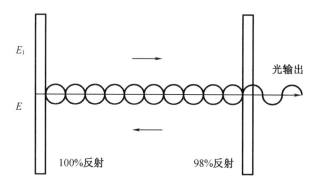

图 4-1-4 光学谐振腔的激光振荡

三、激光的特性

激光也是一种光,通过受激辐射发出。它具有一般光的反射、折射和衍射等共性。它还具有与普通光源不同的特性,普通光源的发光是以自发辐射为主,基本上是无秩序地、相互独立地产生光发射,发出的光波无论方向、位相或者偏振状态都是不同的。而激光则不同,它的光发射是以受激辐射为主,因而发光物质中基本上是有组织地、相互关联地产生光发射,发出的光波具有相同的频率、方向、偏振态和严格的位相关系。

正是激光与普通光源这一本质区别,才导致激光具有方向性好、单色性好、相干性好以及亮度高四个特性。激光的这些特性不是彼此独立的,而是相互关联的。实际上,正是由于激光的受激辐射本质决定了它是一个相干光源,因此其单色性和方向性好,能量集中。

1. 方向性好

光源的方向性由光束的发散角来描述,普通光源发出的光是各向传播的,发散角很大。激光的发散角却很小,它几乎是一束平行光。在各类激光器中,气体激光器的方向性最好,固体激光器次之,半导体激光器最差。

2. 单色性好

光源的单色性由光源谱线的绝对线宽来描述。一般光源的线宽是相当宽的,即使是单色性好的氪灯,线宽也达 $10^4 \sim 10^6$ Hz。但激光的线宽相当窄,如氦氖激光器的线宽极限可以达到约 10^4 Hz 的数量级,显然这是极好的单色性。

3. 相干性好

光源的相干性可以用相干时间或相干长度度量,相干时间指光源先后发出的两束光能够产生干涉现象的最大时间间隔,此时间内光所走过的光程就是相干长度。激光器的相干性能比普通光源要强得多,一般称激光为相干光,普通光为非相干光。

4. 亮度高

光的辐射亮度是指单位立体角内光的强度。普通光源发出的光是连续的,并且射向各处,能量非常分散,故亮度不高。激光器发出的激光方向性好,能量在空间高度集中。因此,激光器的光亮度远比普通光源要高得多。此外,激光还可以用透镜进行聚焦,将全部的激光能量集中在极小的范围内,产生几千摄氏度乃至上万摄氏度的高温。激光的高亮度也就是能量的高度集中性使其广泛被应用于机械加工、激光武器及激光医疗等领域。

四、激光加工的原理

激光加工实质上就是将激光照射到工件的表面,以激光的高能量来切除、熔化材料以及改变物体表面性能。由于激光加工是无接触式加工,工具不会与工件的表面直接摩擦产生阻力,所以激光加工的速度极快、加工对象受热影响的范围较小而且不会产生噪音。由于激光束的能量和光束的移动速度均可调节,因此激光加工可应用到不同层面和范围。

激光具有的宝贵特性决定了激光在加工领域存在的优势。

(1)由于它是无接触加工,并且高能量激光束的能量及其移动速度均可调,因此可以实现多种加工的目的;

(2)它可以对多种金属、非金属加工,特别是可以加工高硬度、高脆性及高熔点的材料;

(3)激光加工过程中无"刀具"磨损,无"切削力"作用于工件;

(4)激光加工过程中,激光束能量密度高,加工速度快,并且是局部加工,对非激光照射部位没有影响或影响极小,因此,其热影响区小,工件热变形小,后续加工量小;

(5)它可以通过透明介质对密闭容器内的工件进行各种加工;

(6)由于激光束易于导向、聚集实现各方向变换,极易与数控系统配合对复杂工件进行加工,如加工深而小的微孔、窄缝等,尺寸小至数微米,因此是一种极为灵活的加工方法;

(7)使用激光加工,生产率高,质量可靠,经济效益好,例如:①美国通用电气公司采用板条激光器加工航空发动机的异形槽,不到 4 h 即可高质量完成,而原来采用电火花加工则需要 9 h 以上,仅此一项,每台发动机的造价可节省 5 万美元;②激光切割钢件工效可提高 8~20 倍,材料可节省 15%~30%,大幅度降低了生产成本,并且加工精度高,产品质量稳定可靠;

(8)不受切削力的影响,易于保证加工精度;

(9)不需要真空条件,可在各种环境中进行加工。

学习小结

【任务实施】

一、任务导入

图 4-1-5 所示的零件为厚度 2 mm 的不锈钢板,需要在其上加工均匀分布的 560 个直径 0.1 mm 的小孔,并有蚀刻标记,该板加工后要镀镍处理,以实现工作要求。

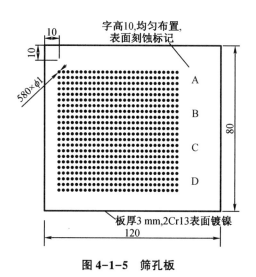

图 4-1-5   筛孔板

二、任务分析、准备

该零件属薄板,小孔数目多,适合选择激光打孔加工,蚀刻标记采用激光打标机。根据零件形状和尺寸精度可考虑选用:3 mm 不锈钢板。

下料:采用锯床下料,尺寸为 80.5 mm×120.5 mm。

热处理:获得 40~45HRC 后,进行加工。

三、任务实施

在铣床进行上、下表面及侧面的铣削,然后利用激光打孔机打出需要的直径 0.1 mm 的小孔,利用激光打标机进行打标记,获得工件表面的 A、B、C、D 字母;最后镀镍处理。

四、任务检测

根据图纸进行尺寸测量,检验工件是否合格。

【平面零件的激光打孔操作工作单】

计划单

学习情境四	平面、曲面类零件的高能束加工	任务一	平面零件的激光打孔
工作方式	组内讨论、团结协作共同制定计划;小组成员进行工作讨论,确定工作步骤。	计划学时	1 学时
完成人	1. 2. 3. 4. 5. 6.		

计划依据:1.零件图;2.电火花高能束加工要求

序号	计划步骤	具体工作内容描述
1	准备工作(准备图纸、材料、机床、工具、量具,谁去做?)	
2	组织分工(成立小组,各成员具体完成什么?)	
3	制定加工工艺方案(先加工什么? 再加工什么? 最后加工什么?)	
4	零件加工过程(加工准备什么,安装钼丝、装夹零件和电极、调整设备参数、零件检测?)	
5	整理资料(谁负责? 整理什么?)	
制定计划说明	(写出制定计划中人员为完成任务的主要建议或可以借鉴的建议、需要解释的某一方面)	

决策单

学习情境四	平面、曲面类零件的高能束加工	任务一	平面零件的激光打孔
决策学时		0.5 学时	

决策目的:平面零件的激光打孔方案对比分析,比较加工质量、加工时间、加工成本等

	小组成员	方案的可行性 (加工质量)	加工的合理性 (加工时间)	加工的经济性 (加工成本)	综合评价
工艺方案 对比	1				
	2				
	3				
	4				
	5				
	6				
决策评价	(根据小组成员加工方案对比分析,对自己的工艺方案进行修改并说明修改原因,最后确定一个最佳方案)				

检查单

学习情境四	平面、曲面类零件的高能束加工	任务一	平面零件的激光打孔
评价学时		课内 0.5 学时	第　　组

检查目的及方式 教师检查小组的工作情况,如检查等级为不合格,小组需要整改,并给出整改说明

序号	检查项目	检查标准	检查结果分级 (在相应的分级框内画"√")				
			优秀	良好	中等	合格	不合格
1	准备工作	查找资源、材料准备完整					
2	分工情况	安排合理、全面,分工明确					
3	工作态度	小组成员工作积极主动、全员参与					
4	纪律出勤	按时完成负责的工作内容,遵守工作纪律					
5	团队合作	相互协作、互相帮助、成员听从指挥					
6	创新意识	任务完成不照搬照抄,看问题具有独到见解及创新思维					
7	完成效率	工作单记录完整,并按照计划完成任务					
8	完成质量	查找资源、材料准备完整					

检查评语		教师签字:

【任务评价】

小组产品加工评价单

学习情境四		平面、曲面类零件的高能束加工			
任务一		平面零件的激光打孔			
评价类别	评价项目	子项目	个人评价	组内互评	教师评价
专业知识 与技能	加工准备(15%)	零件图分析(5%)			
		设备及电极准备(5%)			
		加工方法的选择以及电参数的确定(5%)			
	任务实施(30%)	工作步骤执行(5%)			
		功能实现(5%)			
		质量管理(5%)			
		安全保护(10%)			
		环境保护(5%)			
	工件检测(30%)	产品尺寸精度(15%)			
		产品表面质量(10%)			
		工件外观(5%)			
	工作过程(15%)	使用工具规范性(5%)			
		操作过程规范性(5%)			
		工艺路线正确性(5%)			
	工作效率(5%)	能够在要求的时间内完成(5%)			
	作业(5%)	作业质量(5%)			
评价 评语					
班级		组别	学号		总评	
教师签字		组长签字		日期	

小组成员素质评价单

学习情境四	平面、曲面类零件的高能束加工		任务一		平面零件的激光打孔			
班级		第 组		成员姓名				
评分说明	每个小组成员评价分为自评和小组其他成员评价2部分,取平均值作为该小组成员的任务评价个人分数。评价项目共设计5个,依据评分标准给予合理量化打分。小组成员自评分后,要找小组其他成员以不记名方式打分							
评分项目	评分标准	自评分	成员1评分	成员2评分	成员3评分	成员4评分	成员5评分
核心价值观 (20分)	是否体现社会主义核心价值观的思想及行动						
工作态度 (20分)	是否按时完成负责的工作内容,是否遵守纪律,是否积极主动参与小组工作,是否全过程参与,是否吃苦耐劳,是否具有工匠精神						
交流沟通 (20分)	是否能良好地表达自己的观点,是否能倾听他人的观点						
团队合作 (20分)	是否与小组成员合作完成任务,做到相互协作、互相帮助						
创新意识 (20分)	是否能独立思考,提出独到见解,是否具有创新思维						
小组成员 最终得分							

【课后反思】

学习情境四	平面、曲面类零件的高能束加工	任务一	平面零件的激光打孔
班级	第　　组	成员姓名	

情感反思	通过对本任务的学习和实训,你认为自己在社会主义核心价值观、职业素养、学习和工作态度等方面有哪些需要提高的部分?
知识反思	通过对本任务的学习,你掌握了哪些知识点? 请画出思维导图。
技能反思	在完成本任务的学习和实训过程中,你主要掌握了哪些技能?
方法反思	在完成本任务的学习和实训过程中,你主要掌握了哪些分析和解决问题的方法?

任务二　曲面零件的电子束加工

【任务工单】

学习情境四	平面、曲面类零件的高能束加工	工作任务二	曲面零件的电子束加工
	任务学时		课内 4 学时(课外 4 学时)
布置任务			
任务目标	1. 根据平面、曲面零件结构特点,合理选择加工机床及附件; 2. 根据平面、曲面零件结构特点,合理选择电极并能正确安装; 3. 根据加工要求,选择正确的加工方法和加工参数; 4. 根据加工要求,制定合理的加工路线并完成平面、曲面零件的加工		
任务描述	高能束流加工技术以高能量密度束流(电子束、激光、离子束等)为热源与材料作用,从而实现材料去除、连接、生长和改性。高能束流加工技术具有独特的技术优势,被誉为21 世纪先进制造技术之一,受到越来越多的重视,应用领域不断扩大。经过多年的发展,高能束流加工技术已经应用到焊接、表面工程和快速制造等方面,在航空、航天、船舶、兵器、交通、医疗等诸多领域发挥了重要作用 		

学时安排	资讯 1 学时	计划 1 学时	决策 0.5 学时	实施 4.5 学时	检查 0.5 学时	评价 0.5 学时

提供资源	1. 加工零件图纸; 2. 课程标准、多媒体课件、教学演示视频及其他共享数字资源; 3. 机床及附件; 4. 游标卡尺等工具和量具
对学生学习 及成果的 要求	1. 能够正确识读和表述零件图; 2. 合理选择加工机床及附件; 3. 合理选择电极并正确安装;

对学生学习及成果的要求	4.加工表面质量和精度符合要求; 5.按照学习导图自主学习,并完成课前自学的问题训练和作业单; 6.严格遵守课堂纪律,学习态度认真、端正,正确评价自己和同学在本任务中的素质表现; 7.积极参与小组工作,承担零件图识读、零件加工设备选用、加工工艺路线、工艺参数制定等工作,积极主动不推诿,与小组成员合作完成工作任务; 8.独立或在小组同学的帮助下完成任务工单、加工工艺文件、加工视频及动画等,并提请检查、签认,对教师提出的建议或错误处务必及时修改; 9.每组必须完成任务工单,并提请教师进行小组评价,小组成员分享小组评价分数或等级; 10.完成任务反思,以小组为单位提交

【课前自学】

电子束加工(electron beam machining,EBM)和离子束加工(ion beam machining,IBM)是近年来得到较大发展的新型特种加工技术,它们在精密加工方面,尤其是在微电子学领域得到较多的应用。目前,离子束加工被认为是最具发展前景的超精密加工和微细加工方法。电子束加工主要用于打孔、切割、焊接、热处理等的精加工和电子束光刻化学加工。离子束加工主要用于离子蚀刻、离子镀膜和离子注入等加工。近期发展起来的亚微米加工和纳米加工等微细加工技术,主要采用电子束加工和离子束加工。

一、电子束加工的产生背景

电子束的发现距今已有 100 多年,1879 年 Sir Williamn Crookes 发现了在阴极射线管中的阳极因被阴极射线轰击而熔化的现象。1907 年,Marcello VonPirani 进一步发现了电子束作为高能量密度加工的可能性,第一次利用电子束做熔化金属的实验,成功地熔炼了钽。直到1960 年夏,由日本电子公司为日本科学技术厅所属的金属材料所研制了第一台电子束焊机。

电子束加工起源于德国。1948 年德国科学家斯特格瓦发明了第一台电子束加工设备。利用高能量密度的电子束对材料进行工艺处理的一切方法统称为电子束加工。电子束加工应用于电子束焊接、打孔、表面处理、熔炼、镀膜、物理气相沉积、雕刻、铣切、切割以及电子束曝光等。世界上电子束加工技术较先进的国家有德国、日本、美国、俄罗斯以及法国等。

二、电子束加工原理

图 4-2-1 所示电子束加工是在真空条件下,利用聚焦后能量密度极高(10°-10° W/cm^2)的电子束,以极高的速度冲击到工件表面极小面积上,在极短的时间(几分之一微秒)内,其能量的大部分转变为热能,使被冲击部分的工件材料达到几千摄氏度以上的高温,从而引起材料的局部熔化和气化,被真空系统抽走。

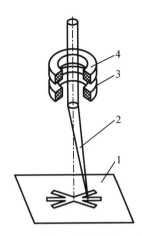

1—工件;2—电子束;3—偏转线圈;4—电磁透镜。

图 4-2-1　电子束加工原理

三、电子束加工的特点

(1)束斑极小。

电子束能够极其微细地聚焦(可达 $1\sim0.1\ \mu m$),故可进行微细加工。微型机械中的光刻技术,可达到亚微米级宽度。

(2)能量密度高。

使照射部分的温度超过材料的熔化和汽化温度,靠瞬时蒸发去除材料,是一种非接触式加工,适合于加工精微深孔和狭缝等,加工速度较快,如可在 2.5 mm 钢板上每秒加工 50 个直径 0.4 mm 的孔。

(3)可控性好,加工精度高。

可以通过磁场或电场对电子束的强度、位置、聚焦等进行直接控制,可加工出斜孔、弯孔及特殊表面,便于实现自动化生产。位置控制精度可以准确到 0.1 μm 左右,强度和束斑尺寸可达到1%的控制精度。

(4)生产率较高。

电子束的能量密度高,能量利用率可达 90%以上,所以加工生产率较高。

(5)无污染。

由于电子束加工是在真空中进行,因而污染少,加工表面不氧化,特别适用于加工易氧化的金属及合金材料,以及对纯度要求极高的半导体材料。

(6)电子束加工有一定的局限性,一般只用来加工小孔、小缝及微小的特形表面,这种加工方法需要一套专用设备和数万伏的高压真空系统,因此成本较高,生产应用受到一定限制。

四、离子束加工的物理效应

离子束加工的原理和电子束加工原理基本类似,也是在真空条件下,将离子源产生的离子束经过加速聚焦,使之撞击到工件表面。不同的是离子带正电荷,其质量比电子大数千、数万倍。如氩离子的质量是电子的 7.2 万倍,所以一旦离子加速到较高速度时,它是靠微观的机械撞击能量,而不是靠动能转化为热能来加工的。

离子束加工的物理基础是离子束射到材料表面时所发生的撞击效应、溅射效应和注入效应。

具有一定动能的离子斜射到工件材料(或靶材)表面时,可以将表面的原子撞击出来,这就是离子的撞击效应和溅射效应。如果将工件直接作为离子轰击的靶材,工件表面就会受到离子刻蚀,如图4-2-2(a)所示。如果将工件放置在靶材附近,靶材原子就会溅射到工件表面而被溅射沉积吸附,使工件表面镀上一层靶材原子的薄膜,如图4-2-2(b)(c)所示。如果离子能量足够大并垂直工件表面撞击时,离子就会钻进工件表面,这就是离子的注入效应,如图4-2-2(d)所示。

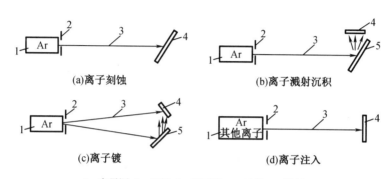

(a)离子刻蚀　　　　　　　　　(b)离子溅射沉积

(c)离子镀　　　　　　　　　(d)离子注入

1—离子源;2—吸极;3—离子束;4—工件;5—靶材。

图4-2-2　离子束加工示意图

五、离子束加工分类

离子束加工按照其所利用的物理效应和达到目的的不同,可以分为利用离子撞击和溅射效应的离子刻蚀、离子溅射沉积和离子镀,以及利用注入效应的离子注入四类加工方法。

(1)离子刻蚀利用能量为0.5~5 keV的氩离子倾斜轰击工件,将工件表面的原子逐个剥离,如图4-2-2(a)所示。其实质是一种原子尺度的切削加工,所以又称离子铣削。这就是近代发展起来的纳米加工工艺。

(2)离子溅射沉积利用能量为0.5~5 keV的氩离子轰击某种材料制成的靶,离子将靶材原子击出,垂直沉积在靶材附近的工件上,使工件表面镀上一层薄膜,如图4-2-2(b)所示,所以溅射沉积是一种镀膜工艺。

(3)离子镀也称离子溅射辅助沉积,也是利用0.5~5 keV的氩离子,不同的是,镀膜时离子束同时轰击靶材和工件表面,如图4-2-2(c)所示,目的是增强膜材与工件基材之间的结合力,也可将靶材高温蒸发,同时进行离子撞击镀膜。

(4)离子注入是利用5~500 keV较高能量的离子束,直接垂直轰击被加工材料,由于离子能量相当大,离子直接钻入被加工材料的表面层,如图4-2-2(d)所示。工件表面层含有注入离子后,改变了化学成分,从而改变了工件表面层的物理、力学和化学性能。可以根据不同的加工目的,选用不同的注入离子,如磷、硼、碳、氮等。

六、离子束加工的特点

(1)离子束可以通过电子光学系统进行聚焦扫描,束流密度及离子能量可以精确控制,所以离子刻蚀可以达到纳米(0.001 μm)级的加工精度。离子镀膜可以控制在亚微米级精度,故离子束加工是所有特种加工方法中最精密、最微细的加工方法,是当代纳米加工技术的基础。

（2）离子束加工在高真空中进行,污染少,特别适用于易氧化的金属、合金材料和高纯度半导体材料的加工。

（3）离子束加工是通过离子轰击材料表面,逐层去除原子来实现的,所以它是一种微观作用,宏观压力很小,加工应力、热变形等极小,加工质量高,适用于各种材料和低刚度零件的加工。

（4）离子束加工设备费用高昂,成本高,加工效率低,因此应用范围受到一定限制。

学习小结

【任务实施】

一、任务导入

图 4-2-3 所示为双曲面零件,传统加工方法很难保证加工精度和形位公差,可以考虑采用电子束加工,利用偏转线圈,使电子束在工件内部偏转,控制电子束强度和磁场强度,同时改变电子束与工件的相对位置,从而加工出此双曲面零件。

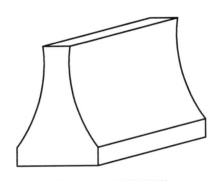

图 4-2-3 双曲面零件

二、任务分析、准备

对零件工艺进行分析,初步确定:锯床下料,留出加工余量;

热处理至 40~45HRC;

上磨床进行磨削加工,为电子束加工做好准备。

三、任务实施

控制电子磁场强度、电流等,进行电子束加工。对图 4-2-4 的"1"处施加磁场,一面采用电子束"3"轰击,一面按照箭头"2"方向移动工件,可获曲面,再改变磁场极性加工另一面,直至获得符合尺寸要求的曲面。

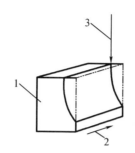

图 4-2-4　电子束加工曲面

四、任务检测

按照图纸要求,采用相应测量工具,检测加工是否符合要求。

【曲面零件的电子束加工操作工作单】

计划单

学习情境四	平面、曲面类零件的高能束加工	任务二	曲面零件的电子束加工	
工作方式	组内讨论、团结协作共同制定计划:小组成员进行工作讨论,确定工作步骤。	计划学时	1学时	
完成人	1.　　　2.　　　3.　　　4.　　　5.　　　6.			

计划依据:1.零件图;2.电火花高能束加工要求

序号	计划步骤	具体工作内容描述
1	准备工作(准备图纸、材料、机床、工具、量具,谁去做?)	
2	组织分工(成立小组,各成员具体完成什么?)	
3	制定加工工艺方案(先加工什么?再加工什么?最后加工什么?)	
4	零件加工过程(加工准备什么,安装钼丝、装夹零件和电极、调整设备参数、零件检测?)	
5	整理资料(谁负责?整理什么?)	
制定计划说明	(写出制定计划中人员为完成任务的主要建议或可以借鉴的建议、需要解释的某一方面)	

决策单

学习情境四	平面、曲面类零件的高能束加工	任务二	曲面零件的电子束加工
决策学时		0.5 学时	

决策目的:曲面零件的电子束加工方案对比分析,比较加工质量、加工时间、加工成本等

<table>
<tr><td rowspan="24">工艺方案
对比</td><td>小组成员</td><td>方案的可行性
(加工质量)</td><td>加工的合理性
(加工时间)</td><td>加工的经济性
(加工成本)</td><td>综合评价</td></tr>
<tr><td>1</td><td></td><td></td><td></td><td></td></tr>
<tr><td>2</td><td></td><td></td><td></td><td></td></tr>
<tr><td>3</td><td></td><td></td><td></td><td></td></tr>
<tr><td>4</td><td></td><td></td><td></td><td></td></tr>
<tr><td>5</td><td></td><td></td><td></td><td></td></tr>
<tr><td>6</td><td></td><td></td><td></td><td></td></tr>
<tr><td></td><td></td><td></td><td></td><td></td></tr>
<tr><td></td><td></td><td></td><td></td><td></td></tr>
<tr><td></td><td></td><td></td><td></td><td></td></tr>
<tr><td></td><td></td><td></td><td></td><td></td></tr>
<tr><td></td><td></td><td></td><td></td><td></td></tr>
<tr><td></td><td></td><td></td><td></td><td></td></tr>
<tr><td></td><td></td><td></td><td></td><td></td></tr>
<tr><td></td><td></td><td></td><td></td><td></td></tr>
<tr><td></td><td></td><td></td><td></td><td></td></tr>
<tr><td></td><td></td><td></td><td></td><td></td></tr>
<tr><td></td><td></td><td></td><td></td><td></td></tr>
<tr><td></td><td></td><td></td><td></td><td></td></tr>
<tr><td></td><td></td><td></td><td></td><td></td></tr>
<tr><td></td><td></td><td></td><td></td><td></td></tr>
<tr><td></td><td></td><td></td><td></td><td></td></tr>
<tr><td></td><td></td><td></td><td></td><td></td></tr>
<tr><td></td><td></td><td></td><td></td><td></td></tr>
</table>

决策评价	(根据小组成员加工方案对比分析,对自己的工艺方案进行修改并说明修改原因,最后确定一个最佳方案)

检查单

学习情境四	平面、曲面类零件的高能束加工	任务二	曲面零件的电子束加工
评价学时		课内 0.5 学时	第　组

检查目的及方式	教师检查小组的工作情况,如检查等级为不合格,小组需要整改,并给出整改说明

序号	检查项目	检查标准	检查结果分级 (在相应的分级框内画"√")				
			优秀	良好	中等	合格	不合格
1	准备工作	查找资源、材料准备完整					
2	分工情况	安排合理、全面,分工明确					
3	工作态度	小组成员工作积极主动、全员参与					
4	纪律出勤	按时完成负责的工作内容,遵守工作纪律					
5	团队合作	相互协作、互相帮助、成员听从指挥					
6	创新意识	任务完成不照搬照抄,看问题具有独到见解及创新思维					
7	完成效率	工作单记录完整,并按照计划完成任务					
8	完成质量	查找资源、材料准备完整					

检查评语		教师签字:

【任务评价】

小组产品加工评价单

学习情境四	平面、曲面类零件的高能束加工				
任务二	曲面零件的电子束加工				
评价类别	评价项目	子项目	个人评价	组内互评	教师评价
专业知识 与技能	加工准备(15%)	零件图分析(5%)			
		设备及电极准备(5%)			
		加工方法的选择以及电参数的确定(5%)			
	任务实施(30%)	工作步骤执行(5%)			
		功能实现(5%)			
		质量管理(5%)			
		安全保护(10%)			
		环境保护(5%)			
	工件检测(30%)	产品尺寸精度(15%)			
		产品表面质量(10%)			
		工件外观(5%)			
	工作过程(15%)	使用工具规范性(5%)			
		操作过程规范性(5%)			
		工艺路线正确性(5%)			
	工作效率(5%)	能够在要求的时间内完成(5%)			
	作业(5%)	作业质量(5%)			
评价 评语					
班级		组别		学号		总评	
教师签字		组长签字		日期			

小组成员素质评价单

学习情境四	平面、曲面类零件的高能束加工		任务二		曲面零件的电子束加工		
班级		第　　组		成员姓名			

| 评分说明 | 每个小组成员评价分为自评和小组其他成员评价 2 部分,取平均值作为该小组成员的任务评价个人分数。评价项目共设计 5 个,依据评分标准给予合理量化打分。小组成员自评分后,要找小组其他成员以不记名方式打分 | | | | | | |

评分项目	评分标准	自评分	成员 1 评分	成员 2 评分	成员 3 评分	成员 4 评分	成员 5 评分
核心价值观 (20 分)	是否体现社会主义核心价值观的思想及行动						
工作态度 (20 分)	是否按时完成负责的工作内容,是否遵守纪律,是否积极主动参与小组工作,是否全过程参与,是否吃苦耐劳,是否具有工匠精神						
交流沟通 (20 分)	是否能良好地表达自己的观点,是否能倾听他人的观点						
团队合作 (20 分)	是否与小组成员合作完成任务,做到相互协作、互相帮助						
创新意识 (20 分)	是否能独立思考,提出独到见解,是否具有创新思维						
小组成员 最终得分							

【课后反思】

学习情境四	平面、曲面类零件的高能束加工	任务二	曲面零件的电子束加工
班级	第　组	成员姓名	
情感反思	通过对本任务的学习和实训，你认为自己在社会主义核心价值观、职业素养、学习和工作态度等方面有哪些需要提高的部分？		
知识反思	通过对本任务的学习，你掌握了哪些知识点？请画出思维导图。		
技能反思	在完成本任务的学习和实训过程中，你主要掌握了哪些技能？		
方法反思	在完成本任务的学习和实训过程中，你主要掌握了哪些分析和解决问题的方法？		

【情境四　问题与思考】

1. 说明激光设备的组成。

2. 说明常用的激光器及其原理。

3. 举例说明激光常见的应用。

4. 简述影响激光打孔的因素。

5. 说明激光切割原理及影响切割质量的因素。

6. 何谓电子束加工？何谓离子束加工？试比较两者异同。

7. 电子束加工的特点有哪些？

8. 离子束加工的特点有哪些？

9. 目前世界上最精密的加工方法是哪种？为什么？

10. 说明电子束加工的设备组成及功能。

11. 简述电子枪的原理和构造。

12. 说明设备中真空系统的作用。

13. 试举例说明电子束加工的应用方法。

14. 试比较电子束加工主要方法的异同，并说明其特点。

15. 说明离子束加工的设备组成及功能。

16. 简述离子源的原理和构造。

17. 试说明离子束加工的种类与应用场和。

18. 试搜集资料说明目前国内外最先进的现代制造技术。

学习情境五 其他特种加工

【学习指南】

【情境导入】

超声波加工是利用超声频作小振幅振动的工具,并通过它与工件之间游离于液体中的磨料对被加工表面的捶击作用,使工件材料表面逐步破碎的特种加工,英文简称为 USM。超声波加工常用于穿孔、切割、焊接、套料和抛光。

快速原型技术是一种涉及多学科的新型综合制造技术。20 世纪 80 年代后期,随着计算机辅助设计的应用,产品造型和设计能力得到极大提高,然而在产品设计完成后,批量生产前,必须制出样品以表达设计构想,快速获取产品设计的反馈信息,并对产品设计的可行性做出评估、论证。在市场竞争日趋激烈的今天,时间就是效益。为了提高产品市场竞争力,从产品开发到批量投产的整个过程都迫切要求降低成本和提高速度。快速原型技术的出现,为这一问题的解决提供了有效途径,因此备受国内外重视。

【学习目标】

知识目标:

1. 能够陈述其他特种加工的原理及分类。
2. 能够说明其他特种加工的基本规律。
3. 掌握其他特种成型加工机床的基本结构。
4. 掌握其他特种成型加工方法。
5. 掌握其他特种成型加工工艺的制定。
6. 能够进行其他特种成型加工实例的操作。

能力目标:

1. 掌握其他特种加工机床的结构和加工原理。
2. 能够正确编制加工程序。
3. 能够正确制定加工工艺。
4. 能够根据零件加工要求,正确制定加工参数。
5. 能够熟练操作其他特种加工机床加工零件。

素质目标:

1. 培养学生遵守职业规范习惯。
2. 培养学生民族自豪感和荣誉感。
3. 培养学生精益求精的工匠精神。
4. 培养学生的团队合作意识、创新意识。
5. 培养学生的环保意识、质量意识。

【工作任务】

任务一　凹模的超声波加工	参考学时:课内 4 学时(课外 4 学时)
任务二　玩具手办的光敏树脂3D 打印	参考学时:课内 4 学时(课外 4 学时)

任务一　凹模的超声波加工

【任务工单】

学习情境五	其他特种加工	工作任务一	凹模的超声波加工
任务学时		课内 4 学时(课外 4 学时)	
布置任务			

任务目标	1. 根据零件结构特点,合理选择加工机床及附件; 2. 根据零件结构特点,合理选择电极并能正确安装; 3. 根据加工要求,选择正确的加工方法和加工参数; 4. 根据加工要求,制定合理的加工路线并完成零件的加工
任务描述	超声波加工是利用超声频作小振幅振动的工具,并通过它与工件之间游离于液体中的磨料对被加工表面的捶击作用,使工件材料表面逐步破碎的特种加工,英文简称为 USM。超声波加工常用于穿孔、切割、焊接、套料和抛光 

学时安排	资讯 1 学时	计划 1 学时	决策 0.5 学时	实施 4.5 学时	检查 0.5 学时	评价 0.5 学时

提供资源	1. 加工零件图纸; 2. 课程标准、多媒体课件、教学演示视频及其他共享数字资源; 3. 机床及附件; 4. 游标卡尺等工具和量具
对学生学习及成果的要求	1. 能够正确识读和表述零件图; 2. 合理选择加工机床及附件; 3. 合理选择电极并正确安装;

对学生学习及成果的要求	4. 加工表面质量和精度符合要求;
	5. 按照学习导图自主学习,并完成课前自学的问题训练和作业单;
	6. 严格遵守课堂纪律,学习态度认真、端正,正确评价自己和同学在本任务中的素质表现;
	7. 积极参与小组工作,承担零件图识读、零件加工设备选用、加工工艺路线、工艺参数制定等工作,积极主动不推诿,与小组成员合作完成工作任务;
	8. 独立或在小组同学的帮助下完成任务工单、加工工艺文件、加工视频及动画等,并提请检查、签认,对教师提出的建议或错误处务必及时修改;
	9. 每组必须完成任务工单,并提请教师进行小组评价,小组成员分享小组评价分数或等级;
	10. 完成任务反思,以小组为单位提交

【课前自学】

一、超声波的概念

超声加工(ultrasonie machining,USM),也称超声波加工,是特种加工的一种。有些特种加工,像电火花加工和电化学加工都只能加工金属导电材料,不宜加工不导电的非金属材料。超声波加工不仅能加工硬质合金、淬火钢等硬脆金属材料,而且更适用于加工玻璃、陶瓷、半导体锗和硅片等不导电的非金属脆硬材料,同时还可以用于清洗、焊接和探伤等,应用广泛。

超声波加工技术在工业中的应用开始于20世纪10~20年代,它是以经典声学理论为基础,同时结合电子技术、计量技术、机械振动和材料学等学科领域的成就发展起来的一门综合技术。1951年,美国的A. S.科恩制成第一台实用的超声加工机。50年代中期,日本、苏联将超声波加工与电加工(如电火花加工和电解加工等)、切削加工结合起来,开辟了复合加工的领域。将超声波加工与切削加工、电火花加工、电解加工结合起来的复合加工的方法能够改善电加工或金属切削加工的条件,提高加工效率和质量。在脆硬金属导电材料,特别是在不导电的非金属材料加工方面,超声波加工具有明显的优势。

1. 超声波的类型

声波是人耳能感受的一种纵波,它的频率在16~16 000 Hz,当频率超过16 000 Hz将超出一般人耳听觉范围,就称为超声波,主要包括纵波、横波、表面波、板波等,如图5-1-1所示。

2. 超声波的特性

超声波与声波一样,可以在气体、液体、固体、固熔体等介质中有效传播,具有如下特性。

(1)超声波能传递很大的能量,其作用主要是对传播方向上的障碍物施加压力(声压)。可以说,声压大小表示超声波强度,传播的波动能量越强,则压力越大。

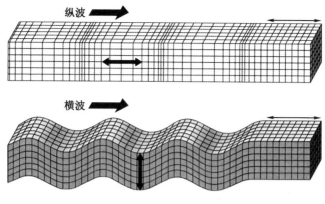

图 5-1-1　超声波类型

（2）当超声波在液态介质中传播时，会在介质中连续形成压缩和稀疏区域，产生压力正负交变的液压冲击和空化现象；利用巨大的液压冲力使零件表面破坏，引起固体物质分散、破碎等效应。

（3）超声波通过不同介质时，在界面上发生波速突变，产生波的反射和折射现象，可能会改变振动模式。能量反射的大小，取决于这两种介质的波阻抗，波阻抗是指介质密度与波速的乘积，其值相差越大，超声波通过界面时的能量反射率越高。

（4）超声波在一定条件下，会产生波的干涉和共振现象，使得超声波的传播具有方向性。

另外，超声波还有其他的特性，如超声波传播速度容易受温度影响、产生衰减（在液体和固体中衰减较小）；超声波可以聚焦，并且在两种不同介质的界面处反射强烈，在许多场合必须使用耦合剂或匹配材料等。

二、超声波加工的基本原理

超声波加工是利用超声波振动的工具，带动工件和工具间的磨料悬浮液，冲击和抛磨工件的被加工部位，使其局部材料被蚀除而成粉末，以进行穿孔、切割和研磨等，以及利用超声波振动使工件相互结合的加工方法。

1. 超声波的效应

超声波加工时，通常通过超声波加工设备实现电磁振动、磁致伸缩效应、压电效应、静电引力、其他形式的机械振动等产生超声波，从而实现机械效应对工件进行清洗、加工、抛光等；实现声学效应进行超声波探测；实现热效应进行超声波焊接；实现空化效应进行乳化、雾化。实现化学效应，例如纯的蒸馏水经超声波处理后产生过氧化氢；溶有氮气的水经超声波处理后产生亚硝酸；染料的水溶液经超声波处理后会变色或褪色等。实现生物效应，加快植物种子发芽。

2. 超声波加工的原理

超声波加工是利用工具端面作超声频振动，通过磨料悬浮液加工脆硬材料的一种方法。

超声波加工原理如图 5-1-2 所示，在工具和工件之间加入液体（水或煤油等）和磨料混合悬浮液，并使工具以很小的力 F 轻轻压在工件上。超声波换能器产生 16 000 Hz 以上的超声频纵向振动，并借助于变幅杆把振幅放大到 0.05 ~ 0.1 mm，驱动工具端面做超声波振动,迫使工作液中悬浮的磨粒以较大的速度和加速度不断地撞击、抛磨被加工表面,把被加工表面的材料粉碎成很细的微粒,从工件上打击下来。

虽然每次打击下来的材料很少,但由于每秒钟打击的次数多达 16 000 次以上,所以仍有一定的加工速度。与此同时,工作液受工具端面超声振动作用而产生的高频、交变的液压正负冲击波和"空化"作用,促使工作液钻入被加工材料的细微裂缝处,加剧了机械破坏作用。

"空化"作用是指当工具端面以很大的加速度离开工件表面时,加工间隙内形成负压和局部真空,在磨料液内形成很多微空腔;当工具端面以很大的加速度接近工件表面时,空泡闭合,引起极强的液压冲击波,可以强化加工过程,从而使脆性材料的加工部位产生局部疲劳,引起显微裂纹,出现粉碎破坏,随着加工的不断进行,工具的形状就逐渐"复制"在工件上(图 5-1-3)。

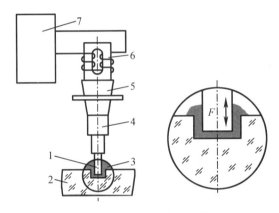

1—工具;2—工件;3—磨料悬浮液;4、5—变幅杆;6—换能器;7—超声波发生器。

图 5-1-2　超声加工原理图

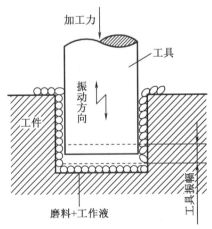

图 5-1-3　超声波加工时磨粒运动示意图

既然超声波加工是基于局部撞击作用,因此不难理解,越是脆硬的材料,受撞击作用所受破坏就越大,越易进行超声波加工。相反,脆性和硬度不大的韧性材料,由于它的缓冲作用反而难以加工。

总而言之,超声波加工是磨料在超声波振动作用下的机械撞击和抛磨作用与超声波空化作用的综合结果,其中磨料的连续冲击、撞击作用至关重要。

三、超声波加工的特点

(1)不受材料是否导电的限制,适合加工各种硬脆材料,被加工材料脆性越大越容易加工,材料越硬或强度、韧性越大反而越难加工;另外,尤其适合不导电的非金属材料的加工,如玻璃、陶瓷、石英、宝石、金刚石等。

(2)工具对工件的宏观作用力小、热影响小,表面粗糙度好,因而可加工薄壁、窄缝薄片工件。

(3)由于工件材料的碎除主要靠磨料的作用,磨料的硬度应比被加工材料的硬度高,而工具的硬度可以低于工件材料,工具可用较软的材料做较复杂的形状。

(4)工具与工件相对运动简单,使机床结构简单。

(5)切削力小、切削热少,不会引起变形及烧伤,加工精度与表面质量也较好。

(6)可以与其他多种加工方法结合应用,如超声波振动切削、超声波电火花加工和超声波电解加工等。

四、超声波加工速度及其影响因素

加工速度指单位时间内去除材料的多少。影响加工速度的因素主要有工具的振幅和频率、进给压力、磨料的种类和粒度、被加工材料等。

1. 工具振幅和频率

过大的振幅和过高的频率会使工具和变幅杆承受较大的内应力,振幅一般在 0. 01~0. 1 mm,频率一般在 16 000~25 000 Hz。在实际加工中需根据不同工具调节共振频率,以获得最大振幅,从而达到较高的加工速度。

2. 进给压力

(1)加工时,工具对工件应有一个适当的进给压力。

(2)压力过小时,工具端面与工件加工表面间的间隙增大,从而减少了磨料对工件的锤击力。

(3)压力增大,间隙减少,当间隙减少到一定程度则会降低磨料与工作液的循环更新速度,从而降低生产率。

3. 磨料种类和粒度

加工时,应针对不同强度的工件材料选择不同的磨料,磨料强度越高,加工速度越快,但要考虑价格成本。加工宝石、金刚石等超硬材料,必须选用金刚石;加工淬火钢、硬质合金,应选用碳化硼;加工玻璃、石英和硅、锗等半导体材料,选用氧化铝磨料。另外,磨料悬浮液的浓度对加工影响较大,通常采用的浓度为磨料与水的质量比在 0. 5~1。

4. 被加工材料

被加工材料越硬脆,则承受冲击载荷的能力越低,越易被去除加工,反之,韧性越好,越不易加工。

五、超声波加工精度及其影响因素

超声波的加工精度,除了受机床、夹具精度影响外,主要与磨料粒度、工具精度及其磨损情况、工具横向振动大小、加工深度、被加工材料性质有关。

六、超声波加工表面质量的影响因素

超声波加工具有良好的表面质量,不会产生表面变质层和烧伤,其表面粗糙度主要与磨粒尺寸、超声波振幅大小和工件材料硬度有关。因为表面粗糙度值主要取决于每颗磨粒每次锤打工件材料所留下的凹痕的大小和深浅,所以,磨粒尺寸越小,超声波振幅越小,工件材料越硬,生产率越低,表面粗糙度越会得到明显改善。

学习小结

【任务实施】

一、任务导入

如图 5-1-4 所示,加工硬质合金凹模型腔,因为硬质合金属于硬脆材料,若采用传统加工方式,不易获得加工要求与加工精度,应先经过电火花、电解加工后,再采用超声波加工,模具寿命能够提高 80~100 倍。

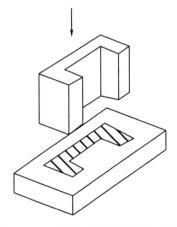

图 5-1-4　硬质合金凹模型腔示意图

二、任务分析、准备

需要用到的设备:超声波加工设备、加工工件、各种量具。

考虑先进行超声波粗加工,超声波加工设备的工作液磨料粒度选择 $180^{\#} \sim 240^{\#}$。

工具设计的考虑:外部尺寸比工件内部尺寸小 0.5 mm;超声波加工后工件内部尺寸有所扩大,并有锥度,入口端单面留有 0.15~0.2 mm 的加工余量,出口端单面稍留大一点余量;再进行超声波精加工,磨料粒度为 W20~W10。

工具的设计:外部尺寸比工件内部尺寸小 0.08 mm,其他余量依次减小;最后采用超声波加研磨修整内部。

三、任务实施

依次按照分析的工艺思路进行:超声波粗加工→超声波精加工→超声波研磨加工,直至获得加工好的工件。

四、任务检测

加工完毕,检验工件是否合格。

【凹模的超声波加工操作工作单】

计划单

学习情境五	其他特种加工	任务一	凹模的超声波加工	
工作方式	组内讨论、团结协作共同制定计划:小组成员进行工作讨论,确定工作步骤。		计划学时	1 学时
完成人	1.　　　2.　　　3.　　　4.　　　5.　　　6.			

计划依据:1.零件图;2.电火花其他特种加工要求

序号	计划步骤	具体工作内容描述
1	准备工作(准备图纸、材料、机床、工具、量具,谁去做?)	
2	组织分工(成立小组,各成员具体完成什么?)	
3	制定加工工艺方案(先加工什么? 再加工什么? 最后加工什么?)	
4	零件加工过程(加工准备什么,安装钼丝、装夹零件和电极、调整设备参数、零件检测?)	
5	整理资料(谁负责? 整理什么?)	
制定计划说明	(写出制定计划中人员为完成任务的主要建议或可以借鉴的建议、需要解释的某一方面)	

决策单

学习情境五	其他特种加工	任务一	凹模的超声波加工
决策学时			0.5学时

决策目的:凹模的超声波加工方案对比分析,比较加工质量、加工时间、加工成本等

	小组成员	方案的可行性 (加工质量)	加工的合理性 (加工时间)	加工的经济性 (加工成本)	综合评价
工艺方案 对比	1				
	2				
	3				
	4				
	5				
	6				
决策评价	(根据小组成员加工方案对比分析,对自己的工艺方案进行修改并说明修改原因,最后确定一个最佳方案)

检查单

学习情境五	其他特种加工	任务一	凹模的超声波加工
评价学时	课内 0.5 学时		第 组

检查目的及方式 教师检查小组的工作情况,如检查等级为不合格,小组需要整改,并给出整改说明

序号	检查项目	检查标准	检查结果分级 (在相应的分级框内画"√")				
			优秀	良好	中等	合格	不合格
1	准备工作	查找资源、材料准备完整					
2	分工情况	安排合理、全面,分工明确					
3	工作态度	小组成员工作积极主动、全员参与					
4	纪律出勤	按时完成负责的工作内容,遵守工作纪律					
5	团队合作	相互协作、互相帮助、成员听从指挥					
6	创新意识	任务完成不照搬照抄,看问题具有独到见解及创新思维					
7	完成效率	工作单记录完整,并按照计划完成任务					
8	完成质量	查找资源、材料准备完整					

检查评语		教师签字:

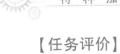

【任务评价】

小组产品加工评价单

学习情境五		其他特种加工			
任务一		凹模的超声波加工			
评价类别	评价项目	子项目	个人评价	组内互评	教师评价
专业知识与技能	加工准备(15%)	零件图分析(5%)			
		设备及电极准备(5%)			
		加工方法的选择以及电参数的确定(5%)			
	任务实施(30%)	工作步骤执行(5%)			
		功能实现(5%)			
		质量管理(5%)			
		安全保护(10%)			
		环境保护(5%)			
	工件检测(30%)	产品尺寸精度(15%)			
		产品表面质量(10%)			
		工件外观(5%)			
	工作过程(15%)	使用工具规范性(5%)			
		操作过程规范性(5%)			
		工艺路线正确性(5%)			
	工作效率(5%)	能够在要求的时间内完成(5%)			
	作业(5%)	作业质量(5%)			
评价评语					

班级		组别		学号		总评	
教师签字			组长签字			日期	

小组成员素质评价单

学习情境五	其他特种加工		任务一		凹模的超声波加工			
班级		第　　组		成员姓名				
评分说明	每个小组成员评价分为自评和小组其他成员评价 2 部分,取平均值作为该小组成员的任务评价个人分数。评价项目共设计 5 个,依据评分标准给予合理量化打分。小组成员自评分后,要找小组其他成员以不记名方式打分							
评分项目	评分标准	自评分	成员 1 评分	成员 2 评分	成员 3 评分	成员 4 评分	成员 5 评分
核心价值观 (20分)	是否体现社会主义核心价值观的思想及行动						
工作态度 (20分)	是否按时完成负责的工作内容,是否遵守纪律,是否积极主动参与小组工作,是否全过程参与,是否吃苦耐劳,是否具有工匠精神						
交流沟通 (20分)	是否能良好地表达自己的观点,是否能倾听他人的观点						
团队合作 (20分)	是否与小组成员合作完成任务,做到相互协作、互相帮助						
创新意识 (20分)	是否能独立思考,提出独到见解,是否具有创新思维						
小组成员 最终得分							

【课后反思】

学习情境五	其他特种加工	任务一	凹模的超声波加工
班级	第　组	成员姓名	

情感反思	通过对本任务的学习和实训,你认为自己在社会主义核心价值观、职业素养、学习和工作态度等方面有哪些需要提高的部分?
知识反思	通过对本任务的学习,你掌握了哪些知识点?请画出思维导图。
技能反思	在完成本任务的学习和实训过程中,你主要掌握了哪些技能?
方法反思	在完成本任务的学习和实训过程中,你主要掌握了哪些分析和解决问题的方法?

任务二　玩具手办的光敏树脂 3D 打印

【任务工单】

学习情境五	其他特种加工	工作任务二	玩具手办的光敏树脂 3D 打印
任务学时			课内 4 学时(课外 4 学时)
布置任务			
任务目标	1. 根据零件结构特点,合理选择加工机床及附件; 2. 根据零件结构特点,合理选择电极并能正确安装; 3. 根据加工要求,选择正确的加工方法和加工参数; 4. 根据加工要求,制定合理的加工路线并完成零件的加工		
任务描述	超声波加工是利用超声频作小振幅振动的工具,并通过它与工件之间游离于液体中的磨料对被加工表面的捶击作用,使工件材料表面逐步破碎的特种加工,英文简称为 USM。超声波加工常用于穿孔、切割、焊接、套料和抛光 		

学时安排	资讯 1 学时	计划 1 学时	决策 0.5 学时	实施 4.5 学时	检查 0.5 学时	评价 0.5 学时

提供资源	1. 加工零件图纸; 2. 课程标准、多媒体课件、教学演示视频及其他共享数字资源; 3. 机床及附件; 4. 游标卡尺等工具和量具
对学生学习 及成果的 要求	1. 能够正确识读和表述零件图; 2. 合理选择加工机床及附件; 3. 合理选择电极并正确安装;

对学生学习及成果的要求	4. 加工表面质量和精度符合要求; 5. 按照学习导图自主学习,并完成课前自学的问题训练和作业单; 6. 严格遵守课堂纪律,学习态度认真、端正,正确评价自己和同学在本任务中的素质表现; 7. 积极参与小组工作,承担零件图识读、零件加工设备选用、加工工艺路线、工艺参数制定等工作,积极主动不推诿,与小组成员合作完成工作任务; 8. 独立或在小组同学的帮助下完成任务工单、加工工艺文件、加工视频及动画等,并提请检查、签认,对教师提出的建议或错误处务必及时修改; 9. 每组必须完成任务工单,并提请教师进行小组评价,小组成员分享小组评价分数或等级; 10. 完成任务反思,以小组为单位提交

【课前自学】

在众多的快速成型技术中,具有代表性的方法有光敏树脂液相固化成型、选择性激光粉末烧结成型、薄片分层叠加成型和熔丝堆积成型四种。下面对这些典型工艺的原理、特点等分别阐述。

一、光敏树脂液相固化成型技术(SLA)

光敏树脂液相固化成型(SLA)是采用立体雕刻原理的一种工艺,又称光固化立体造型或立体光刻。它由 Charles Hul 发明并于 1984 年获美国专利,是 1988 年美国 3D 系统公司推出商品化的世界上第一台快速原型成型机,也是最早出现的、技术最成熟和应用最广泛的快速原型技术。SLA 系列成型机已占据 RP 设备市场较大的份额。

1. 光敏树脂液相固化成型原理

SLA 工艺是基于液态光敏树脂的光聚合原理工作的,这种液态材料在一定波长($\lambda = 325 \text{ nm}$)和功率($P = 30 \text{ mW}$)的紫外激光的照射下能迅速发生光聚合反应,相对分子质量急剧增大,材料也从液态转变成固态,SLA 加工工艺原理如图 5-2-1 所示。

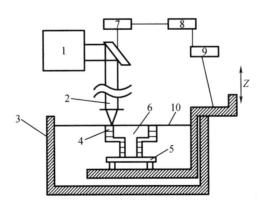

1—紫外激光器;2—X、Y 方向光束扫描镜;3—容器;4—光敏树脂;5—工作台;6—成型零件;

7—驱动器;8—CAD/CAM 系统;9—升降台;10—液面。

图 5-2-1 SLA 成型原理示意图

SLA加工设备如图5-2-2所示。在树脂液槽中盛满液态光敏树脂,它在紫外激光束的照射下会快速固化。成型过程开始时,可升降的工作台处于液面下一个截面层厚的高度,聚焦后的激光在计算机的控制下,按照截面轮廓的要求,沿液面进行扫描,使被扫描区域的树脂固化,从而得到该截面轮廓的塑胶薄片。然后,工作台下降一层薄片的高度,已固化的塑胶薄片被一层新的液态树脂所覆盖,以便进行第二层激光扫描固化,新固化的一层牢固地黏结在前一层上,如此重复,直至整个产品成型完毕。最后升降台升出液体树脂表面,即可取出工件,进行清洗和表面光洁处理。

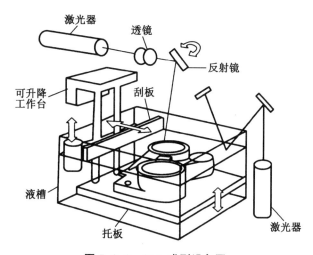

图5-2-2　SLA成型设备图

SLA成型工艺流程总体包括图5-2-3的4个过程。

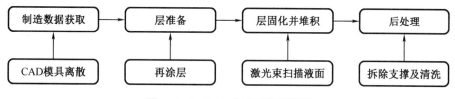

图5-2-3　SLA成型工艺流程图

2. 光敏树脂液相固化成型特点

SLA方法是目前快速成型技术领域中研究得最多的方法,也是技术上最为成熟的方法。

SLA快速成型技术的优点:

(1)成型速度较快,无须切削工具与机床,无须更换工具,原材料利用率高;

(2)系统工作相对稳定,无须看管,整个构建过程自动运行,直至成型全部结束;

(3)尺寸精度较高,可确保工件的尺寸精度在0.1 mm(国内SLA精度在0.1~0.3 mm,且存在一定的波动性),产品透明美观,可直接做力学实验,耗时少,节省时间与成本;

(4)表面质量较好,工件的最上层表面较光滑,侧面可能有台阶不平及不同层面间的曲面不平,比较适合做小件及较精细件;

(5)系统分辨率较高,能构建结构复杂的工件,同时,同一装置可制造不同模型与器具,如复杂的空心件、工艺品等。

SLA 快速成型技术的缺点：

(1)需要专门的实验室环境,维护费用高昂；

(2)成型件需要后处理、二次固化、防潮处理等工序；

(3)光敏树脂固化后较脆,易断裂,可加工性不好,工作温度不能超过 100 ℃,成型件易吸湿膨胀,抗腐蚀能力弱；

(4)氦-镉激光管的寿命有限,仅为 3 000 h,价格昂贵,同时需对整个截面进行扫描固化,成型时间较长,因此制作成本相对较高；

(5)光敏树脂有一定的毒性,对环境有污染,可使皮肤过敏；

(6)需要设计工件的支撑结构,以便确保在成型过程中制作的每一个结构部位都能可靠定位,支撑结构需在未完全固化时手工去除,容易破坏成型件；

(7)产品不能溶解,不利于环保。

3. 光敏树脂液相固化成型材料

SLA 工艺的成型材料称为光固化树脂(或称光敏树脂),光固化树脂材料主要包括低聚物、反应性稀释剂及光引发剂。根据引发剂的引发机理,光固化树脂可以分为三类:自由基光固化树脂、阳离子光固化树脂和混杂型光固化树脂。这三类光固化树脂各有千秋,目前混杂型光固化树脂应用较多。

光敏树脂是立体成型工艺的基材,其性能对成型零件的质量具有决定性影响。一般光敏性树脂应该具有黏度低、固化速度快、固化收缩小、一次固化程度高、湿态强度高、溶胀小、毒性小的特性。

4. 光敏树脂液相固化成型的工艺与应用

光敏树脂液相固化成型一般分为三个阶段:前处理、光固化成型和后处理。

前处理要完成 CAD 三维造型、数据转换、摆放方位确定、施加支撑与切片分层,为下一步工作做好准备;光固化成型就是启动成型系统,使光敏树脂达到预设温度进行快速成型;后处理包括清理、去除支撑、后固化与打磨等。

光敏树脂液相固化成型技术因其精度高、表面质量好、原材料利用率高,应用于各行各业,能制造形状特别复杂、特别精细的零件;制作出来的原型件,可快速翻制各种模具,如陶瓷模、合金模、电铸模、环氧树脂模等,广泛应用于航空、汽车、电器、医疗领域。尤其适合比较复杂的中小型零件的制作;可以直接制作各类树脂功能件、塑料产品,适用于概念模型的原型制作,或用来做装配检验和工艺规划。它还能代替腊模制作浇铸模具,以及作为金属喷涂模、环氧树脂模和其他软模的母模,还可制造具有透明效果的元件,是目前较为成熟的快速成型工艺。

二、选择性激光粉末烧结成型技术(SLS)

选择性激光粉末烧结成型(SLS)工艺又称选区激光烧结,由美国得克萨斯大学奥斯汀分校的 C. R. Dechard 于 1989 年研制成功。该方法已被美国 DTM 公司商品化。

1. 选择性激光粉末烧结成型原理

选择性激光粉末烧结成型采用 CO_2 激光器对粉末材料(塑胶粉、陶瓷与黏结剂的混合粉、金属与黏结剂的混合粉等)进行选择性烧结,是一种由离散点一层层堆积成三维实体的工艺方法。

如图 5-2-4 所示,SLS 工艺采用激光器作能源,激光束在计算机控制下按照零件分层轮廓有选择性地进行烧结。

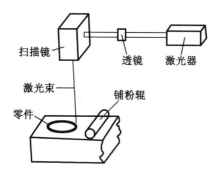

图 5-2-4　SLS 成型技术原理图

在开始加工之前,先将充有氮气的工作室升温,并保持在粉末的熔点以下。成型时,送料筒上升,铺粉滚筒移动,先在工作平台上均匀铺上一层很薄(0.1~0.2 mm)的粉末,目前使用的造型材料多为各种粉末材料。然后激光束在计算机控制下按照截面轮廓对实心部分所在的粉末进行烧结,使粉末融化继而形成一层固体轮廓。第一层烧结完成后,工作台下降一截面层的高度,再铺上一层粉末,进行下一层烧结,如此循环,形成三维的原型零件。最后经过 5~10 h 冷却,即可从粉末缸中取出零件,再进行打磨、烘干等处理便获得产品。

2.选择性激光粉末烧结成型特点和成型材料

SLS 工艺的特点是材料适应面广,尤其适合成型中小件,不仅能够制造塑胶零件,还能直接得到塑胶、陶瓷、石蜡等零件,零件的翘曲变形比液态光敏树脂选择性固化工艺要小,这使 SLS 工艺颇具吸引力,但这种工艺仍需对整个截面进行扫描和烧结,加上工作室需要升温和冷却,成型时间较长。此外,由于受到粉末颗粒大小及激光点的限制,零件的表面一般呈多孔性。在烧结陶瓷、金属与黏结剂的混合粉并得到原型零件后,须将它置于加热炉中,烧掉其中的黏结剂,并在孔隙中渗入填充物,其后处理复杂。

粉末材料选择性烧结快速原型工艺可以直接制造金属零件,适合于产品设计的可视化表现和制作功能测试零件。由于它可采用各种不同成分的金属粉末进行烧结、进行渗铜等后处理,因而其制成的产品可具有与金属零件相近的机械性能,故可用于制作 EDM 电极、直接制造金属模以及进行小批量零件生产。

SLS 工艺另一特点是无需加支撑,因为没有被烧结的粉末起到了支撑的作用,因此可以烧结制造空心、多层镂空的复杂零件。

SLS 快速成型技术的优点:

(1)与其他工艺相比,能生产较硬的模具,有直接金属型的概念;

(2)可以采用多种原料,包括类工程塑胶、蜡、金属、陶瓷等;

(3)零件的构建时间较短;

(4)无须设计和构造支撑,未烧结的粉末对工件的悬臂或薄壁等具有支撑作用。

(5)材料利用率高,由于无须支撑,不需要基底,也不会出现废料,材料利用率几乎达 100%,粉末价格低廉。

SLS 快速成型技术的缺点:

（1）需要专门的实验室环境，维护费用高昂；

（2）在加工前，要花近 2 h 将粉末加热到熔点以下，当零件构建之后，还要花 5~10 h 冷却，然后才能将零件从粉末缸中取出；

（3）成型件强度和表面质量较差，精度低，表面的粗糙度受粉末颗粒大小及激光光斑的限制；

（4）零件的表面多孔性，为了使表面光滑必须进行渗蜡等后处理，在后处理中难以保证制件尺寸精度，后处理工艺复杂，样件变形大，无法装配；

（5）需要对加工室不断充氮气以确保烧结过程的安全性，加工的成本高；

（6）该工艺产生有毒气体，污染环境。

SLS 烧结成型用的材料，早期采用蜡粉及高分子塑胶粉，用金属或陶瓷粉进行黏结或烧结的工艺也已达到实用阶段，任何受热后能黏结的粉末都有被用作 SLS 原材料的可能性，原则上包括了塑胶、陶瓷、金属粉末及它们的复合粉。

3. 选择性激光粉末烧结成型技术的应用

（1）直接制作快速模具。

SLS 工艺可以选择不同的材料粉末制造不同用途的模具，如烧结金属模具和陶瓷模具，用作注塑、压铸、挤塑等塑胶成型模具及钣金成型模具。

（2）复杂金属零件的快速无模铸造。

将 SLS 快速成型技术与精密铸造工艺结合起来，特别适合具有复杂形状的金属功能零件的整体制造。在新产品试制和零件单件生产中，不需要复杂工装和模具，可大大提高制造速度，并降低成本。

（3）内燃机进气管模型。

采用 SLS 工艺快速制造内燃机进气管模型，可以直接与相关零部件安装进行功能验证，快速检测内燃机的运行效果，以评价设计的优劣，然后进行针对性的改进，以达到内燃机进气管产品的设计要求。

三、薄片分层叠加成型（LOM）

薄片分层叠加成型（LOM）工艺又称叠层实体制造或分层实体制造，由美国 Helisys 公司于 1986 年研制成功，并推出商品化的机器。因为常用纸作原料，故又称纸片叠层法。

1. 薄片分层叠加成型工艺原理

LOM 工艺采用薄片材料，如纸、塑胶薄膜等作为成型材料，片材表面事先涂覆一层热熔胶。加工时，用 CO_2 激光器（或刀）在计算机控制下按照 CAD 分层模型轨迹切割片材，然后通过热压辊热压，使当前层与下面已成型的工件层粘接，从而堆积成型（图 5-2-5）。

采用激光或刀具对片材进行切割。首先切割出工艺边框和原型的边缘轮廓线，而后将不属于原型的材料切割成网格状。片材表面事先涂覆一层热熔胶。通过升降平台的移动和箔材的送给，并利用热压辊碾压将后铺的箔材与先前的层片粘接在一起，再切割出新的层片。这样层层叠加后得到下一个块状物，最后将不同原型的材料小块剥除，就获得所需的三维实体。

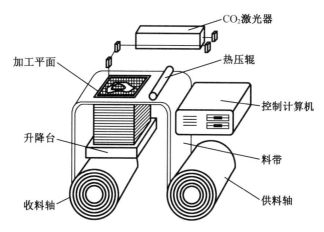

图 5-2-5　LOM 成型技术原理图

2. 薄片分层叠加成型技术特点和成型材料

LOM 成型技术的优点：

（1）由于只需要使激光束沿着物体的轮廓进行切割，无须扫描整个断面，所以 LOM 成型技术是一个高速的快速成型工艺，常用于加工内部结构简单的大型零件及实体件；

（2）工艺过程中不存在材料相变，因此不易引起翘曲变形，零件的精度较高，激光切割为 0.1 mm，刀具切割为 0.15 mm，同时，制作过程中，只有一层胶发生状态变化，引起的变形小，翘曲变形也小，种种原因使得加工精度高；

（3）无须设计和构建支撑结构，工艺简单，成型速度快；

（4）制件能够承受 200 ℃高温，有较好的力学性能，可进行各种切削加工；

（5）材料价格低廉、来源广泛，用纸作原料还有利于环保；

（6）设备操作方便，自动化程度高。

LOM 成型技术的缺点：

（1）需要专门的实验室环境，维护费用高昂；

（2）可实际应用的原材料种类较少，尽管可选用若干原材料，如纸、塑胶、陶土以及合成材料，但目前常用的只是纸，其他箔材尚在研制开发中；

（3）表面比较粗糙，工件表面有明显的台阶纹，成型后要进行打磨，且纸质零件很容易吸潮，必须立即进行后处理、上漆；

（4）难以构建精细形状的零件，即仅限于结构简单的零件；

（5）由于难以（虽然并非不可能）去除里面的废料，该工艺不宜构建内部结构复杂的零件；

（6）当加工室的温度过高时常有火灾发生。因此，工作过程中需要专职人员值守。

LOM 工艺的成型材料常用成卷的纸，纸的一面事先涂覆一层热熔胶，偶尔也采用塑料薄膜作为成型材料。对纸材的要求是应具有抗湿性、稳定性、涂胶浸润性和抗拉强度。热熔胶应保证层与层之间的黏结强度，分层叠加成型工艺中常采用 EVA 热熔胶，它由 EVA 树脂、增黏剂、蜡类和抗氧剂等组成。

3. 薄片分层叠加成型技术的应用

薄片分层叠加快速成型工艺和设备由于其成型材料纸张价格较低廉，运行成本和设备投资较低,故获得了一定的应用,可以用来制作汽车发动机曲轴、连杆、各类箱体、盖板等零部件的原型样件。

(1)汽车车灯。

随着汽车制造业的发展,车灯组件的设计在内部要满足结构和装配要求,在外部要满足外观完美的要求。快速成型技术的出现,较好地迎合了车灯结构与外观完美的需求。

(2)铸铁手柄。

某些机床操作手柄为铸铁件,若采用人工方式制作砂型铸造用的木模十分费时,且精度得不到保证。随着 CAD 技术的发展,具有复杂曲面形状的手柄设计可以直接在 CAD 软件平台上完成,借助快速成型技术,尤其是薄片分层叠加成型技术,可以直接由 CAD 软件精确地快速制作出砂型铸造木模。

(3)制鞋工业。

鞋子的款式更新是保持鞋业竞争能力的重要手段,设计师首先设计鞋底和鞋跟的模型图形,从不同的角度用各种材料产生三维光照模型显示,以尽早排除不好的装饰和设计,再通过薄片分层叠加成型技术制造实物模型来最后确定设计方案。

四、熔丝堆积成型(FDM)

熔丝堆积成型(FDM)工艺是一种不依靠激光作为成型能源,而将各种丝材加热熔化的成型方法。熔丝堆积成型工艺也可称为熔融沉积成型,由美国学者 Dr. Scott Crump 于 1988 年研制成功,并由美国 Stratasys 公司推出商品化的 3D Modeler 1000 和 FDM1600 等规格的系列产品。最新产品是制造大型 ABS 原型的 FDM8000、Quantum 等型号的产品。

1.熔丝堆积成型的原理及工艺

FDM 成型原理是将半流体材料或线状熔融材料由喷射装置按计算机的控制指令连续挤喷到规定的区域,经过固化、冷却形成一定形状后,按计算机的控制指令,喷射器在 $X-Y$ 方向运动,连续地挤喷出原料到规定区域,随后冷却固化。为确保每层的精确高度,待原料固化后,用铣刀铣平。然后,工作台下降一个层厚高度,继续喷第二层,如此往复,直至零件加工完毕,如图 5-2-6、图 5-2-7 所示。

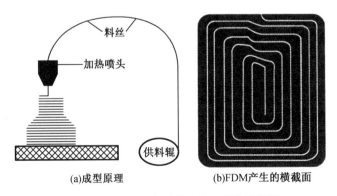

(a)成型原理   (b)FDM产生的横截面

图 5-2-6　FDM 成型原理及产生的横截面

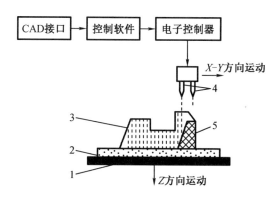

1—工作台；2—基层材料；3—零件；4—喷射器；5—支撑体。

图5-2-7　FDM成型原理示意图

FDM工艺是利用热塑性材料的热熔性、黏结性，在计算机控制下层层堆积成型。加热喷头在计算机的控制下，可根据截面轮廓的信息，做 $X-Y$ 方向运动和 Z 方向的运动。丝状热塑性材料(如 ABS 及 MABS 塑胶丝、蜡丝、聚烯烃树脂、尼龙丝、聚酰胺丝)由供丝机构送至喷头，并在喷头中加热至熔融态，然后被选择性地涂覆在工作台上，快速冷却后形成截面轮廓。一层截面完成后，喷头上升一截面层的高度，再进行下一层的涂覆，如此循环，好像一层层"画出"截面轮廓，最终形成三维产品零件。

2.熔丝堆积成型技术的特点和成型材料

熔丝堆积成型工艺具有其他快速成型工艺不具备的特点，因而被广泛应用。

(1)成型材料广泛：FDM 工艺的喷嘴直径一般为 0.1~1 mm，所以，一般的热塑性材料如塑胶、蜡、尼龙、橡胶等，适当改性后都可用于熔融沉积工艺；

(2)成本低：FDM 成型技术用液化器代替了激光器，相比其他使用激光器的工艺方法，制作费用大大减低。使用、维护简单；

(3)成型过程对环境无污染：FDM 工艺所用的材料一般为无毒、无味的热塑性材料，因此对周围环境不会造成污染。设备运行时噪声也很小。

FDM 成型技术的优点：

(1)可以成型任意复杂的零件，常用于成型具有复杂内腔或内孔的零件；

(2)蜡作原型可以直接用于熔模铸造；

(3)材料利用率高，原材料无毒，可在办公环境安装。无化学变化，制件变形小；

(4)系统构造和原理简单，操作方便，维护成本低，运行安全；

(5)无须支撑，无须化学清洗，无须分离。

FDM 成型技术的缺点：

(1)成型件表面有明显的条纹，质量较 SLA 成型件差；

(2)沿成型轴垂直方向的强度比较弱，需设计、制作支撑结构；

(3)对整个截面进行扫描涂覆，成型时间长，可采用多个热喷头，同时进行涂覆，以便提高成型效率；

(4)原材料价格高。

FDM 工艺对成型材料的要求是熔融温度低、黏度低、黏结性好、收缩率小。影响材料挤出过程的主要因素是黏度。材料的黏度低、流动性好，阻力就小，有助于材料顺利地挤出。

材料的流动性差,需要很大的送丝压力才能挤出,会增加喷头的启停回应时间,从而影响成型精度。

FDM 工艺选用的材料为丝状热塑性材料,常用的有石蜡、塑胶、尼龙丝等低熔点材料和低熔点金属、陶瓷等的线材或丝材。在熔丝线材方面,主要材料是 ABS 人造橡胶、铸蜡和聚酯热塑性塑料。目前用于 FDM 的材料主要是美国 Stratasys 的 ABS P400、ABSiP500(医用)、消失模铸造蜡丝(ICW06 wax)、塑胶丝(Elastomer E20)。用蜡成型的零件原型,可以直接用于失蜡铸造(图 5-2-8)。用 ABS 制造的原型因具有较高强度而在产品设计、测试与评估等方面得到广泛应用。由于以 FDM 工艺为代表的熔融材料堆积成型工艺具有一些显著优点,该类工艺发展极为迅速。FDM 工艺常用 ABS 工程塑胶丝作为成型材料,对其要求是熔融温度低(80~120 ℃),黏度低,黏结性好,收缩率小。熔融温度低对 FDM 工艺的好处是多方面的,熔融温度低可以使材料在较低的温度下挤出,有利于提高喷头和整个机械系统的寿命;可以减少材料在挤出前后的温差,减少热应力,从而提高原型的精度。

图 5-2-8　FDM 工艺产品

FDM 工艺同样有多种材料供选用,如 ABS 塑胶、浇铸用蜡、人造橡胶等。此工艺干净,易于操作,不产生垃圾,小型系统可用于办公环境,没有产生毒气和化学污染的危险。但仍需对整个截面进行扫描涂覆,成型时间长。适合于产品设计的概念建模以及产品的形状及功能测试。由于甲基丙烯酸 ABS(MABS)材料具有较好的化学稳定性,可采用伽马射线消毒,特别适用于医用领域。但成型精度相对较低,不适合于制作结构过分复杂的零件。

3.熔丝堆积成型技术的应用

FDM 快速成型制造技术已被广泛应用于汽车、机械、航空航天、家用电器、电子通信、建筑、医学、玩具等领域产品的设计开发过程,如产品的外观评估、方案选择、装配检查、功能测试、用户看样订货、塑料件开模前校验设计以及少量的产品制造等;也可应用于政府、高校及研究所等机构。利用传统方法需要几个星期、几个月才能制造的复杂产品原型,利用 FDM 成型技术无须任何刀具和模具,短时间内就可以完成。

FDM 技术的应用实例:

(1)丰田公司用于轿车右侧镜支架和 4 个门把手的母模制造,显著降低了成本,轿车右侧镜支架模具节省 20 万美元,4 个门把手的模具节省 30 万美元;

(2)借助 FDM 工艺制作玩具水枪模型,通过对多个零件的一体制造,减少了制件数,避免了焊接和螺纹连接,显著提高了模型制作的效率;

(3)Mizuno 公司开发了一套新的高尔夫球杆,通常需要 13 个月完成,利用 FDM 技术大

幅缩短了时间,可以迅速得到反馈意见并进行修改,加快了造型阶段的设计验证;

(4)韩国现代汽车公司将FDM应用于检验设计、空气动力学评估和功能测试,并在起亚Spectra车型的设计上得到成功应用。

由于快速成型技术的特点,它一经出现立即得到了广泛应用。目前已广泛应用于航空航天、汽车、机械、电子、电器、医学、建筑、玩具、工艺品等许多领域。

五、快速成型技术的应用

1. 医学

熔融挤压快速成型在医学上具有极大的应用前景。

2. 试验分析模型

快速成型技术还可以应用在计算分析与试验模型上。例如,对有限元分析的结果可以做出实物模型,从而帮助了解分析对象的实际变形情况。

3. 建筑行业

模型设计和制造是建筑设计中必不可少的环节,采用快速成型技术可快速、准确地将模型制造出来。

4. 工程上的应用

(1)产品设计评估与校审;

(2)产品工程功能试验;

(3)与客户或订购商的交流手段;

(4)快速模具制造;

(5)快速直接制造。

学习小结

~~~~~~

~~~~~~

~~~~~~

~~~~~~

~~~~~~

~~~~~~

~~~~~~

~~~~~~

【任务实施】

一、任务导入

如图5-2-9所示为宝塔工艺品,工艺品本身材料特殊,对强度要求不高,需要外表精美、光滑,采用传统加工不容易实现,采用快速成型加工可以提高成型速度,缩短产品试制周期,提高生产率。

图 5-2-9　工艺品示例

二、任务分析、准备

该件结构复杂,强度要求不高,可考虑选用选择光敏树脂成型工艺,大致工艺流程为:
CAD 三维造型→施加支撑→分层切片→光敏树脂成型→清洗→RP 原型件。

三、任务实施

按照分析的工艺流程进行:
CAD 三维造型→施加支撑→分层切片→光敏树脂成型→清洗→RP 原型件。

四、任务检测

加工完毕,检验工件是否符合要求。

【玩具手办的光敏树脂 3D 打印操作工作单】

计划单

学习情境五	其他特种加工	任务二	玩具手办的光敏树脂 3D 打印
工作方式	组内讨论、团结协作共同制定计划:小组成员进行工作讨论,确定工作步骤。	计划学时	1 学时
完成人	1.　　　2.　　　3.　　　4.　　　5.　　　6.		

计划依据:1.零件图;2.电火花其他特种加工要求

序号	计划步骤	具体工作内容描述
1	准备工作(准备图纸、材料、机床、工具、量具,谁去做?)	
2	组织分工(成立小组,各成员具体完成什么?)	
3	制定加工工艺方案(先加工什么? 再加工什么? 最后加工什么?)	
4	零件加工过程(加工准备什么,安装钼丝、装夹零件和电极、调整设备参数、零件检测?)	
5	整理资料(谁负责? 整理什么?)	
制定计划说明	(写出制定计划中人员为完成任务的主要建议或可以借鉴的建议、需要解释的某一方面)	

决策单

学习情境五	其他特种加工	任务二	玩具手办的光敏树脂 3D 打印
决策学时			0.5 学时

决策目的:玩具手办的光敏树脂 3D 打印方案对比分析,比较加工质量、加工时间、加工成本等

	小组成员	方案的可行性 (加工质量)	加工的合理性 (加工时间)	加工的经济性 (加工成本)	综合评价
工艺方案 对比	1				
	2				
	3				
	4				
	5				
	6				
决策评价	(根据小组成员加工方案对比分析,对自己的工艺方案进行修改并说明修改原因,最后确定一个最佳方案)				

检查单

学习情境五	其他特种加工	任务二	玩具手办的光敏树脂 3D 打印
评价学时		课内 0.5 学时	第　　组

检查目的及方式　教师检查小组的工作情况,如检查等级为不合格,小组需要整改,并给出整改说明

序号	检查项目	检查标准	检查结果分级（在相应的分级框内画"√"）				
			优秀	良好	中等	合格	不合格
1	准备工作	查找资源、材料准备完整					
2	分工情况	安排合理、全面,分工明确					
3	工作态度	小组成员工作积极主动、全员参与					
4	纪律出勤	按时完成负责的工作内容,遵守工作纪律					
5	团队合作	相互协作、互相帮助、成员听从指挥					
6	创新意识	任务完成不照搬照抄,看问题具有独到见解及创新思维					
7	完成效率	工作单记录完整,并按照计划完成任务					
8	完成质量	查找资源、材料准备完整					

检查评语	
	教师签字:

【任务评价】

小组产品加工评价单

学习情境五	其他特种加工				
任务二	玩具手办的光敏树脂3D打印				
评价类别	评价项目	子项目	个人评价	组内互评	教师评价
专业知识与技能	加工准备(15%)	零件图分析(5%)			
		设备及电极准备(5%)			
		加工方法的选择以及电参数的确定(5%)			
	任务实施(30%)	工作步骤执行(5%)			
		功能实现(5%)			
		质量管理(5%)			
		安全保护(10%)			
		环境保护(5%)			
	工件检测(30%)	产品尺寸精度(15%)			
		产品表面质量(10%)			
		工件外观(5%)			
	工作过程(15%)	使用工具规范性(5%)			
		操作过程规范性(5%)			
		工艺路线正确性(5%)			
	工作效率(5%)	能够在要求的时间内完成(5%)			
	作业(5%)	作业质量(5%)			
评价评语					
班级		组别		学号		总评	
教师签字		组长签字		日期			

小组成员素质评价单

学习情境五	其他特种加工		任务二	玩具手办的光敏树脂3D打印			
班级		第　组		成员姓名			
评分说明	每个小组成员评价分为自评和小组其他成员评价2部分,取平均值作为该小组成员的任务评价个人分数。评价项目共设计5个,依据评分标准给予合理量化打分。小组成员自评分后,要找小组其他成员以不记名方式打分						
评分项目	评分标准	自评分	成员1评分	成员2评分	成员3评分	成员4评分	成员5评分
核心价值观 (20分)	是否体现社会主义核心价值观的思想及行动						
工作态度 (20分)	是否按时完成负责的工作内容,是否遵守纪律,是否积极主动参与小组工作,是否全过程参与,是否吃苦耐劳,是否具有工匠精神						
交流沟通 (20分)	是否能良好地表达自己的观点,是否能倾听他人的观点						
团队合作 (20分)	是否与小组成员合作完成任务,做到相互协作、互相帮助						
创新意识 (20分)	是否能独立思考,提出独到见解,是否具有创新思维						
小组成员 最终得分							

【课后反思】

学习情境五	其他特种加工	任务二	玩具手办的光敏树脂 3D 打印
班级	第 组	成员姓名	

情感反思	通过对本任务的学习和实训,你认为自己在社会主义核心价值观、职业素养、学习和工作态度等方面有哪些需要提高的部分?
知识反思	通过对本任务的学习,你掌握了哪些知识点?请画出思维导图。
技能反思	在完成本任务的学习和实训过程中,你主要掌握了哪些技能?
方法反思	在完成本任务的学习和实训过程中,你主要掌握了哪些分析和解决问题的方法?

【情境五　问题与思考】

1. 什么是超声波？它具有什么特性？

2. 什么是超声波加工？它运用了超声波的什么特点？

3. 何谓"空化"作用？它对加工有什么影响？

4. 简述影响超声波加工工艺的因素。

5. 说明超声波加工的设备组成及功用。

6. 简述超声波发生器的作用。

7. 换能器的作用是什么？如何实现？

8. 换能器主要有几种？原理是什么？

9. 变幅杆的作用是什么？结构形式是怎样的？

10. 试举例说明超声波加工的应用。

11. 说明目前最为先进的超声波加工方法。

12. 说明 RP 技术的概念与主要思想。

13. 简述物体成型方法。

14. 举例说明快速成型技术的特点与分类。

15. 简述光敏树脂液相固化成型技术的原理与特点。

16. 简述选择性激光粉末烧结成型技术的原理与特点。

17. 简述薄片分层叠加成型的原理与特点。

18. 简述熔丝堆积成型的原理与特点。

19. 说明四种快速成型方法的应用。